JN304095

井奥成彦【著】

19世紀日本の商品生産と流通

農業・農産加工業の発展と地域市場

日本経済評論社

目次

第三部　地域的流通の展開

序

一　問題の設定

本書は、一九世紀日本における農業および農産加工業の発展とそれに伴って展開した地域市場のあり方を明らかにし、それが近代日本においてどのような意味を持ったかを検討したものである。

ここでいう「地域市場」とは、中央市場を媒介としない在地の市場（産地市場・集散地市場・消費地市場）のことである。ただしこの場合の「市場」とは、自給自足を基本とする社会において単に非自給物資を交換ないし調達するような場（例えば近世以前の定期市・門前市の類）は含めない。あくまでも経済合理性が貫徹し、経済法則が明示的に存在する「経済社会」[1]ないし市場経済成立以降、すなわち早くとも近世以降の社会において、人々が最小のコストにおいて最大の効用・収益を得るべく行動し、資本、商品、労働が需要と供給の関係で調達されるような場を想定している。そして、そのような場が日本史上初めて在地で形成されるようになったのは一九世紀であるとの見方から、「一九世紀」を取り上げるのである。

二　農業生産の発展と「地域市場」

さて、日本経済史研究において、近世の農業生産の推移は、近年の研究では次のように言われている。すなわち、一七世紀は人口・耕地面積・実収石高といった、現在残されている史料で測定可能な経済指標のすべてが急成長を遂げた時代、一八世紀はそれらが概して停滞もしくは緩やかに成長した時代、一九世紀はそれらが再び成長した時代。[2]この学説は、一七世紀初頭の人口を低く推計しすぎているなどの問題点はあるが、大まかには当を得たものと言えよう。また、一八世紀の停滞ないし緩やかな成長については、数値的にはそうであっても、その間に備中鍬・踏車・千歯扱き・千石通しなど新しい農具の発明と普及、干鰯・〆粕・油粕など購入肥料の導入と普及、各種作物における栽培技術の向上や品種改良の進展が見られたり、また農書が次々と著されるなど生産技術面での充実が見られ、「質」的には発展を見せていたことが重要で、このことが一九世紀の（数値的に）目に見えるかたちでの農業生産の発展につながった。そしてそれは農民の余剰を増やし、在地での新たな市場「地域市場」の形成と発展を促したのである。

こうした農業生産と「地域市場」のあり方を、本書第一部で見ていく。ここでは関東、畿内、北部九州の事例をそれぞれ第１・２章、第３章、第４章において取り上げる。関東と畿内を取り上げるのは、いうまでもなくそれぞれ江戸、京都、大坂という大市場に近く、しかもいずれも大きな大名領国のない「非領国」地域であったことが生産や流通のあり方にどのような影響を及ぼしていたかを見たいからであり、一方北部九州の福岡藩を取り上げるのは、関東や畿内とは対照的に、中央市場からはほど遠く、比較的政治権力の強い外様の大藩であったことが生産や流通のあり方にどのような影響を及ぼしたかを見たいからである。

三　農産加工業の発展と「地域市場」

一九世紀の農業生産の発展は、農産加工業の発展を生んだ。そこで次に、農産加工業と「地域市場」との関わりについて、私なりの見方を述べておくことにしよう。

当該期に発達した農産加工業については、服部之総が「厳密なる意味におけるマニュファクチュア時代」と規定し[3]て以来、賛否両論の立場からさまざまな研究が行われてきた[4]。またそれとは別に、近年、数量経済史の立場から、近世後期に先述したような農業生産の発展をもとに非農業生産の拡大、言いかえれば農産加工業が発展したことが明らかにされた[5]。

一方、近代以降の日本の経済における「非近代部門」の量的な比重の大きさを重視する研究の流れがある。古くは古島敏雄が、明治・大正期の日本においてなお、在来的な産業部門や中小経営が大きな位置を占めていた事実を指摘した[6]。そしてこういった経営形態の「全面的減少」は、ようやく一九二〇年前後以降であったとしている。また中村隆英は、一九二〇年の国勢調査をもとに、「在来産業」部門が製造業有業人口の六〇%強を占めていたことを明らかにした[7]。その後、在来産業史研究は盛んとなり、近代日本の経済に占める在来産業部門の比重の大きさは、誰もが認めるところとなったと言えよう。

このような、近代における在来部門の比重の大きさと近世後期における農産加工業の発展との関係、つまり一九世紀を通してこれらの問題をどう一貫性を持たせて考えるかということについては、いわゆる「講座派」の流れをくむ研究者、特に服部之総の影響を受けた研究者たちは、近世後期における農産加工業の展開を評価しつつも、結局は開国の影響や明治政府の政策によってそれは変容し、「産業革命」にはつながらなかったと考える[8]。一方、数量経済史の立場の研究者たちは、近世後期の経済発展が近代以降の本格的な工業化の準備をしたと考える。[9]前者は近世から近代への移行過程を「断絶」と評価し、後者はそれを「連続」と評価するわけで、その意味で両議論は好対照であるが、いずれの議論も近世後期の経済発展を「産業革命」ないし本格的工業化との関わりの有無を考える、いわば単線的な考え方という点では共通していると言えよう。なお一九七〇年代にアメリカのメンデルスによって提起され一九八〇年代以降日本でも議論されるようになった「プロト工業化論」[10]も、本格的工業化の前段階としての「プロト工業化」を問題としているわけで、それらのつながりの有無を問題とするという意味で、前二者と共通していると言えよう。

また古島以降の、明治・大正期における「非近代部門」の比重の大きさを考える立場からの研究にも、在来産業が近代産業の定着に果たした意義を強調したり在来産業自体の近代化に注目するなど、「非近代」と「近代」とをつなげて考える立場と、近代における在来的な部門の比重が数量的には多いにしてもそれは古い形態の残滓に過ぎないとして断絶的に考える立場とがある。[11]

以上のような諸々の考え方に対し、近年谷本雅之は、「在来的経済発展」論を提唱した。[12]これは在来産業を「産業資本」や「工業化」とは別の脈絡で考える。すなわち近世後期以降発展した在来産業が、「近代化」することなく近代日本の経済において発展し続けるパターンがあり、しかもそれが小さからぬ意味を持ったとするもので、本書もその立場によっている。

ところで、近世後期から明治期にかけて発展が見られた「在来産業」と言えば、古くから山口和雄[13]、古島敏雄[14]らによって指摘されている如く、一に醸造業、二に織物業であった。よく引かれる例であるが、明治七年「府県物産表」[15]に記載されている日本全国の生産物を一次産品（未加工品）と二次産品（加工品）とに分類すると、生産額ベースで両者の比率は七対三、いま問題としている農産加工品を含む二次産品の中で最も生産額の高かったのは酒（一六・六％）で、次いで綿織物（九・七％）、醤油（五・七％）、生糸類（五・五％）、味噌（五・五％）と続く。上位五位までのうちで醸造品が一・三・五位を占め、その間に繊維製品が二・四位を占めるという構成になっていたのである。

　したがって、一九世紀の農産加工業でまず問題にすべきは醸造業と織物業ということになるが、このうち織物業については、研究の歴史も古く、最近では農産加工業について筆者と共通した見方をとる谷本の著書[16]もあるのでそちらに譲り、酒造業についても、過去に豊富な研究の蓄積がある[17]ので、これもそちらに譲りたい。ただ醤油醸造業については、近年筆者も含めて林玲子を中心とするグループが精力的な研究を行い、一九九〇年代以降急速に研究の蓄積がなされてきている[18]とはいえ、現段階では史実の発掘の面でも日本経済史上での位置づけの面でも十分とは言えない段階であるので、本書第二部では、特にこの醤油醸造業に力点を置いて、農産加工業と製品市場・原料市場の問題を取り扱う。その場合、江戸（東京）という大市場に近い日本の代表的醤油産地銚子の代表的造家である広屋儀兵衛（ヤマサ）の事例（第5章）、同じ関東に位置しながら小規模な造家である宮家の事例（第6章）、中央市場から遠く離れた北部九州・福岡の造家松村家の事例（第7章）と、各種パターンについて考察する。

四　流通史上における「地域市場」の位置づけ

　以上のような農業史・農産加工業史の流れに、代表的な近世流通史の理論である中井信彦の理論[19]を突き合わせると、次のようになろうか。すなわち、一七世紀は生産力は上昇したが、流通する物資の主体は年貢米と各地の特産物であった。市場は、中央市場ないし大都市に限られた。一八世紀に入ると、先述のように農業生産の質的向上が見られ、潜在的生産力は上がったが、農村での加工業が未成熟だったことから流通ルートは限られ、それに制約されて生産全体も、量的には停滞もしくは緩やかな成長にとどまった。ところが一九世紀に入ると、在での加工業が成長し市場も拡大し、従来の流通経路以外の所に市場が成立した。

言い方を変えれば、①一七世紀は領主的要請に基づく流通を主体とした幕藩制的流通が確立していく段階、②一八世紀に至ってそれが完成し、③一九世紀に入る頃からは中央市場とは別個の、在の市場が発展を見せた段階と言えよう。このうち①と②の段階については、諸々の研究がある中で何と言っても中井信彦の研究が代表と言え[20]、③の段階については古くから大塚久雄の「局地的市場圏」の理論を援用した研究など[21]があるが、近いところでは中井がその晩年に、土浦の国学者であり商人であった色川三中の研究を通して、「局地的市場圏」論とはまた異なった立場から「地域」の経済、社会、文化の具体相を明らかにした[22]。ただこの③段階の「地域」における流通は、江戸や大坂といった中央市場へ向かう「大きな流通」に比して、一般的に研究の上で重んじられているとは言えない。

しかし、先にも述べたように、一九世紀に農業が発展し、それに伴って醸造業・織物業などの農産加工業が発展し、しかも近代日本の経済の展開の中でその占める位置が小さくなかったことを考えると、そういった中で生成・発達した「地域市場」を研究する意義は小さからぬものがあると思うし、一方視点を変えて、当時世の中の大部分の人々は中央市場とほとんど関係のない、自村とその周辺で完結する生活を送っていたことを考えても、その意義は大きいと言えるであろう。この点については、本書第三部第10章において、東関東の農家の消費生活の事例を通して考察する。

五　「局地的市場圏」論と本書との関係

ここで、先に少し触れた「局地的市場圏」論と本書との関係について、もう少し述べておこう。

大塚久雄の「局地的市場圏」論の中で想定されているのは、資本主義の形成期において、数か村程度の規模で一種の商品経済に基づく独自な再生産圏「局地的市場圏」ができ、それが徐々に旧来の体制を打破しつつ規模を大きくして「地域的市場圏」を形成し、やがては「統一的国内市場圏」が成立するということであった[23]。

この理論は、「局地的市場圏」が「地域的市場圏」、さらには「統一的国内市場圏」へと、単線的に発展していくというものであるが、のちに述べるように、本書はむしろ、統一的国内市場形成の流れとは対立するものとしての「地域市場」を想定しており、その意味で、大塚の考え方とは異なる。つまり本書では、近代産業の発展と統一的国内市場形成の動きとが対応する一方、非近代的な在来産業の発展と「地域市場」の発展とが対応関係にあったという複線的な構図を考えているのである。ただ、規模的には「局地的市場圏」と本書でいう「地域市場」とは似かよっている。具体的には、いくつかの郡をくるむぐらいの規模である。一九世紀の在来産業の発展とともに、そういった「地域市場」が各地で叢生したのである。

六　「江戸地廻り経済圏」論と本書との関係

また幕末の市場ないし流通ということで言えば、「江戸地廻り経済圏」論と本書との関係についても、触れないわけにはいかないだろう。

「江戸地廻り経済圏」論は、幕藩制的市場構造及びその解体過程の究明の中で出された理論であるが、研究者によってその概念、地理的な範囲、分析手法に違いが見られる。古くは一九五一年に渡辺一郎がこの語を用いた[24]が、このときは単に江戸のヒンターランド、江戸への商品出荷地としての意味で用いたに過ぎなかった。

しかし一九六〇年代に入って津田秀夫が、江戸中期以降幕府が危機対応策として、江戸市場を強化し大坂市場への依存から脱却させるため市場統制を行い、江戸市場を支えるヒンターランドとして、関東農村を「江戸地廻り経済圏」というかたちで政策的に編成・育成していったとする論考を発表してからは[25]、「江戸地廻り経済圏」は、大まかに①江戸を中心とする有機的市場圏であるということと、②国内市場形成過程の一局面であるとの認識で共通するようになったと言えよう。

そういった流れの中で出された最も代表的な著作は、伊藤好一のもの[26]であろう。伊藤は「江戸地廻り経済圏」の形成過程についての実証的研究を行い、江戸向けの商品生産地帯形成の地域差、肥料事情、在方商人の成長、流通機構の変化、農民運動の展開等の具体相を多面的に明らかにした。そして江戸周辺農村の地理的範囲について、直接生産者が自ら江戸へ生産物を運び、逆に江戸から直接商品を取り入れている範囲で、江戸一〇里四方であるとした。さらに雑穀、蔬菜、草花、塩等の特産的生産地帯の展開過程を考慮に加えている。総じて「江戸地廻り経済圏」の有機的構造に迫ろうとしている点は評価できる。なお本書第1章では、このことに絡めた議論もしている。

ほかにも北島正元[27]、林玲子[28]らの議論があるが、いずれにしても、「江戸地廻り経済圏」論は、先述のような、「局地的市場圏」が「地域的市場圏」に発展し、それがさらに「統一的国内市場圏」へと発展するとする大塚史学の理論の影響を受けているものと思われ[29]、「江戸地廻り経済圏」の下のレベルの地域市場は「江戸地廻り経済圏」に包摂されるものと考える研究者が多い[30]。しかしそのような考え方では捉えきれない事象が存在することを、本書の中では、典型的には第三部第8章・第9章において示す。

本書でいう「地域市場」とは、例えば関東で言えば、江戸という中央市場へ向けた太い「物の流れ」とは一線を画すものとしての、「地域的流通」の中核となる市場を想定しているのである。

七　本書の構成

さて、以上のような問題意識に基づいて、本書においては以下のような構成のもとに考察を進める。全体は大きく三つの部に分かれる。第一部では一九世紀における農業生産の発展と地域市場の問題、第二部では同じく農産加工業の発展と地域市場の問題、第三部では同じく商品流通を追うことによって地域的流通の実態を見る。

第一部は四つの章に分かれる。まず第1章では、「非領国」で大市場かつ中央市場である江戸（東京）に近く、商品生産も相当程度発達して、畿内ほどではないにせよ当該期の日本の中では先進地と言える現神奈川県域を対象として、近世中期以降の農業の発展と市場との関わりを広域的・俯瞰的に見る。次に第2章では、同じ関東でも中央市場・江戸（東京）から近からず遠からずといった位置にあり、「非領国」で、当時の日本の中では平均的な農村であったと思われる下総北東部の手作地主・鏑木家を取り上げ、その農業経営と市場の関係を見る。さらに第3章では、最先進地かつ「非領国」で、京都・大坂という大市場に近い事例として畿内・南山城農村の近世における生産の推移を綿作を中心として見、その中で手作地主・浅田家がどのような経営を行ったのかを検討する。そして第4章では、先進地・北部九州の福岡県（明治初期の県域）を対象として、広域的・俯瞰的にその生産状況と市場のあり方を見る。この地域は中央市場からほど遠く、近世においては比較的政治権力の強い外様の大藩であったという特色も持っている。

以上、史料の制約もあって、分析手法的には広域的・俯瞰的な研究もあれば個別経営事例の研究もあるという具合に、ばらつきが見られるが、いずれのケースにおいても、一九世紀日本においては政治権力や中央市場を束ねる特権問屋から離れたところに、農民的な「地域市場」ができあがっていたことが明らかにされるであろう。なお第2・3章においては、富農ないし地主は地域に対してどのような意識を持っていたのか、といったことをも考察してある。

第二部では、近世日本の経済発展のいわば果実としての農産加工業とその存立基盤の一要素である地域市場を見ていく。多様な農産加工業の中で、これまでは製糸業や綿・絹の織物業など、繊維産業に注目が集まりがちであったが、先にも述べたように、明治初期の統計によれば、むしろそのような産業よりも醸造業の方が生産額が大きかった。また先述のように、その後の発展においても、「在来的な発展」を遂げたことが注目される。そこでここでは醸造業に注目し、工業化以前の日本における代表的な醸造業の一つである醤油醸造業を取り上げ、産地や経営体が原料仕入や製品販売を通じて市場とどのような関わりを持ったのか、また当時の生活者にとって醤油とはどのような存在であったのか、といったことを考察する。具体例としては、第5章において日本の代表的醤油産地・銚子のヤマサ醤油を取り上げ、併せてそれとの比較の意味で、第6章において同じ関東の小規模醤油産地・上総国君津郡の醤油醸造業者・宮家を取り上げ、また第7章において、地方の例として、福岡の醤油醸造業者・松村家を取り上げる。これらの分析の中では、二〇世紀に分析が及んでいる場合もあるが、それは一九世紀からの連続性のもとに考えてよいと思うからである。

第三部では、流通の面から地域市場を見ていく。素材は関東の利根川水系に求める。利根川は江戸初期に、治水と江戸への年貢米等の物資輸送を目的に、半ば人工的に造られた河川であった[31]。当初輸送物資は年貢米が中心であったが、農業生産の発展に伴う余剰の成立とその増大によって商品経済が発展し、それにつれて輸送物資が量・種類ともに増えていった。また沿岸には、幕府公認・非公認の河岸が発達していった。河岸は農村と江戸とを結ぶ結節点となるとともに、それ自体が多くの人口を抱え、地域経済の核となっていった。

また、関東農村の生産力の発展には、干鰯・〆粕などの購入肥料が寄与した。江戸中期まで、九十九里浜を中心に生産された干鰯・〆粕は、江戸・浦賀の問屋を介して濃尾地方や関西方面へ送られていたが、江戸後期に至ると、関東農村での干鰯・〆粕利用が徐々に広まり、生産力の上昇とそれに伴う農産加工業の発展を生み出した。そこで第8章では、代表的な干鰯・〆粕産地であった九十九里浜の「小買商人」から利根川のある河岸を通じて関東農村へそれらが拡がっていくようすを明らかにし、また第9章では、利根川水系・小貝川のある河岸が、江戸や地域市場とどのようなかかわりを持ったのかということを明らかにする。

さらに第10章においては、流通の末端である消費の問題を取り扱う。具体的には第2章で取り上げた鏑木家の当該期の消費生活を、地域市場との関係に留意しつつ見ていく。その際、同じ村に住む、より上層の農民（というよりも東総を代表する豪農）であった平山家の消費生活と市場との関係と随時比較する。そしてここでは、同じ農民でも階層の違いにより、購入物資の内容や購入先にいかに違いがあったかを明らかにする。

以上の考察から、一九世紀日本の各地農村における自律的な農業・農産加工業の生産活動と、それに基づく地域々での自律的な「地域市場」の展開のようすが明らかになるであろう。

注

（1）ここでの「経済社会」の語の意味は、速水融『日本における経済社会の展開』（慶應通信、一九七三年）によっている。

（2）速水融・宮本又郎「概説　一七—一八世紀」（『日本経済史』1、岩波書店、一九八八年）。

（3）『服部之総著作集』第一巻（理論社、一九五五年）。

（4）一九五〇年代から六〇年代にかけて、幕末農村経済史研究がさかんに行われた。それらについては市川孝正「農村工業の展開——マニュファクチュアの問題と関連して——」（歴史学研究会編『明治維新史研究講座』二、平凡社、一九五八年）、林英夫「農村工業」（井上幸治・入交好脩編『経済史学入門』広文社、一九六六年）参照。

（5）新保博・齋藤修編『日本経済史』2「近代成長の胎動」（岩波書店、一九八九年）など。

（6）古島敏雄「産業資本の確立」（『岩波講座　日本歴史』近代4、一九六二年）。

（7）中村隆英「在来産業の規模と構成」（梅村又次・新保博・速水融・西川俊作編『日本経済の発展』日本経済新聞社、一九七六年。のち中村『明治大正期の経済』東京大学出版会、一九八五年　に所収）。この中で中村は、独自の基準に基づいて、「在来産業」を「旧在来産業」と「新在来産業」とに分類した。この分類自体については、とかく批判もある。例えば原朗「階級構成の新推計」（安藤良雄編『両大戦間の日本資本主義』東京大学出版会、一九七九年）は、中村推計は在来産業が多めに算定され過ぎているとする。逆に、醤油醸造業が「近代産業」に含まれているなど、本来「在来産業」に含まれるべきものが含まれていないような側面もある。だが、大まかな傾向をつかむ上では大過はないと思われる。

（8）このような考え方をとる研究者は数多いが、典型的には石井寛治の一連の著作（『日本経済史』東京大学出版会、一九七六年、なお一九九一年に［第二版］が出されている）などをあげることができよう。

（9）このような考え方をとる研究者も、ことに近年増えてきている。『日本経済史』（岩波書店、前掲（2））はそうした考えで貫かれたシリーズであるが、典型的には前掲（1）など速水融の一連の著作、その他宮本又郎の一連の著作などをあげることができよう。

（10）齋藤修『プロト工業化の時代』（日本評論社、一九八五年）など参照。

（11）大石嘉一郎「日本における『産業資本確立期』について」（『社会科学研究』第一六巻四・五合併号、東京大学、一九六五年）。

（12）谷本雅之『日本における在来的経済発展と織物業』（名古屋大学出版会、一九九八年）。

（13）山口和雄『明治前期経済の分析』（東京大学出版会、一九五六年）第一章。

（14）古島敏雄「諸産業発展の地域性――明治初年における――」（地方史研究協議会編『日本産業史大系』1「総論篇」、東京大学出版会、一九六一年）。

（15）明治文献資料刊行会編『明治前期産業発達史資料』第一集（1）・（2）（明治文献資料刊行会、一九五九年）。

（16）谷本、前掲（12）。

（17）代表的な研究として、柚木学『近世灘酒経済史』（ミネルヴァ書房、一九六五年）、同『酒造りの歴史』（雄山閣出版、一九八七年）、藤原隆男『近代日本酒造業史』（ミネルヴァ書房、一九九九年）、青木隆浩『近代酒造業の地域的展開』（吉川弘文館、二〇〇三年）があげられる。

（18）林玲子編『醤油醸造業史の研究』（吉川弘文館、一九九〇年）、長谷川彰『近世特産物流通史論』（柏書房、一九九三年）、林玲子・天野雅敏編『東と西の醤油史』（吉川弘文館、一九九九年）。

（19）中井信彦「江戸時代の市場形態に関する素描」（『日本歴史』一一五・一一六・一一八号、一九五八年）参照。

（20）同前『幕藩社会と商品流通』（塙書房、一九六一年）。

（21）大坂周辺については津田秀夫「幕末期大坂周辺における農民闘争」（『社会経済史学』二一巻四号、一九五五年）、名古屋周辺については塩沢君夫・川浦康次『寄生地主制論』（御茶の水書房、一九五七年）、瀬戸内地域については畑中誠治「危機の深化と諸階層の対応」（『講座日本史』4、東京大学出版会、一九七〇年）がある。そのほか明確なかたちで「局地的市場圏」を検出していないにしても、「地域的分業」の展開に言及したものにまで範囲を拡げれば、各地で数多くの研究がなされてきている。例えば高橋幸八郎・古島敏雄編『養蚕業の発達と地主制』（御茶の水書房、一九五八年）、木戸田四郎『明治維新の農業構造』（御茶の水書房、一九六〇年）、早稲田大学経済史学会編『足利織物史』上巻（一九六〇年）、正田健一郎編著『八王子織物史』上巻（八王子織物工業組合、一九六五年）、中村吉治他『解体期封建農村の研究』（創文社、一九六二年）、堀江英一編『幕末・維新の農業構造』（岩波書店、一九六三年）、市川孝正「明治維新」（永原慶二編『日本経済史』有斐閣、一九七〇年）など。

(22) 中井信彦『色川三中の研究』「伝記篇」（塙書房、一九八八年）、同「学問と思想篇」（同、一九九三年）。

(23) 『大塚久雄著作集』第五巻（岩波書店、一九六九年）。

(24) 渡辺一郎「近世における北関東の商品流通」（『歴史評論』一九五一年四月）。

(25) 津田秀夫「寛政改革」（『岩波講座　日本歴史』12、一九六三年）。

(26) 伊藤好一『江戸地廻り経済の展開』（柏書房、一九六六年）、同「江戸と周辺農村」（西山松之助編『江戸町人の研究』3所収、吉川弘文館、一九七四年）。

(27) 北島正元『江戸幕府の権力構造』（岩波書店、一九六四年）。

(28) 林玲子「江戸地廻り経済圏の成立過程——繰綿・油を中心として——」（大塚久雄ほか編『資本主義の形成と発展』所収、東京大学出版会、一九六八年）。

(29) 「江戸地廻り経済圏」は、大塚史学の理論では、「地域的市場圏」に比定できよう。

(30) 最近の研究では、例えば白川部達夫『江戸地廻り経済と地域市場』（吉川弘文館、二〇〇一年）があげられる。

(31) ただ、最近、いわゆる「利根川東遷」はなかった、すなわち近世当初から利根川は基本的に現在の流路と変わらなかったとする説が出されている。しかしこの説の当否を直ちに判断できるだけの材料を、筆者は今のところ持ち合わせていない。

第一部　農業生産の発展と地域市場

第1章　中央市場近接地域における農業生産の地域構造——神奈川県の場合——

はじめに

近世においては統計類が体系的に作成されておらず、生産のようすを日本全体はもとより、一国ないし一藩規模で俯瞰するのも、防長のような一部地域を除いて困難である[1]。しかるに明治初期になると、精度に問題があるとはいえ物産表や農産表が作成され、それらは近代経済史研究においてはもちろんのこと、近世経済史研究の側からも、近世経済のいわば「到達点」が見られるとして利用されてきた[2]。だが、これまでのこの種の史料の利用のされ方には少なからず問題がある。まず第一に、統計そのものの解釈のしかたの問題（作物の性格——例えば「自給的」か「商品的」か等——、数字の解釈の問題——例えばどの程度の数値なら「多い」あるいは「少ない」と言えるのか等——）がある。第二に、農産物のすべてが統計に出てくるわけではなく、統計から漏れた農産物の中にも重要なものがあるにもかかわらず、そういったものが見落とされてきた、という問題がある。第三に、近世後期の「到達点」には言及しても、そのような状況がいつに始まったものか、という議論は明確にはなされていない。

本章では、右の三点に留意しつつ、現在の神奈川県域（旧相模国全域及び武蔵国橘樹・都筑・久良岐三郡、図

図1－1　神奈川県旧国郡及び主要河川図

1－1）[3]の明治初期における農業生産状況を俯瞰し、さらに近世後期からのつながりを考えてみようと思う。具体的作業は主として、明治初期の統計の再検討と、村明細帳の大量観察という方法を用いようと思う。

神奈川県を対象として選んだのは、江戸（東京）という中央市場かつ大市場に近く、しかも小田原藩以外の大部分の地域がまとまった藩領域を形成していなかったいわば「非領国」地域での生産と市場のあり方を見てみたかったのと、県史編纂事業がめざましい成果を上げており、俯瞰的研究に必要な史料所在情報が広域的につかめたこと等による。

一　明治一一年農産表にみる神奈川県の生産

神奈川県の明治初期の統計を使った研究としては、山本弘文のものがある[4]。山本は明治〜大正を通して経済の発展度を見る都合などから、「明治十一年全国農産表」[5]と「明治十二年一月一日調　日本全国郡区分人口表」[6]を使用し、それらから神奈川県の人口一人当たりの各農産物生産高を計算[7]、全国のそれと比較し（表1－1）、「現在の県域に属する地域は、普通農産では米の生産量が全国水準を下回り、又、雑穀、芋類は上回っている。また特有農産の分野では、実綿・菜種・生糸・茶の主要品目がいずれも下回っているが、葉煙草と繭は上回っている。こうした点からいえば、当時この地方は、麦と雑穀を中心とし、商品作物の栽培もさほど進んでいなかった地方と考えることができよう[8]」と消極的評価をし、その大枠のもとに県内各郡の各種農産物の生産高の実数を相互比較し、地域的特色を議論している。確かに、県全体を均したデータで見ると、そのような見方もできる。麦・雑穀が全国水準を大きく上回っているとはいえ、それは米が全国水準を大きく下回っている分の埋め合わせとしてのものであり、「普通農産」全体としてみれば、自給分を大きく出るほどではないとも解釈できる[9]。全国水準を大きく上回っていることをもって「自給」を超えて「商品的」であると見なすとすれば、そう言えるのは「特有農産」の葉煙草ぐらいのものである。

だが、検討のしかたを変えてみると、また少し違った見方も成り立とう。表1－2では、表1－1であげた品目につき、郡別で千人あたりの生産高を出し、全国水準と比較してみた。単に郡別の生産高と県内での比率なら、山本がすでに明らかにしているが[10]、これでは郡により面積や人口の違いがあるので、全国あるいは県の平均的なレベルとの比較ができない。そこで単位人口当たりの生産高の表を作成したわけである。なお麦類は、これまでの研究では一括して扱われることが多かったが、小麦は自給的というよりもむしろ、製粉・醤油原料等、商品的に生産されるという性格の方が強かったと思われるので、他の麦とは別に欄を設けた。ここでは

表1－1　明治11（1878）年全国及び神奈川県の各農産物人口1000人当たり生産高

		全　国	神奈川県
普通農産	米	706.8石	475.9石
	麦	263.1石	＊497.4石
	雑　穀	133.6石	＊346.7石
	芋　類	6487.6貫	＊7094.1貫
特有農産	実　綿	399.1貫	171.6貫
	菜　種	34.6石	30.7石
	葉煙草	114.1貫	＊254.5貫
	繭	535.1斤	＊558.0斤
	生　糸	10.1貫	6.1貫
	茶	76.9貫	11.6貫

注）・山本弘文「神奈川県経済の発展と地域的特色――明治―大正初期――」8頁第2表より、明治11年の部分を引用。
・表中の「神奈川県」には多摩郡が含まれていない。
・＊は、全国水準を上回るもの。
・「雑穀」は大豆・粟・黍・稗・蕎麦・蜀黍。「茶」は製茶。

表1－2　明治11（1878）年神奈川県各農産物郡別人口1000人当たり生産高

	農産物＼郡	橘樹	都筑	久良岐	三浦	鎌倉	高座	津久井	愛甲	大住	淘綾	足柄上	足柄下
普通農産	米（石）	*728.9	604.7	172.8	299.5	611.2	469.6	85.7	541.0	594.4	362.7	*736.2	439.7
	小麦（石）	*97.4	*176.7	15.8	47.6	*166.8	*370.5	*305.0	*346.6	*178.3	*135.5	*92.9	*55.3
	その他の麦（石）	*323.4	*548.9	107.8	*320.1	*433.7	*497.6	137.9	*316.7	*535.2	*440.6	*315.7	209.9
	大豆（石）	*59.4	*85.5	11.4	*83.5	*96.1	*112.7	*47.5	*75.2	*163.6	*116.2	*67.3	25.1
	その他の雑穀（石）	*194.5	*464.4	45.0	*131.3	*314.6	*587.8	*471.4	*500.5	*263.7	*243.8	*205.4	*105.4
	芋類（貫）	3,581.1	5,846.6	1,397.2	6,171.5	*8,221.8	*16,774.8	4,860.1	6,458.7	*13,560.6	*8,578.5	4,331.1	2,311.9
特有農産	実綿（貫）	161.8	108.6	41.8	87.2	387.8	273.5	－	83.6	346.8	293.1	141.1	95.2
	菜種（石）	31.0	24.7	3.2	19.5	28.5	*36.0	1.1	11.1	*95.8	19.3	*54.6	14.2
	葉煙草（貫）	－	－	－	39.3	－	0.03	4.2	6.8	*1,700.4	49.7	*969.3	79.0
	藺（斤）	96.3	*704.2	－	－	451.0	*1,462.8	414.1	*2,901.6	*1,116.2	33.7	79.2	7.1
	生糸（貫）	1.7	*18.8	－	－	2.1	*16.7	*15.5	*38.3	0.3	1.0	0.02	0.2
	茶（貫）	17.7	7.2	0.4	－	5.3	34.3	36.0	35.6	4.5	3.9	0.09	3.3

注）・「明治十一年全国農産表」、「明治十二年一月一日調　日本全国郡区分人口表」より作成。
・＊は全国水準を上回るもの。ただしここでは小麦を他の麦と分け、大豆を他の雑穀と分けた。それぞれの全国水準と県水準は以下の通り。
小麦　全国50.0石、県151.9石
大豆　全国45.9石、県77.4石

「普通農産」＝自給的、「特有農産」＝商品的という、従来ありがちであった考え方は取り払い、単位人口当たり生産高が全国水準を超えれば商品的、超えなければ自給的という考え方をとっていきたい。というのはこの時期、日本の農産物は、生糸と茶を除けばほとんどが国内に向けられたのであり、しかも農業人口が圧倒的比重を占めていたわけであるから[11]、生糸・茶を除く各種農産物の人口千人当たり生産高の全国水準は、その作物が各郡において自給的であったか商品的であったかのボーダーラインとすることができる、すなわち全国水準を上回る生産をしていたということは、その郡で自給する以上の生産をしていたということであり、商業的生産が行われていたと考えることができるからである。

さて、表1－2によると、農産物の生産状況は県内のどの郡も一様というわけではなく、品目によっては生産性に大きな隔差があったことがわかる。そのことをさらに明瞭にするために作成したものが表1－3である。ここでは、品目ごとに各郡の全国水準との比を示しておいた。原則的に、1を超えて倍率が高ければ高いほど商品的性格が濃厚であったと見てよかろう。以下、表1－2・表1－3をもとに、郡ごとに生産状況を見て

表1-3　明治11（1878）年神奈川県各農産物郡別人口1000人当たり生産高の対全国比
（倍率）

	郡 農産物	橘樹	都筑	久良岐	三浦	鎌倉	高座	津久井	愛甲	大住	淘綾	足柄上	足柄下
普通農産	米	1.03	0.86	0.24	0.42	0.86	0.66	0.12	0.77	0.84	0.51	1.04	0.62
	小麦	1.95	3.53	0.32	0.95	3.34	7.41	6.10	6.93	3.57	2.71	1.86	1.11
	その他の麦	1.52	2.58	0.51	1.50	2.04	2.34	0.65	1.49	2.51	2.07	1.48	0.98
	大豆	1.29	1.86	0.25	1.82	2.09	2.46	1.03	1.64	3.56	2.53	1.47	0.55
	その他の雑穀	2.22	5.30	0.51	1.50	3.59	6.70	5.38	5.71	3.01	2.78	2.34	1.20
	芋類	0.55	0.90	0.22	0.95	1.27	2.59	0.75	1.00	2.09	1.32	0.67	0.36
特有農産	実綿	0.41	0.27	0.10	0.22	0.97	0.69	—	0.21	0.87	0.73	0.35	0.24
	菜種	0.90	0.71	0.09	0.56	0.82	1.04	0.03	0.32	2.77	0.56	1.58	0.41
	葉煙草	—	—	—	0.34	—	0.00	0.04	0.06	14.90	0.44	8.50	0.69
	繭	0.18	1.32	—	—	0.84	2.73	0.77	5.42	2.09	0.06	0.15	0.01
	生糸	0.17	1.86	—	—	0.21	1.65	1.53	3.79	0.03	0.10	0.00	0.02
	茶	0.23	0.09	0.01	—	0.07	0.45	0.47	0.46	0.06	0.05	0.00	0.04

注）表1-1 、1-2より作成。

いこう。

まず、最も特色が強く出ているのは、大住・足柄上郡であろう。この両郡は、著名な秦野煙草の産地をかかえており、葉煙草の千人当たり生産高でそれぞれ全国水準の一四・九倍、八・五倍という、群を抜いた数値を示している。天保期には江戸への販路ができていた[12]。また、菜種の生産も他郡に比べてかなり大きい。これは一つには、菜種が煙草の裏作となっていた[13]ためである。この地域では、菜種を生産し絞油を行い、そこで出た粕や油菜そのものを緑肥として煙草の肥料にするという、作物間の効率の良い連関が見られた[14]。いくつか例を掲げておこう。明治八年、内務省勧業寮織田完之の「武甲相州回歴日誌」によると、八月二六日足柄上郡柳川村に立ち寄った際、「（煙草の——引用者）培養ハ菜子、油糟、干鰯ヲ主要トス」[15]と記している。また明治一〇年、内国勧業博覧会に煙草を出品した大住郡羽根村加藤清右衛門の解説によると、煙草の生育の段階に従って厩肥・堆肥・菜子油滓・草灰・火酒粕などを使い分け、あるいは配合する旨記されている[16]。

さらに、ことに大住郡において見逃してならないことは、米を除く「普通農産」全般に全国水準を大きく上回っていることである。米が全国水準を下回っている分を麦・雑穀の一部で埋め合わせたと考えても（実際には麦・雑穀を優先的に食用とし、米は販売用であったのかもしれないが、いずれにしても）、なお余りあるだけの生産があったと考えられる。ことに全国水準の三・五七倍の小麦、三・五六倍の大豆は、醤油原料等として商品的に生産・流通したと見てよかろう。さらに、繭の二・〇九倍も見逃せないところである。このように大住郡は、総体的に高位の生産力を誇る地域であった。なお足柄上郡は、山間部にあっては生産性が低く、薪炭等「山の産物」の生産が中心であったと思われる。

次に都筑・鎌倉・高座・愛甲各郡は、似たようなタイプの生産をしている。いずれも米の生産は全国水準を下回るが、それを補って余りあるだけの麦・雑穀生産を行っている。ことに小麦と「その他の雑穀」（粟・稗・黍・蕎麦・蜀黍）は極めて高い比率を示しており、商品としての色彩が濃い。実際、この地域でこれらの作物、特に小麦が商品として流通していた例をいくつも掲げることができる。例えば藤沢宿の宿駅高座郡西富町の明治一五年の営業調によると、営業者の中でも特に目を引くのが穀類卸・小売商で、同町の売上高三〇〇円以上の営業者のほとんどすべてを占める。これは、藤沢宿後背地での穀物の商品化に基づくものと言えよう[17]。

時代は少し遡るが、安政三年鎌倉郡小塚村「御調書上帳」によると、大豆・小麦・菜種の三種については、村民が消費して余った分を他所へ売り出している[18]。また、次の史料も興味深い。

差上申御請書之事[19]

一　先般私より駿府江川町米屋和助方え小麦并ニ大豆共都合八百俵売渡候所、津出以前関東御取締御出役様方より御請之次第も有之故、及延引、既ニ買主より難渋之趣申上候ニ付、私義被召出御取調被成候、夫々御掛合之上、無滞津出し可仕旨被仰渡難有承知奉畏候、依之御受書差上申所如件

万延二酉年正月廿四日

相州高座郡小和田村
百姓　増　五　郎
村役人惣代
組頭　林　右　衛　門

江川太郎左衛門様
御役所

右之通、買主方より依頼御聞済之上請書被仰付差上候ニ付、写差遣し申候、然ル上ハ御村方え津出し致し置候俵数之内、船積致し候様御取計可被成下候、以上

酉二月

右村役人惣代
組頭　林右衛門印
荷主　増五郎印

柳嶋浦
御名主中

幕末期において高座郡農村から柳島湊（図1-1参照）を通して駿州へ小麦・大豆が売られていたこと、村が主体性をもって流通を行っていたことがわかる。当時、相模川河口の柳島湊には多数の穀商人が存在し、小麦・大豆を扱っていた。[20]

また、高座郡片瀬湊（図1-1参照）も、周辺農村から集まった物資を移出しており、その中で最も比重の大きいものは小麦・大豆と材木、薪であった。逆に移入物資としては、干鰯、塩、米などがあった。これらのことから、片

瀬周辺農村で干鰯を用いて小麦・大豆の商品的生産をしていたことが窺える。なお右の移入物資は、いずれも浦賀で集散されていた[21]。

この地域の小麦がいかなる用途のために販売されたかが明確にわかる一つの事例として、時代はやや下るが、明治二三年六月四日付『毎日新聞』の「醤油製造人の苦慮」と題する次の記事[22]をあげることができる。

> 神奈川県下藤沢駅大磯小田原駅在にて作る小麦は醤油に適当なる由にて毎年下総野田の醤油醸造家にて一手に買入れ居りし処本年は降雨続きにて麦作は意外の不作なれは例年の半減程の収入故醤油の製造家は余程苦慮し居るといふ

この地域の小麦は、すでに近世期から野田醤油の原料となっていたことが、これまでの研究で明らかにされている[23]。また鎌倉郡坂ノ下村安斉家の天保八年一二月「入置申証文之事」[24]によると、田安家御用醤油の原料としての「当国本場上粉小麦」の買入方が三左衛門らに請け負わされることになり、それに対し三左衛門らは「江戸表え無相違積送」ることを約束している。

このほか愛甲郡の事例として、近世後期田代村大矢家において、小麦・粟がそれぞれ一町歩前後も作付され、畑作物中、反別で一、二位を占め、重視されていたことをつけ加えておく[25]。

ところで、これら四郡で見逃してはならない農産物として、繭及び生糸がある。それらは倍率はさほど高くなくとも、明瞭な商品的農産物であり、また種々の研究もあるので[26]、ここでは多くは述べない。

これら四郡の説明の最後に、この地域の特色のよく出た経営事例を一つ示しておこう。高座郡の北部、上相原村に「社稷準縄録」等で有名な小川家がある。同家の幕末期の経営を詳細に分析した座間美都治の研究[27]によると、例えば慶応三年の同家の収入は、糸代・貸金利子（各二六％）・小作料（一五％）・槇山代（一三％）・穀物売代（六％）の順であったが、それ以前に比べて糸代・穀物売代の比重が急激に伸びてきている。穀物は多様な購入肥料を用いて多種多彩に生産されたが、仕付量は近世後期〜幕末期を平均して小麦が断然多く、以下大麦・粟・大豆（以下略）の順であった。

これら四郡と一見似た生産のスタイルを示す郡として津久井郡があるが、同郡の場合、米の生産高が極度に低く、麦・雑穀の生産がかなり多いとはいえ、これらの作物全体としてみれば自給分だけで精一杯であったろう[28]。

淘綾郡は特にこれといった商品作物もなく、全体として自給の域をさほど出なかったであろうが、他地域に比べ、大豆の生産がやや目につく。

足柄下郡は全体として、農業生産性が非常に低い。小田原という都市を含んでいたため単位人口当たりの農業生産高が実際の生産力の割に低めに出たとも考えられるが、この地域の大部分は山間部であり、薪炭、石など山の産物、海沿いでは海産物[29]、それと蜜柑がこの地域を支える生産物であった[30]。

残るは東京周辺の三郡（橘樹・久良岐・三浦）であるが、この三郡では表を見る限り、さほど商業的農業は行われていなかったかに見える。橘樹郡は、芋類を除く「普通農産」全般に全国水準を少しずつ上回る程度であった。しかし自給を超える分、とりわけ米は商品化されたものと見られる。明治一四年「神奈川県統計表」の同郡の「名産」の項に米が見える。同郡の場合、都市部が多かったことが数値を低くした一因であろう。久良岐郡は、表にあるすべての農産物の生産性が極端に低い。これは、横浜という大都市を含んでいたせいもあろう。食塩の生産では県の生産高の五二・九％を占めたが、千人当たりの生産高は全国水準を大きく下回る（全国水準一一一・七石、久良岐郡四二・六石）。漁業もさほどではなかったようである[31]。三浦郡は、米は全国水準を大きく下回っているが、他の「普通農産」は全国水準と同程度か、ややそれを上回る程度である。「特有農産」にも目立ったものはない。近世初期におい

表1－4　明治14（1881）年橘樹・久良岐・三浦郡の市

開市位置	類別	1年間売買金高
横浜区（久良岐郡）港町1丁目	魚、鳥獣、青物	157,666円
〃　花咲町	青物	19,166
橘樹郡神奈川町	魚類	56,341
〃	青物、果物	10,000
〃	青物、果物	894
〃　新宿町	青物、果物	560
三浦郡横須賀	魚、鳥獣、青物	47,274
〃　三崎	青物、果物	180

注）明治14年1月1日調「神奈川県統計表」による。

て特産的であった木綿も、この時期には衰退してしまっている。しかし同郡の場合、海産物生産はかなりあった。明治一一年農産表においては、同郡の海産物は実数において神奈川県の海産物のうちの五七・九％を占めている。海産物が同郡を支える大きな要素であったことはまちがいなかろう。

以上、農産表を見る限りにおいては、三郡において商業的農業はさほど進展していなかったかに見える。だが農産表に記載はなくとも、これら三郡で見逃してならないのは、野菜生産である。野菜は一般的に、明治初期農産表にはほとんどあらわれないが、この地域ではすでに近世期から商業的野菜生産が行われていたことが明らかにされている。伊藤好一の研究によると、近世中期以降、江戸日本橋から三〇km以内の「江戸の野菜圏」が成立していたとのことである[32]。日本橋を中心とする三〇kmラインは、現神奈川県域では川崎市麻生区、横浜市緑区を横切り、横浜駅あたり（横浜市西区）に至るから、橘樹・久良岐郡、それに都筑郡もわずかに含まれていたことになるが、幕末期までには「江戸の野菜圏」はもっと拡がっていたものと思われる。例えば幕末期、三浦郡西部地域に江戸の種屋が大量の大根の種をもってきて生産に供していたという事例が、鈴木亀二により報告されている[33]。これなど、「江戸の野菜圏」が幕末には三浦郡にまで拡がっていたことを示しており、明治以降「三浦大根」として特産化していく走りの事例というべきものであろう。また、野菜が江戸向け以外に、近隣の宿場等都市部へ販売されたケースも見られる[34]。都市部の多いこの地域では、それら「地域市場」向けの野菜生産もかなり盛んであったものと思われる。

明治に入ってからも、野菜はこの地域を代表する商品作物であったと思われる。表1－4は、明治一四年「神奈川県統計表」における「市場」の項から、この地域の市場をすべて抜き出したものである。これらの市場では、それぞれの郡あるいはその近隣部の産物が取引されたものと思われる。「類別」の欄にあらわれている産物は、それぞれの地域での最も主要な商品的生産物と見てよかろう。とすれば、横浜区（久良岐郡）、橘樹郡、三浦郡及びそれらの近隣地域における最大の商品的農産物は、表中の八つの市のうち七つの市に記載の見られる青物、すなわち野菜であったと言えよう。

以上、明治一一年農産表、及びそこで洩れた品目を別個に検討することにより抽出できた、この時期の神奈川県各郡ごとの特徴的な商品的農産物をまとめてみると、以下のようになる。

橘樹・久良岐・三浦郡―野菜
都筑・鎌倉・高座・愛甲郡―繭・生糸（鎌倉郡は除く）・小麦
津久井郡―生糸
大住・足柄上郡―葉煙草・菜種・繭（足柄上郡は除く）
淘綾・足柄下郡―特になし

しかもここで掲げた農産物は、いずれも地域的にかなりの偏りをもって生産されていた。図1－2は、これら各農産物の千人当たり生産高の県平均を1とし、それに対する各郡の生産高の比を示したものである。ここでは、数値の隔差が大きいほど地域的偏りが大きかったということになる。図中のいずれの作物も偏りが大きいが、小麦は比較的小さい。ただしこれは、小麦の生産が全県的に高レベルであったためである。また野菜の数量化されたデータはないが、明治一四年の県統計表の「市場」の項で「青物市場」が前記三郡以外の地域では足柄下郡万年町にしかなく、そのことを考えれば、その生産は三郡に偏っていたと言えよう。

図1－2　明治11（1878）年神奈川県各郡人口1000人当たり生産高の県平均との比

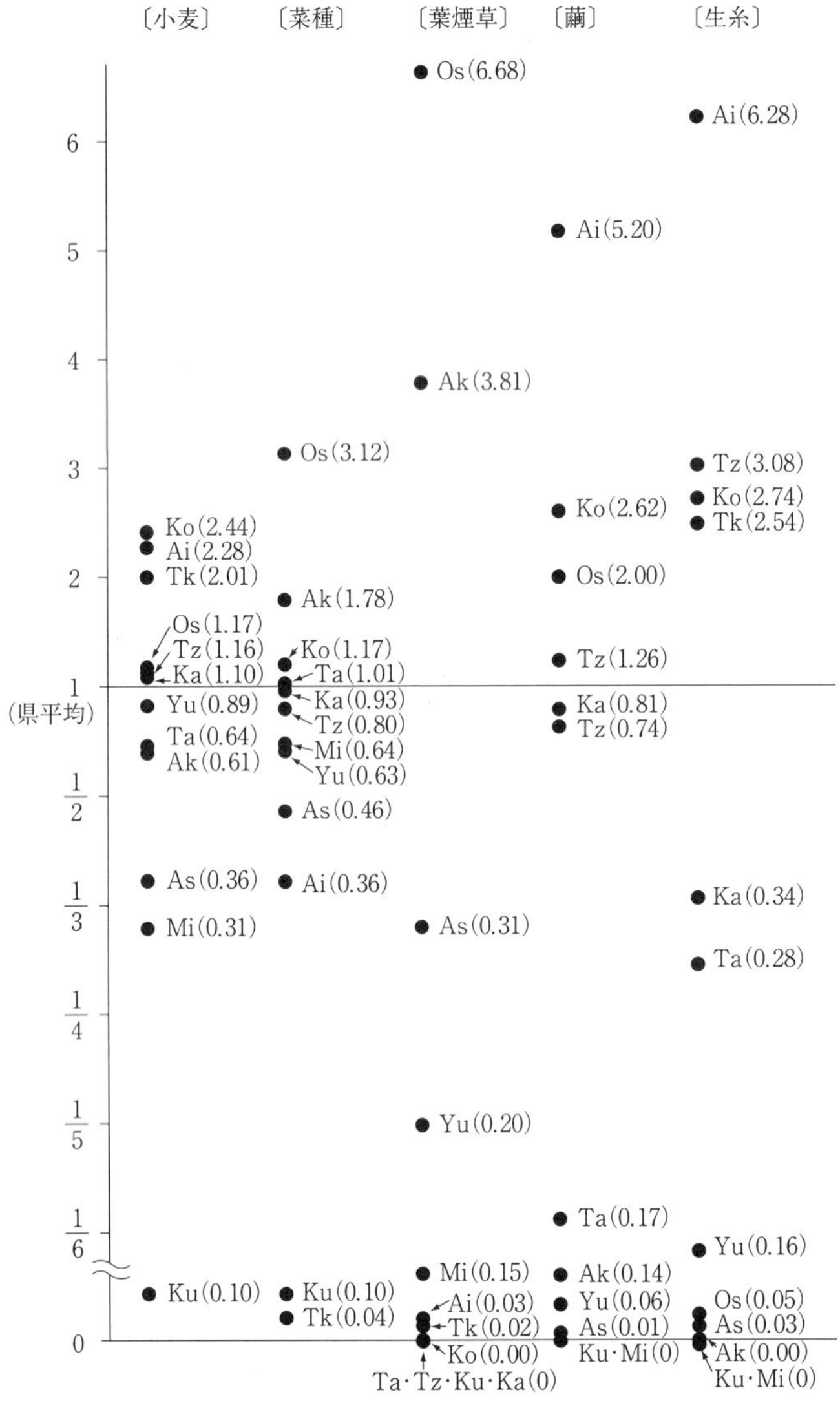

注）表1－1、表1－2より作成。図中の記号は次の各郡を示す。
Ta 橘樹、Tz 都筑、Ku 久良岐、Mi 三浦、Ka 鎌倉、Ko 高座、Tk 津久井、Ai 愛甲、Os 大住、Yu 淘綾、Ak 足柄上、As 足柄下

以上、明治初期の神奈川県は、丹沢や箱根山系の地域を除けば、それぞれに特化した商品的農産物を生産するいくつかの「地域」の集合体であったと言うことができよう。

ただ、ここまでは統計に従って郡単位に論じてきたわけであるが、右のような意味での「地域」は行政区分とは必ずしも関係なく展開するはずのものである。だがそれを知るためには、郡よりもさらに小さな単位、すなわち村ごとに、しかも広域的に生産状況を把握する必要がある。そこでそういった問題を解決し、さらに右に述べたような「地域」がいつ頃から形成され始めたかという問題を解決する方法として、村明細帳の大量観察という方法を用いる。村明細帳は記載のされ方に比較的統一性があり、広域的に残存し、かつ明治初期を含んでそれ以前へも遡ることができるので、この方法は右の問題を解決する上で有効であろう。以下、節を改めて検討しようと思う。ただし品目によっては、この方法でも解決できないものもある。その場合は、別の方法で考えることにする。

二　特産的農業生産地域の範囲と成立起点

本節以下で用いる村明細帳は、「村（差出）明細帳」、「村鑑（大概帳）」、「地誌御調書上帳」（「新編相模（武蔵）国風土記稿」の原稿にあたるもの）等の表題を持ち、原則として高・反別、年貢、人別の記載を含んで村の概要を記してあるという条件を備えたものである。[35] 筆者が『神奈川県史資料所在目録』[36]で確認したところでは、そのような史料は九七六点収載されている。それらの郡別・年代別の内訳は、表1-5-1の通りである。正保二（一六四五）年を初見とし、年号の疑わしいものを除けば明治六（一八七三）年まで存在する。したがって、前節で見た明治一一年農産表とは年代的にほぼ接続していると言ってよかろう。また旧郡より細かく区切って現在の市区町村ごとの数量、分布などを示せば表1-5-2、図1-3のごとくである。本章においては、残存三七二か村中三一五か村のもの計

表１－５－１　神奈川県下に残存する村明細帳数（旧国郡・年代別）

年代＼国郡	武蔵			相模									計
	都筑	橘樹	久良岐	鎌倉	三浦	高座	津久井	愛甲	大住	淘綾	足柄上	足柄下	
正保						1 (1)	1 (1)						2 (2)
慶安													
承応													
明暦													
万治													
寛文											14 (14)	10 (10)	24 (24)
延宝												1 (1)	1 (1)
天和													
貞享							1				13 (12)	11 (11)	25 (23)
元禄		2 (2)	2 (2)	1 (1)	2 (1)	3 (3)	4 (3)	1 (1)	1 (1)	1 (1)	2 (1)	1 (1)	20 (17)
宝永		1 (1)	1 (1)			5 (5)	1 (1)	1		2 (2)	9 (8)	2 (2)	22 (20)
正徳				1 (1)					1 (1)		3	1	6 (2)
享保	4 (2)	3 (2)	2 (2)	2 (1)	2 (1)	5 (4)	3 (2)	4 (2)	3 (2)		31 (23)	4 (3)	63 (44)
元文	2 (1)	1							1 (1)	2 (2)	5 (5)		11 (9)
寛保											2 (1)		2 (1)
延享		5 (3)		1 (1)	1 (1)	1 (1)	1 (1)	2 (2)	3 (3)	2 (1)	10 (7)	2 (1)	28 (21)
寛延				1 (1)	2 (1)		2 (2)					1 (1)	6 (5)
宝暦		9 (4)	1 (1)	2 (1)	1 (1)	3 (2)	9 (6)	5 (3)		1	8 (5)	2	41 (23)
明暦	1	4 (2)		3 (3)	1								9 (5)
安永		4 (1)	2 (1)		2 (2)	1 (1)	3 (3)				4 (1)		16 (9)
天明		1	2 (2)	1 (1)	3 (3)	3 (3)	3 (3)	1 (1)	1 (1)		2 (2)		17 (16)
寛政		13 (9)	4 (1)	1 (1)	4 (3)	2 (1)	14 (9)	6 (4)			2 (1)		46 (29)
享和	2	9 (3)	2	3 (2)	1					1			18 (5)
文化	5 (4)	3 (2)	1	2 (1)	12 (4)	3 (2)	1 (1)	2 (1)		1	3 (2)	3 (3)	36 (20)
文政	3 (1)	15 (8)	9 (6)	6 (4)	12 (12)	15 (14)	4 (3)	5 (4)	5 (5)		6 (5)		80 (62)
天保	3 (1)	18 (5)	12 (4)	2 (1)	9 (2)	4 (3)	7 (4)	2 (1)	24 (21)	4 (4)	25 (21)	10 (7)	120 (74)
弘化				1 (1)	4 (4)								5 (5)
嘉永	1	10 (5)	4 (1)	3 (2)	11 (8)	1	2 (2)	5 (1)			1 (1)		38 (20)
安政	1	1	1 (1)	5 (2)	2 (1)	1	1	1 (1)					13 (5)
万延				1 (1)									1 (1)
文久		2			13 (10)	2							17 (10)
元治					2 (1)								2 (1)
慶応	2	3 (1)		1 (1)	9 (6)	6 (1)	3 (1)	2 (2)	1 (1)				27 (13)
明治	21 (12)	27 (6)	20 (11)	21 (15)	36 (20)	20 (10)	6 (1)	13 (9)	21 (11)	12 (1)	16 (10)	7 (2)	220 (108)
不詳	4	9 (3)	8 (1)	4	9 (5)	7 (1)	3	4		4	6 (3)	2 (1)	60 (14)
計	49 (21)	140 (57)	71 (34)	62 (41)	138 (86)	83 (52)	69 (43)	54 (32)	61 (47)	30 (11)	162 (122)	57 (43)	976 (589)

注）（　）内の数字は、本稿で使用した数。

表1－5－2　神奈川県下に残存する村明細帳数（市区町村別）

市区町村	旧村数	旧郡	A	B	C
1. K. 川崎区	15	橘樹	1	1	1（1）
2. K. 幸区	10	〃	3	3	1（1）
3. K. 中原区	13	〃	2	5	4（2）
4. K. 高津区	※20	〃	4	13	2（2）
5. K. 宮前区	※10	〃	3	4	1（1）
6. K. 多摩区	※ 8	〃	2	3	1（1）
7. K. 麻生区	※15	橘樹4か村、都筑11か村	3	9	2（2）
8. Y. 鶴見区	15	橘樹	7	48	11（6）
9. Y. 神奈川区	17	〃	2	13	6（2）
10. Y. 港北区	27	橘樹18か村、都筑9か村	9	26	10（8）
11. Y. 保土ヶ谷区	17	〃 11 〃 、 〃 6 〃	8	34	25（8）
12. Y. 緑区	36	都筑	10	12	8（8）
13. Y. 旭区	18	〃	7	17	4（3）
14. Y. 西区	6	久良岐3か村、橘樹3か村	2	3	2（2）
15. Y. 中区	6	久良岐	2	3	1（1）
16. Y. 南区	10	〃	4	7	7（4）
17. Y. 磯子区	13	〃	8	19	11（6）
18. Y. 金沢区	14	〃	4	7	3（3）
19. Y. 港南区	14	久良岐10か村、鎌倉4か村	5	34	11（5）
20. Y. 瀬谷区	4	鎌倉	2	8	2（1）
21. Y. 戸塚区	39	〃	7	11	8（6）
22. 鎌倉市	35	〃	10	23	19（9）
23. 横須賀市	43	三浦	22	66	32（17）
24. 三浦市	23	〃	22	32	26（22）
25. 葉山町	6	〃	4	11	7（4）
26. 逗子市	8	〃	4	26	21（4）
27. 藤沢市	36	高座24か村、鎌倉12か村	11	35	16（9）
28. 茅ヶ崎市	23	高座	4	6	5（4）
29. 寒川町	11	〃	4	4	2（2）
30. 海老名市	17	〃	3	3	3（3）
31. 綾瀬市	8	〃	1	3	1（1）
32. 大和市	7	〃	3	7	6（3）
33. 座間市	5	〃	3	6	6（3）
34. 相模原市	18	〃	11	38	25（11）
35. 城山町	5	津久井	2	11	2（1）
36. 津久井町	13	〃	6	36	27（6）
37. 相模湖町	5	〃	3	9	9（3）
38. 藤野町	8	〃	4	14	5（3）
39. 愛川町	8	愛甲	3	16	6（2）
40. 清川村	2	〃	1	5	1（1）
41. 厚木市	41	愛甲34か村、大住7か村	20	34	25（14）
42. 伊勢原市	35	大住	7	13	4（4）
43. 秦野市	32	大住28か村、足柄上4か村	22	39	33（20）
44. 平塚市	56	〃 52 〃 、淘綾4か村	19	22	22（19）
45. 大磯町	11	淘綾	7	20	6（4）
46. 二宮町	5	〃	2	5	3（2）
47. 中井町	16	足柄上15か村、大住1か村	6	14	13（6）
48. 大井町	10	足柄上	8	40	29（8）
49. 松田町	10	〃	5	25	16（3）
50. 山北町	14	〃	7	14	13（7）
51. 開成町	8	〃	2	5	5（2）
52. 南足柄市	26	〃	16	44	36（16）
53. 小田原市	93	足柄上6か村、足柄下87か村	23	53	34（19）
54. 箱根町	12	〃 3 〃 、 〃 9 〃	8	13	6（6）
55. 真鶴町	2	足柄下	2	2	2（2）
56. 湯河原町	7	〃	2	2	2（2）
計	982		372	976	589（315）

注）・横浜市の区の区分は1986年3月以降変わった部分もあるが、ここでは『神奈川県史資料所在目録』との関係で、その作成当時の区分をそのまま生かした（以下の図表でも同様）。

・各記号については以下の通り。

A：村明細帳の残存する村数。　B：残存する村明細帳の総数。

C：本稿で使用した村明細帳数。（　）内はその村数。　K：川崎市　Y：横浜市

※印4区は、分区の結果旧村が2区にまたがった箇所が4つあり、それらは両区に加算したので、旧村数欄の累計は表末尾の合計よりも4多くなっている。

図1－3　村明細帳の残存する村の分布

注）1.境界線は1986年3月までの市区町村界。
（以下の図でも同じ）
2.番号は表1－5－2の番号に対応する。
3.●は本稿で村明細帳を使用した村。
4.○は本稿で村明細帳を使用しなかった村。

五八九点を地域的・時代的に偏りのないようできるだけまんべんなく選び、使用した。周知のごとく、村明細帳の記載には精粗の差があるが、本研究では少々の差は気にとめず、大量観察によりとりあえず大まかな傾向を知ろうと思う。

以下、村明細帳に記載された農産物のうち、前節で「商品的農産物」としてピックアップしたものの地域的・年代的分布を見ようと思うが、小麦・野菜については、量の多少はあれ、どの村でも生産していたものであるから、この方法で特色は出ない。これらについては別に考察することとし、とりあえず特色の出やすい農産物の分布から見ていくことにしよう。

(一)　煙　草

神奈川県下残存の村明細帳における煙草作記載を拾ってみると、図1－4のごとくで

図1－4　村明細帳にみる煙草作の分布

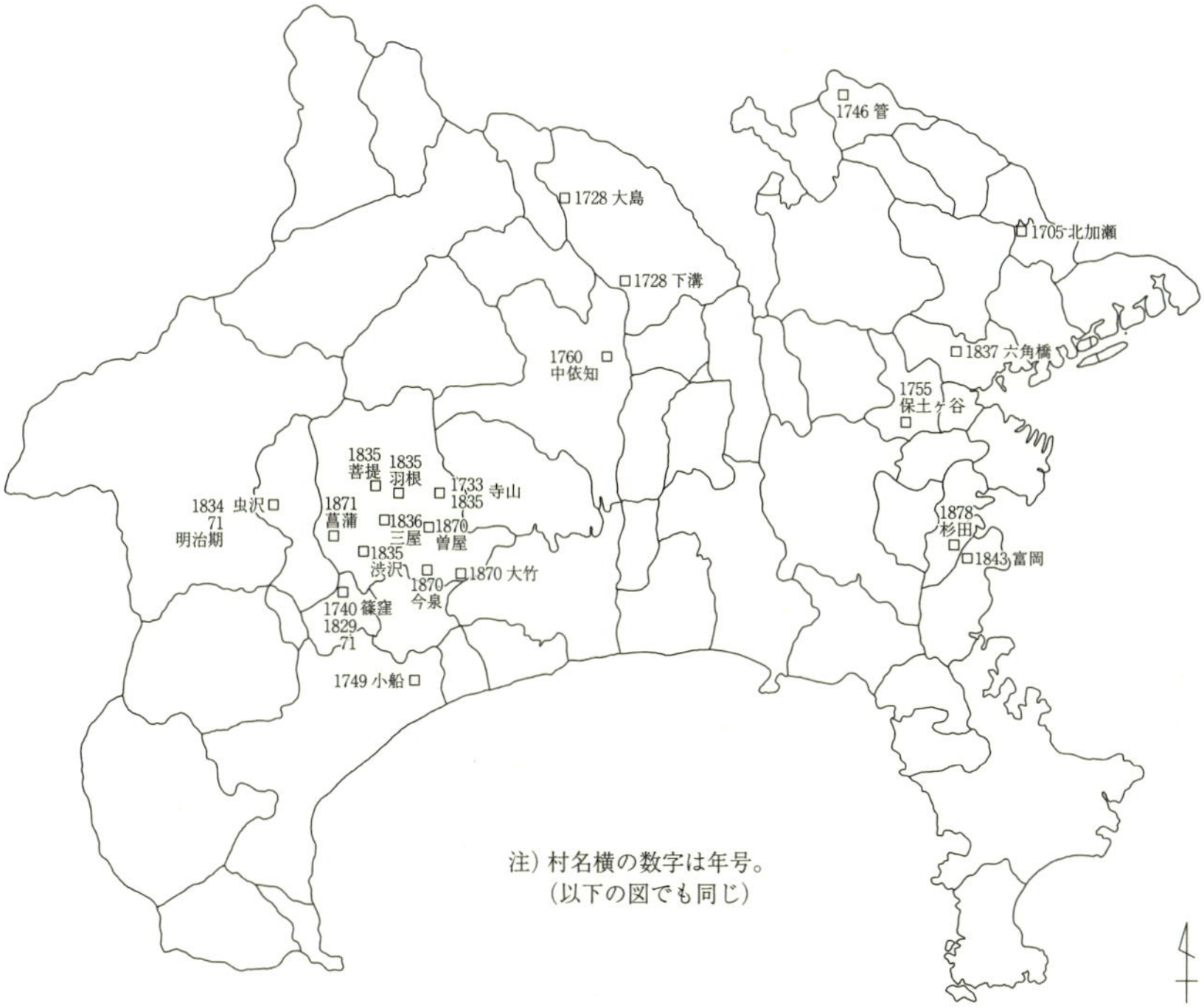

注）村名横の数字は年号。
（以下の図でも同じ）

表1－6　村明細帳にみる煙草作の分布

国	武蔵			相模									計
郡 / 年代	橘樹	都筑	久良岐	三浦	鎌倉	高座	津久井	愛甲	大住	淘綾	足柄上	足柄下	
－1700	（2）		（2）	（1）	（1）	（3）	（4）	（1）	（1）	（1）	（27）	（23）	（66）
1701－1750	2（6）	（3）	（3）	（3）	（4）	2（11）	（6）	（4）	1（7）	（5）	1（44）	1（7）	7（103）
1751－1800	1（16）		（5）	（9）	（6）	（7）	（21）	1（8）	（1）		（9）		2（82）
1801－1850	1（23）	（6）	1（11）	（23）	（9）	（19）	（8）	（7）	5（26）	（4）	2（29）	（10）	9（175）
1851－	（7）	（12）	1（12）	（45）	（21）	（11）	（4）	（12）	3（12）	（1）	4（10）	（2）	8（149）
不　詳	（3）		（1）	（5）		（1）					（3）	（1）	（14）
計	4（57）	（21）	2（34）	（86）	（41）	2（52）	（43）	1（32）	9（47）	（11）	7（122）	1（43）	26（589）

注）（　）内は、本稿で使用した村明細帳数（表1－7、1－8でも同様）。

ある。また、これを年代別にまとめると、表1-6のごとくになる。先にも述べたように、村明細帳の記載には精粗の差があるし、一般的に実状よりも控えめに記載される傾向があるから、ここにあらわれたものが煙草作のすべてではない。しかし逆に、村明細帳に記載された場合は、その村でかなり特色的な作物であったと言うことができるのではなかろうか。ともかく、おおよその傾向を知ることはできよう。

図1-4、表1-6によると、地域的には秦野盆地とその周辺に集中している。その地域での記載が集中的に見られるようになるのはほぼ一九世紀以降である。橘樹・久良岐郡にも比較的分布しているが、明治九年「全国農産表」[37]によると、橘樹郡にわずか七九〇斤見られるのみで、明治一〇年以降の農産表のこれら二郡の項から煙草は姿を消している[38]。表1-6からも窺える通り、この地域ではおそらく幕末~維新期にかけて衰微していったものであろう。

㈡ 菜種

菜種作の分布は図1-5・表1-7のごとくである。記載年代は全体的に一九世紀以降に集中しており、地域的には大住郡域とそれに接する足柄上郡域、それに武蔵三郡・鎌倉郡に多い。明治一一年農産表の数値からすれば、高座郡の分布が意外と少ないが、これは本章で使用した同郡の一九世紀以降の村明細帳の中に、農業関係の記述の粗略な「地誌御調書上帳」類の占める割合が大きいことにもよるだろう[39]。このことを除けば、村明細帳からみた県内での菜種作の地域的分布はほぼ実状を反映していると見てよかろう。ただ、この図からは、生産性の差まではわからない。先にも述べたように、ことに大住・足柄上郡においては、菜種は煙草の裏作となっており、効率のよい生産が行われていた。

また、一九世紀以降に記載が集中していることは、関東における水油が近世後期以降、上方依存から徐々に自立していく過程[40]との関連で捉えることができるのではなかろうか。

図1－5　村明細帳にみる菜種作の分布

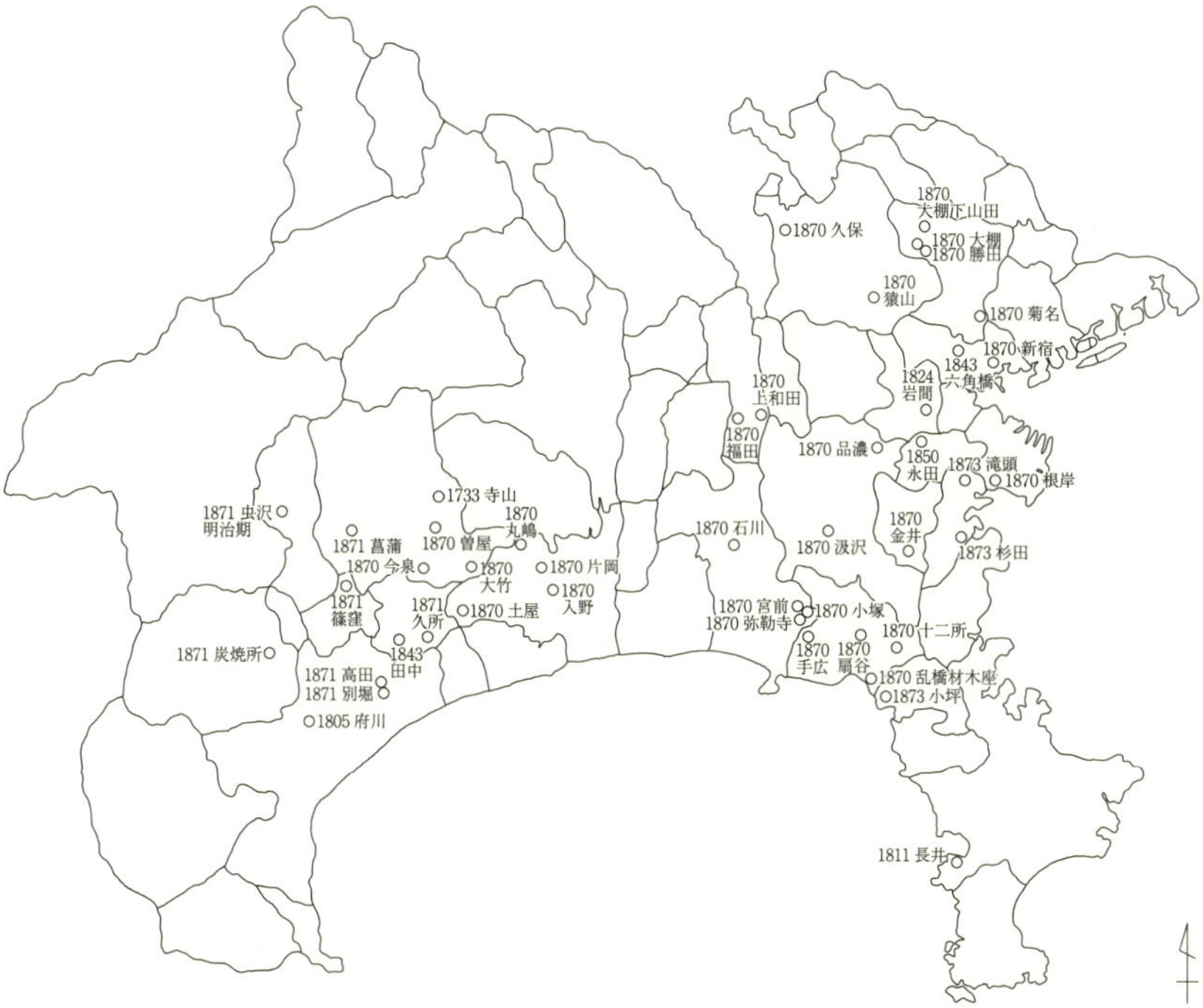

表1－7　村明細帳にみる菜種作の分布

国	武　蔵			相　模									計
年代＼郡	橘樹	都筑	久良岐	三浦	鎌倉	高座	津久井	愛甲	大住	淘綾	足柄上	足柄下	
－1700	(2)		(2)	(1)	(1)	(3)	(4)	(1)	(1)	(1)	(27)	(23)	(66)
1701－1750	(6)	(3)	(3)	(3)	(4)	(11)	(6)	(4)	1 (7)	(5)	(44)	(7)	1 (103)
1751－1800	(16)		(5)	(9)	(6)	(7)	(21)	(8)	(1)		(9)		(82)
1801－1850	2 (23)	(6)	1 (11)	1 (23)	(9)	(19)	(8)	(7)	(26)	(4)	1 (29)	1 (10)	6 (175)
1851－	2 (7)	5 (12)	4 (12)	1 (45)	9 (21)	3 (11)	(4)	(12)	7 (12)	(1)	6 (10)	2 (2)	39 (149)
不　詳	(3)		(1)	(5)		(1)					(3)	(1)	(14)
計	4 (57)	5 (21)	5 (34)	2 (86)	9 (41)	3 (52)	(43)	(32)	8 (47)	(11)	7 (122)	3 (43)	46 (589)

㈢　繭・生糸

村明細帳における養蚕・生糸の記載は、図1-6・表1-8の通りである。明治一一年農産表においては、繭の生産性の高い地域と生糸の生産性の高い地域とは必ずしも一致せず、養蚕を主体とする地域と製糸を主体とする地域とでずれが認められるが、村明細帳においては、養蚕と製糸とは村によってさほど明瞭に記載が分離してはいない。ただ、「養蚕」の記載がなく、「生糸」のみ記載がある場合は、図の上では一応別に扱ってみた。そのような例は少ないが、そのほとんどが横浜開港以降の事例であるので、それらの村では製糸のみ行っていた可能性もある。

繭・生糸は、地域的には津久井・愛甲郡の東部、高座・鎌倉・都筑郡の北部に分布し、ちょうど神奈川県を北からえぐるような形になっている。また横浜開港以後、鎌倉郡南部にも見られる。明治一一年農産表の数値からすれば、大住郡にも分布が見られてもよさそうだが、見られない。このことは、村明細帳が消滅する頃（明治一桁代後半）から急速に生産が伸びたことを窺わせる。

年代的には、津久井・愛甲・高座郡で近世中期以降展開し、横浜開港以後都筑郡と鎌倉郡へも広まっている。

以上、近世後期～明治初期の商品的農産物のうち、煙草、菜種、繭・生糸については、それぞれの特産的生産地域の存在形態及びそれらの形成起点を明らかにすることができた。残るは小麦と野菜である。これらについては、先にも述べたように、特産的生産地域を特定することも、その形成起点を特定することも、方法的に極めて困難である。だが、ある程度の見当をつけることはできる。

まず小麦については、図1-2からもわかる通り、どの郡もさほど県平均との差はなく、特産的生産地域というものはあまり明瞭ではない。というよりも、表1-2・表1-3に見られるように、神奈川県全体として高位の生産力を誇り、その中でも高座郡を中心として周辺諸郡に及ぶ地域が相対的に高位にあった（特産地的であった）といった

図1-6　村明細帳にみる繭・生糸生産の分布

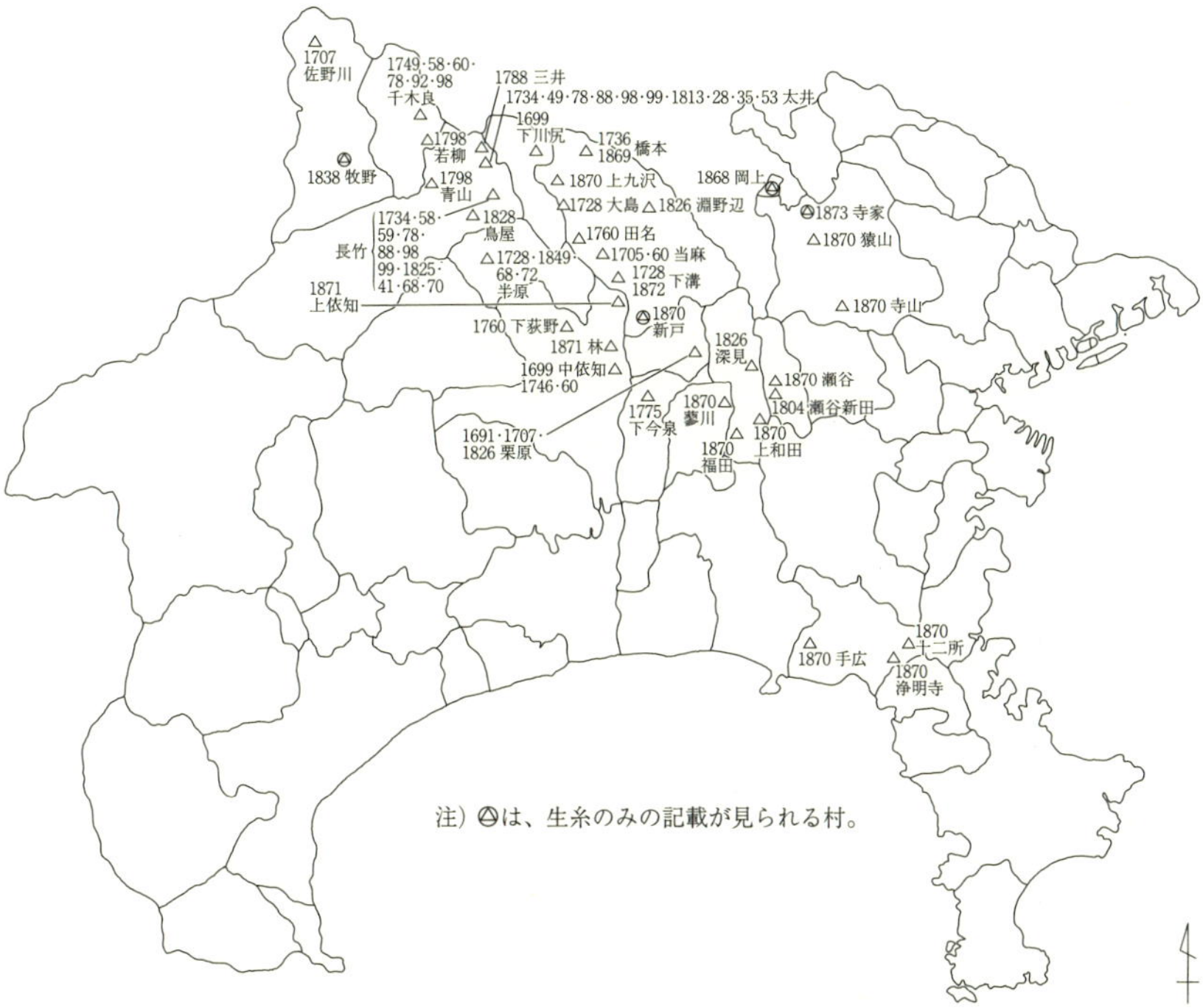

注）◬は、生糸のみの記載が見られる村。

表1-8　村明細帳にみる繭・生糸生産の分布

国	武蔵			相模									計
郡／年代	橘樹	都筑	久良岐	三浦	鎌倉	高座	津久井	愛甲	大住	淘綾	足柄上	足柄下	
-1700	(2)		(2)	(1)	(1)	1 (3)	1 (4)	1 (1)	(1)	(1)	(27)	(23)	3 (66)
1701-1750	(6)	(3)	(3)	(3)	(4)	5 (11)	5 (6)	2 (4)	(7)	(5)	(44)	(7)	12 (103)
1751-1800	(16)		(5)	(9)	(6)	3 (7)	18 (21)	2 (8)	(1)		(9)		23 (82)
1801-1850	(23)	(6)	(11)	(23)	1 (9)	3 (19)	7 [1] (8)	1 (7)	(26)	(4)	(29)	(10)	12 [1] (175)
1851-	(7)	4 [2] (12)	(12)	(45)	4 (21)	7 [1] (11)	3 (4)	4 (12)	(12)	(1)	(10)	(2)	22 [3] (149)
不　詳	(3)		(1)	(5)		(1)					(3)	(1)	(14)
計	(57)	4 [2] (21)	(34)	(86)	5 (41)	19 [1] (52)	34 [1] (43)	10 (32)	(47)	(11)	(122)	(43)	72 [4] (589)

注）[　] 内は、生糸のみ記載のものの数。

表1－9　明治初期神奈川県の特産的農業生産地域表

品　　目	特産的生産地域	地域形成の起点
①野菜	橘樹・久良岐郡、都筑郡の一部、三浦郡	近世中期（三浦郡は幕末）
②小麦	都筑・鎌倉・高座・愛甲郡	18世紀末
③繭・生糸	津久井・愛甲郡東部、高座・鎌倉・都筑郡北部、大住郡	近世中期（鎌倉・都筑・大住郡は「開港」後）
④煙草・菜種	大住郡西部・足柄上郡東部（秦野盆地とその周辺）	19世紀初頭

方がよいであろう。それらの地域での特産化の起点については、明確な証拠は得られないが、主にこの地域の小麦を原料としていた野田醤油が発展を見せる一八世紀末[41]とみたい。先に掲げた、天保八（一八三七）年になってこの地域の小麦が田安家の御用醤油の原料とされたという事実も、この地域が小麦の特産地として認識されるようになったという前提があってのことと解釈できるのではなかろうか。

次に野菜については先述の通り、近世中期に江戸から三〇km、主として橘樹郡、久良岐郡、都筑郡の一部を範囲とする特産地的な「江戸の野菜圏」が形成されたが、この「野菜圏」は、時代とともに膨張し、幕末段階では三浦郡をも包摂するまでになっていた、としておきたい。

以上、第一節と併せて考えれば、明治初期において神奈川県は、丹沢・箱根山系を除いて、大きく分けて四つの特産的農業生産地域から成っていたと見ることができよう。それらの範囲と成立起点は、表1-9の通りである。なお、葉煙草と菜種については、表作・裏作の関係が強いことから、同一地域として扱った。また繭・生糸については、幕末~維新期には地域内である程度生産が分化していたものと思われる。

三　特産的農業生産と購入肥料——村明細帳にみる購入肥料の分布——

商業的農業が、肥料代などコストをかけてでも収益を狙うものであるとするならば、購入肥料の使用状況を見ることによって商業的農業の進展度をある程度測ることが可

図1－7　肥料記載のある村明細帳が残存している村の分布

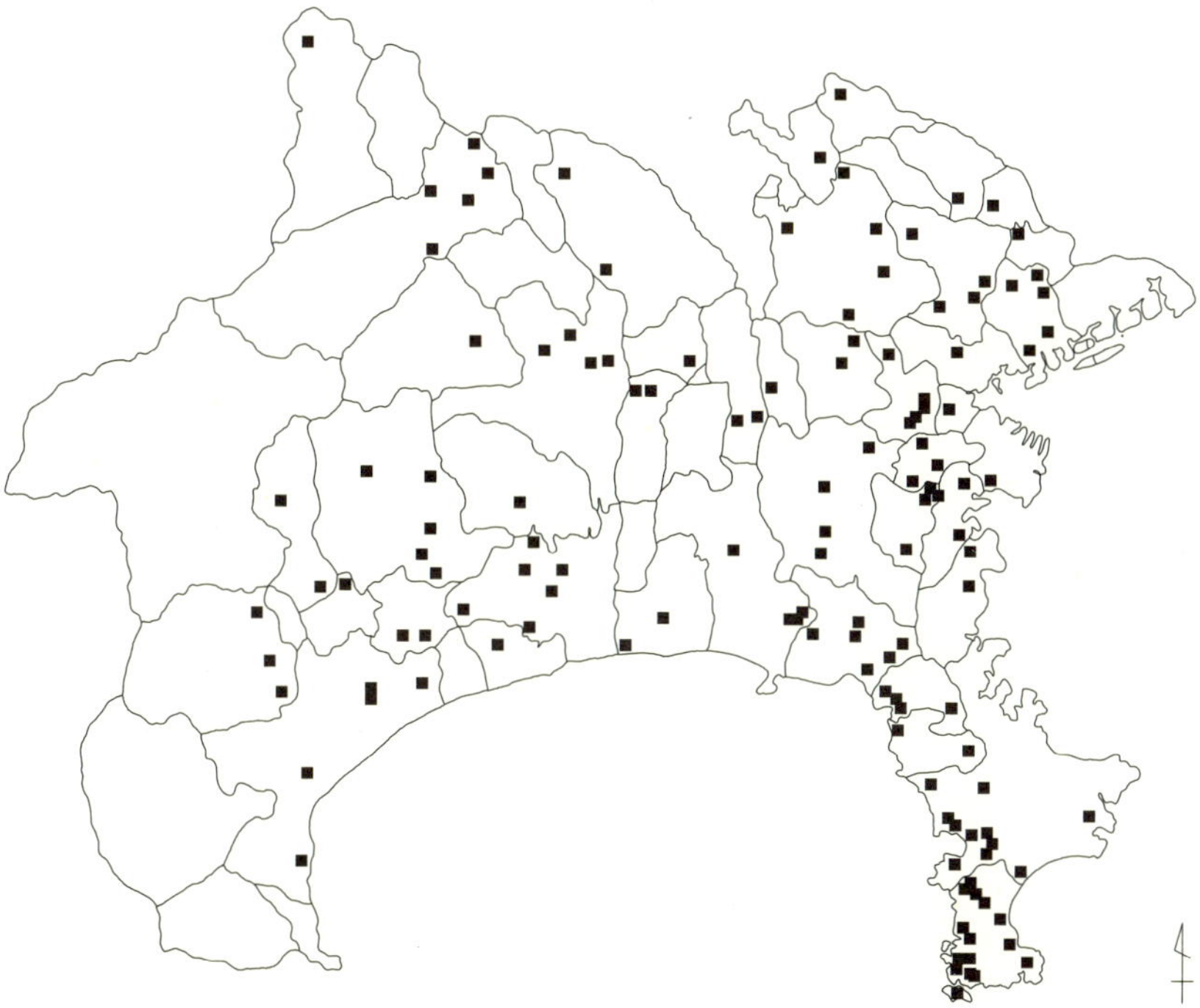

能であろう。そのような観点から、本節では、前節までの考察をふまえつつ、村明細帳の大量観察を通して、近世～明治初期神奈川県下における購入肥料の使用状況を見ようと思う。

本章で使用した神奈川県下の村明細帳五八九点のうち、肥料記載のあるものは二一一点（三一五か村中一三五か村）で、したがって肥料の記載率は、点数ベースで三六％ということになる。肥料記載のある村明細帳の地域的分布を示せば、図1－7の通りである。村明細帳の残存している村全部の分布（図1－3）と対比してみて、さほど地域的偏りがあるとは思えないが、現山北町から真鶴町にかけての県西縁部の分布が、村の分布の割に少ない。

村明細帳に肥料が記載されている場合は、たいてい二、三種類の肥料が記載されている。また村明細帳における肥料記載の上限は寛文一一（一六七一）年で、小田原藩領足柄下郡根府川村に見られる。[42] そこには自給肥料としての「もくさ」が記されている。寛文期における肥料記載はもう一か所、同一二年に同藩領同郡板橋村に見られ、やはり自給肥料としての「かり敷」が記されている。[43] だがこれらを除けば、肥料が一般的に記載されるようになるのは元禄以降のことである。ただし文政～天保期の「地誌御調書上帳」の類には、肥料は記載されていない。したがって、この種の村明細帳の数がこの時期の全村明細帳数に対して占める比重の大きい地域では、この時期の肥料記載率は低くなっている。

　以下、種類別に購入肥料の分布を見てみよう。

㈠ 下　肥

　下肥は、自給、購入のいずれでもあり得るが、本研究で対象とした地域では、購入肥料としての性格がかなり強かったと言える。購入先は、町場・漁村等である。いくつか例をあげると、元禄一四（一七〇一）年、宝永四（一七〇七）年の高座郡栗原村明細帳[44]によると、下肥・灰を遠く大磯宿まで買いに行っている。また嘉永五年三浦郡八幡久里浜村明細帳[45]によると、浦賀より下肥を買い入れている。文政四（一八二一）年三浦郡菊名村の場合、下肥を同郡三崎町から「松葉と取替」、また灰を「安房・上総より大根と取替」えている。[46] また、明治三（一八七〇）年一一月鎌倉郡品濃村明細帳には横浜から、[47] 同年同郡汲沢村明細帳には戸塚宿と横浜から[48]下肥を買い入れている旨記されている。そのほか、江戸近郊の橘樹郡、都筑郡村々では、江戸より下肥を購入している旨記されている例が多い。このように、江戸からの購入以外に、横浜、戸塚、浦賀、大磯といった地域市場からの調達が目につくことは注目に値しよう。

　図1-8により下肥使用の地域的な拡がりをみると、江戸に近い武蔵三郡から三浦郡にかけての集中度が高い。野菜には下肥が有効であるということは一般論としてよく言われるが、下肥の分布から逆に、先に述べた野菜の特産的生産地域が浮かび上がってくるように思われる。また表1-10からは、年代が下るにつれて下肥記載が増えていくこ

図1－8　村明細帳にみる下肥使用村の分布

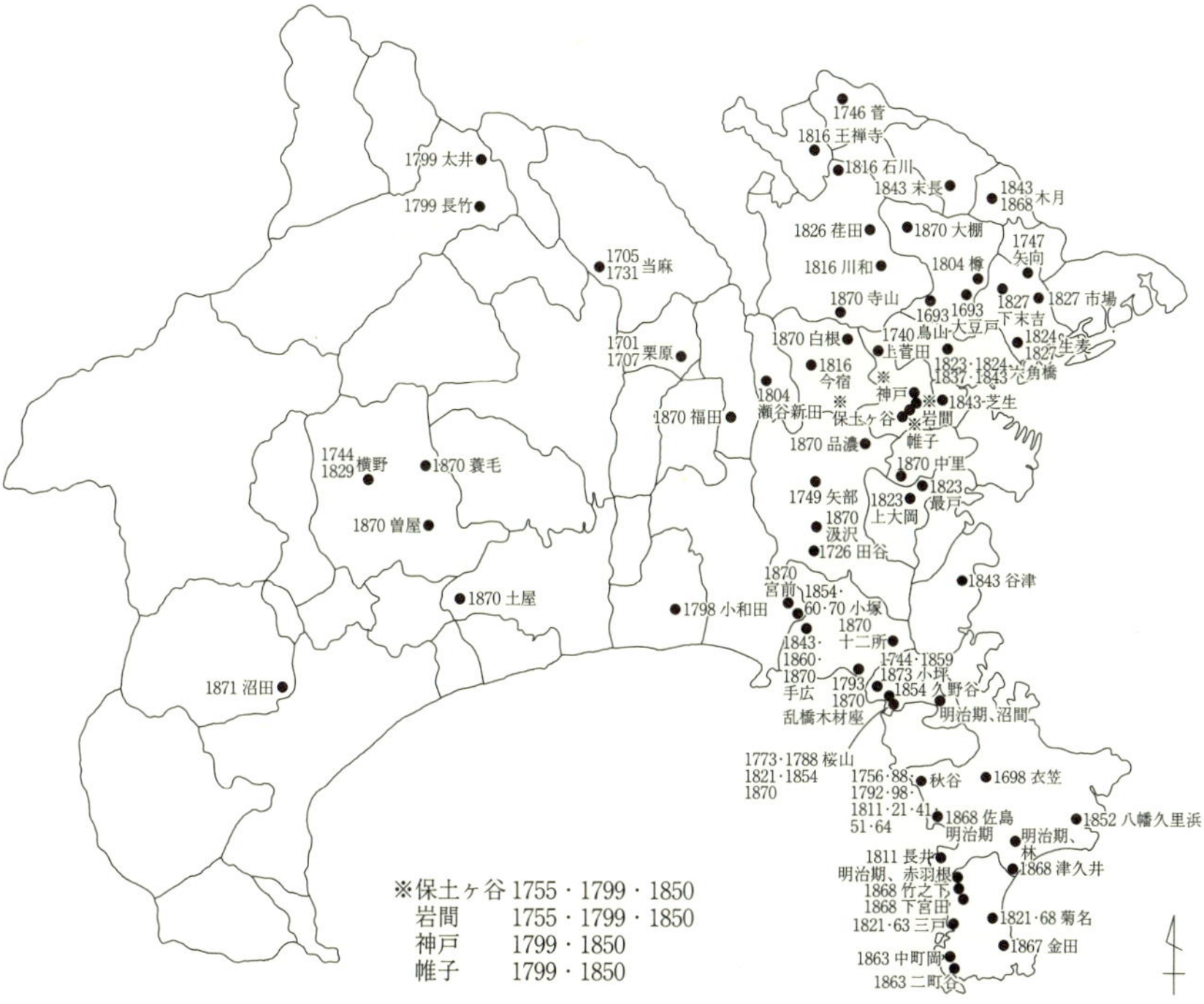

表1－10　村明細帳にみる下肥使用村の分布

国	武蔵			相模									計
年代＼郡	橘樹	都筑	久良岐	三浦	鎌倉	高座	津久井	愛甲	大住	淘綾	足柄上	足柄下	
－1700	2（2）			1（1）	（1）			（1）				（2）	3（7）
1701－1750	2（3）	1（2）	（1）	1（2）	2（3）	4（4）	（4）	（1）	1（5）	（1）	（2）	（1）	11（29）
1751－1800	6（7）		（2）	6（7）	1（1）	1（4）	2（13）	（3）			（3）		16（40）
1801－1850	16（16）	5（5）	3（6）	7（10）	2（2）		（4）	（1）	1（1）		（1）		34（46）
1851－	1（5）	3（4）	1（4）	21（35）	10（14）	1（4）	（2）		3（8）	（1）	1（7）	（2）	41（86）
不詳	（2）			（1）									（3）
計	27（35）	9（11）	4（13）	36（56）	15（21）	6（12）	2（23）	（6）	5（14）	（2）	1（13）	（5）	105（211）

注）（　）内は、肥料記載のある村明細帳総数（表1－11以下でも同様）。

とがわかる。

(二) 干鰯・〆粕

干鰯・〆粕は、一部臨海村を除けば購入肥料である。図1-9により、その使用の地域的分布の特徴をみると、丹沢・箱根の山間部と三浦半島を除いてほぼまんべんなく拡がっている。東浦賀に干鰯問屋をもつ三浦郡にほとんど魚肥の記載が見られないことは興味深い。周辺農村との関係をあまり持たず、関西向けの流通を主として行った東浦賀干鰯問屋の機能が窺える(49)。もっとも、三浦半島にも魚肥を使用した形跡が全くないわけではない。明治元（一八六八）年津久井村明細帳に、魚肥を使用したとする記載がある(50)。これは購入肥料というよりもむしろ、自村の地曳網によるものではなかろうか。三浦半島は西半は岩場が多く、したがって漁業も地曳網による鰯漁よりも鮪、鰹漁が中心であった。鰯は取れても、鮪や鰹の餌に使われた(51)。だが東半、ことに金田湾には比較的広い砂浜があり、地曳網漁業が可能であり、事実それによる鰯漁も行われていた(52)。ところが東半では村明細帳の残存数が少なく、津久井村以外での魚肥使用の有無は知り難い。西半でも、半島の付け根にあたる地域では魚肥使用が見られるし、小田和湾の後背の太田和村でも、村明細帳にこそ記載はないが、富農浅葉家で遅くとも幕末には干鰯を使用していたことが確認できる(53)。しかし郡全体の肥料記載例五六のうち、魚肥の記載がわずか四例（表1-11）では、とうていその使用が一般化していたとは考えられない。これは一つには、下肥使用が同郡で一般的で、下肥による野菜生産を農業の主体としていたということと、もう一つには、魚肥使用の見られる四例がいずれも、堅い岩石質の半島の中では例外的な、わずかな沖積層に見られることから、地質に制約されたことにもよると思われる(54)。

その他の地域に目を移すと、江戸近郊の武蔵三郡や相模川上流域で広汎な分布を見せ、しかもかなり早い時期から用いられていたことが特徴的である。かつて荒居英次は、「武蔵は一〇〇万人の人口を擁する江戸が糠・下肥・灰の

図１－９　村明細帳にみる干鰯・〆粕使用村の分布

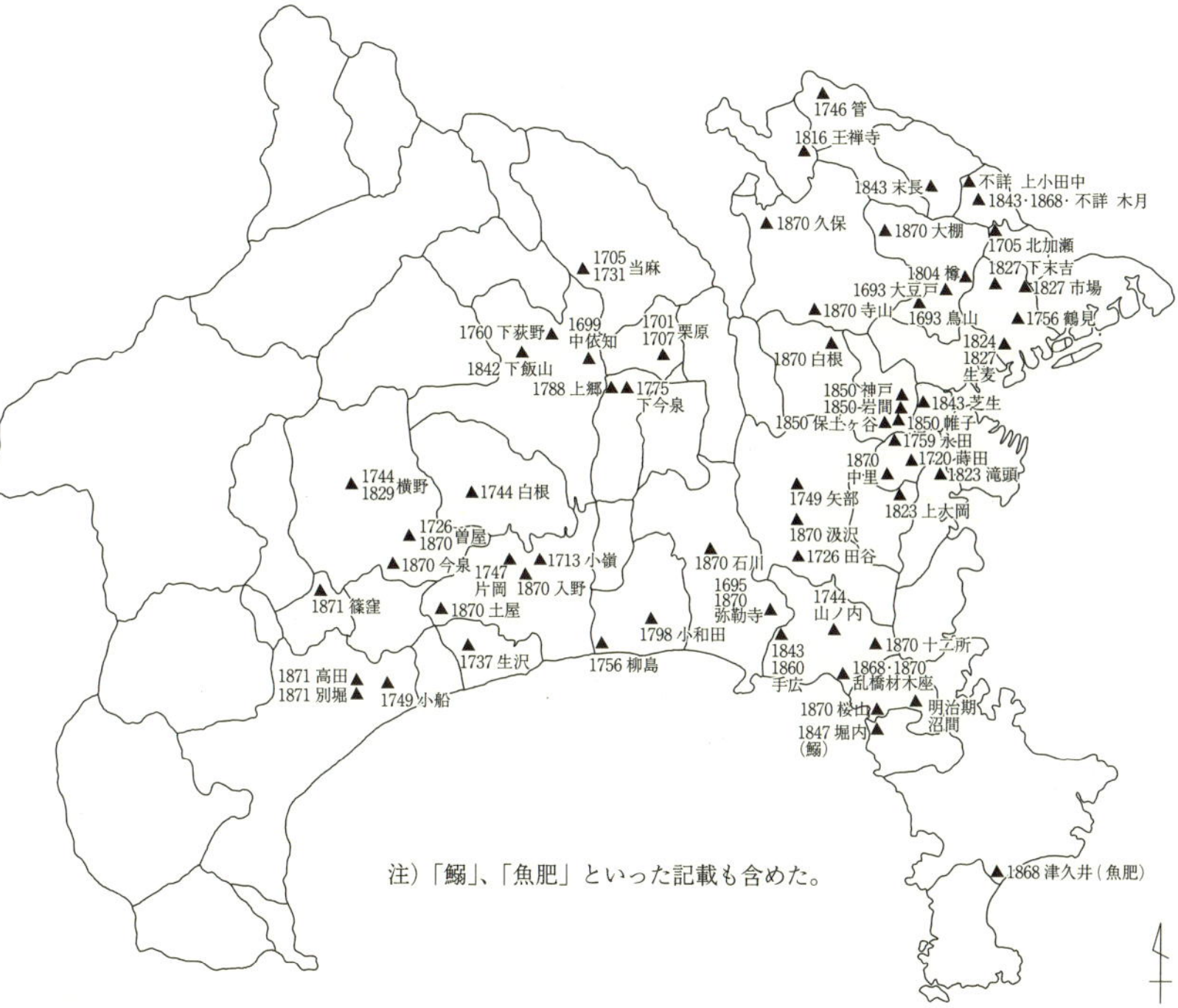

注）「鰯」、「魚肥」といった記載も含めた。

表１－11　村明細帳にみる干鰯・〆粕使用村の分布

国	武蔵			相模									計
年代＼郡	橘樹	都筑	久良岐	三浦	鎌倉	高座	津久井	愛甲	大住	淘綾	足柄上	足柄下	
－1700	2（2）			（1）	1（1）			1（1）				（2）	4（7）
1701－1750	2（3）	（2）	1（1）	（2）	3（3）	4（4）	（4）	（1）	5（5）	1（1）	（2）	1（1）	17（29）
1751－1800	1（7）		1（2）	（7）	（1）	4（4）	（13）	1（3）			（3）		7（40）
1801－1850	12（16）	1（5）	2（6）	1（10）	1（2）		（4）	1（1）	1（1）		（1）		19（46）
1851－	1（5）	4（4）	1（4）	3（35）	6（14）	1（4）	（2）		4（8）	（1）	1（7）	2（2）	23（86）
不詳	2（2）			（1）									2（3）
計	20（35）	5（11）	5（13）	4（56）	11（21）	9（12）	（23）	3（6）	10（14）	1（2）	1（13）	3（5）	72（211）

有力供給源となっていた関係で、平野部の近郊農村や武蔵野台地農村ではあまり干鰯〆粕を利用しなかった。武蔵で広汎に干鰯〆粕を使用したのは、前掲の諸地域に入らない荒川と江戸川にはさまれた埼玉・北足立・北葛飾の平野部の田畑米麦作の農村である」[55]としたが、そうとは限らないようである。また、煙草の名産地である秦野盆地及びその周辺にもかなりの分布が見られる。

干鰯・〆粕の流通経路は必ずしも明確ではないが、江戸近郊農村は当然、一つには江戸の干鰯問屋から入手したものと思われる[56]。また相模湾沿岸漁村も供給源になっていたごとくで、延享元（一七四四）年大住郡白根村の明細帳には「一、当村こやし、大磯ニ而干鰯・もく買取申候」[57]とある。相模川流域の村々へは舟運により流通したのであろう（図1-1参照）。また、小田原にほど近い国府津村が、大豆と引き替えに浦賀から干鰯・粕類を取引していたことを示す幕末期の史料もある。左に掲げておこう。

乍恐以書付奉願上候事[58]

私共農間穀類渡世罷在、連々浦賀表商人共より作方肥物干鰯粕類取引仕罷在、右肥之物引当ニ大豆相渡来り、然る所当八月より右肥之物多分ニ買取、大豆差出候心組ニ罷在候処、今般厳重ニ津留被仰出候ニ付、右大豆積出候義難相成、弥当惑罷在候、先方商人共より肥代共度々催促有之候ニ付、追々金子相渡候得共、多分之金高ニ付、必至と差支、最早月迫ニも相及候得者、皆済勘定仕度候得共、右引当ニ大豆買置候ニ付、当地ニ而売捌可相渡与存候得共、浦賀表相場与ハ格外相違仕候間、実ニ難渋至極ニ奉存候、依而ハ右肥ニ引当大豆三百俵此度東浦賀宮原屋次兵衛、同与兵衛、西浦賀角屋喜右衛門、右之者方へ積送り度奉存候間、何卒格別之以御慈悲ヲ、右三百俵之分ハ積出御免被仰付被下置候様奉願上候、勿論跡々之義ハ兼而御沙汰之次第も有之候ニ付、急度相心得罷在候、

以御憐愍ヲ右奉願上候通被仰付被下置候ハヽ、難有仕合奉存候、以上

慶応二丙寅年十二月

国府津村
百姓代
庄　兵　衛

入　江　良右衛門様
久津間　庄　　輔様

幕末の緊迫した情勢の中での小田原藩による穀物の津留に対し、国府津村の百姓が、浦賀から仕入れた干鰯・粕類引当の大豆を送らせてほしいと願い出ている。この結果がどうなったかわからないが、冒頭の「連々」のことばでもわかる通り、このころには浦賀と国府津を結ぶ干鰯・粕類と大豆の恒常的なルートができていたものと思われる。

次に、下肥の分布との比較をすると、表1-10、表1-11の各郡合計欄からわかる通り、江戸近郊の橘樹・都筑郡、及び鎌倉郡、そしてことに三浦郡では干鰯よりも下肥の方が用いられている。逆に高座郡、愛甲郡、足柄下郡、そしてことに大住郡では下肥よりも干鰯の方が用いられている。もちろん、肥料は複合的に用いられる場合が多く、単純に村数を比較するのみでは不十分だが、この違いは、両地域の農業構造の違いを象徴していると考えてよいのではなかろうか。

㈢　糠

糠は地質との関連の深い肥料である。図1-10を見ると、糠を使用している村はほとんど関東ローム層上に分布し

図1-10　村明細帳にみる糠使用村の分布

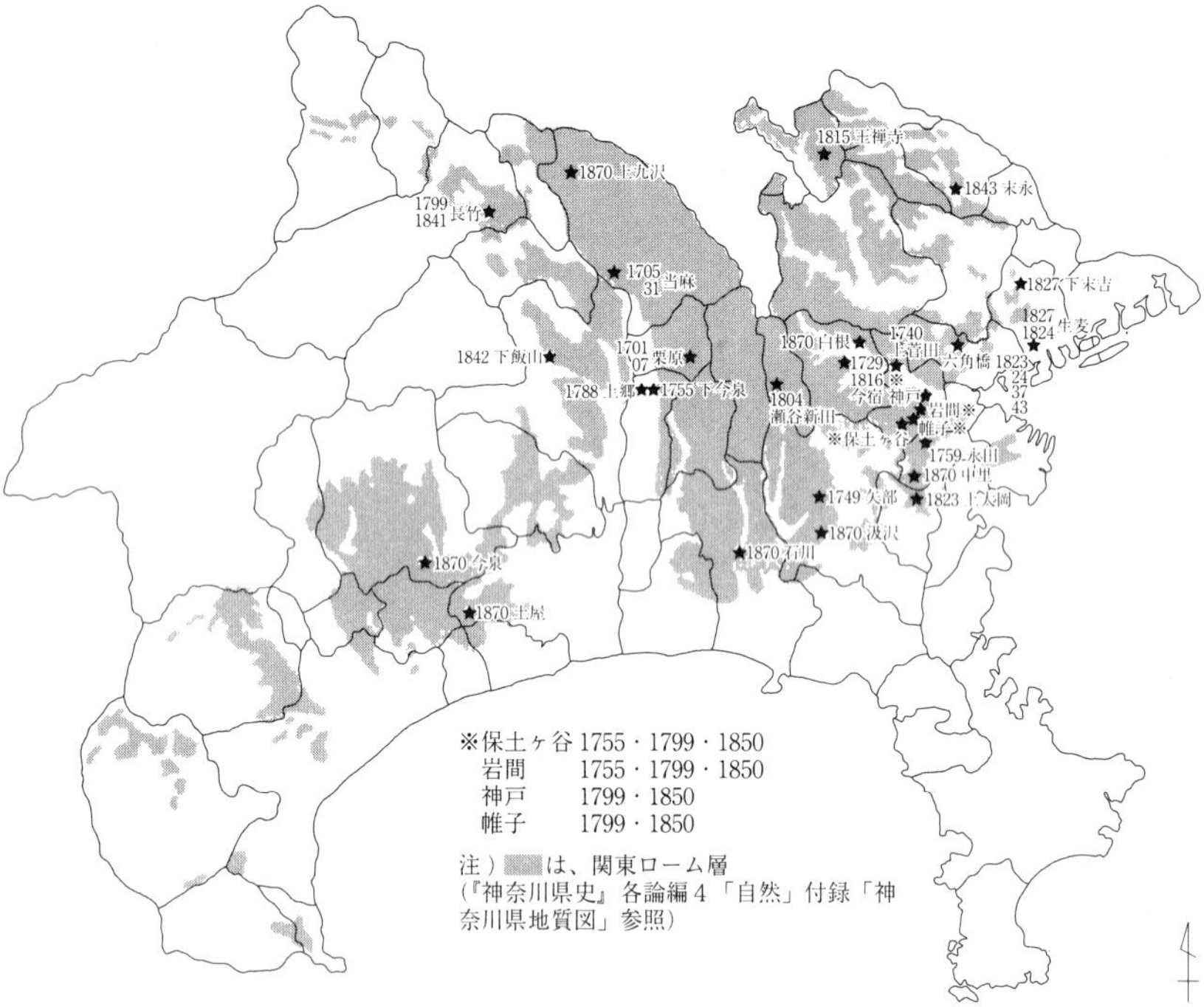

注）▒▒は、関東ローム層
（『神奈川県史』各論編4「自然」付録「神奈川県地質図」参照）

表1-12　村明細帳にみる糠使用村の分布

国 / 年代＼郡	武蔵			相模									計
	橘樹	都筑	久良岐	三浦	鎌倉	高座	津久井	愛甲	大住	淘綾	足柄上	足柄下	
-1700	(2)			(1)	(1)			(1)				(2)	(7)
1701-1750	(3)	2 (2)	(1)	(2)	1 (3)	4 (4)	(4)	(1)	(5)	(1)	(2)	(1)	7 (29)
1751-1800	6 (7)		1 (2)	(7)	(1)	2 (4)	1 (13)	(3)			(3)		10 (40)
1801-1850	12 (16)	2 (5)	1 (6)	(10)	1 (2)		1 (4)	1 (1)	(1)		(1)		18 (46)
1851-	(5)	1 (4)	1 (4)	(35)	1 (14)	2 (4)	(2)		2 (8)	(1)	(7)	(2)	7 (86)
不詳	(2)			(1)									(3)
計	18 (35)	5 (11)	3 (13)	(56)	3 (21)	8 (12)	2 (23)	1 (6)	2 (14)	(2)	(13)	(5)	42 (211)

ている。関東ローム層は、この地域では主に武蔵野から相模台地にかけて拡がっているが、ところどころ飛び地的に津久井地方や秦野盆地にもあり、糠もそれに合わせるように分布している（郡別分布については表1-12参照）。糠は関東ローム層の酸性土壌を中和する役割を果たしたものであろう。購入先は江戸の問屋や周辺の町場、すなわち地域市場であった。江戸の問屋には、関西方面からの「下り糠」を扱っていたものと「地廻り糠」を扱っていたものとがあった[59]が、関西方面ではほとんど使用されなかった糠が、この地域ばかりでなく武蔵野新田等関東で広汎に使われていたのは、一つには右に述べたような特殊な地質状況によると思われる。

(四)　油粕・種粕・酒粕・醤油粕

次に、工業の副産物ともいうべき油粕・種粕・酒粕・醤油粕を一括してみてみよう。これらを使用した村数はさほどではないが、年代が下るほど、ことに一九世紀以降の記載が多くなっている（表1-13）。これはやはり絞油・酒造・醤油醸造の各産業の発展に対応するものと考えられよう。地域的にも、これらの産業の発達していた地域の周辺での使用が多く見られる（図1-11）が、作物との関連もある。先に見たように、特に煙草にはこれらの肥料が適していたとされ、実際、煙草作の分布と似かよった分布を示してもいる。

以上、本節では、購入肥料的色彩の濃い肥料の分布について見てきたが、最後に、肥料記載のある村明細帳のうち上記のいずれをも含まないもの、すなわち秣、刈敷、藻草等、自給的色彩の濃いもののみ記載されているものを見てみよう。表1-14の通り、そのようなものは六二点で、全体の二九％にすぎない。その中で、かなりの比率を示しているのは津久井県と足柄上郡、次いで三浦郡、久良岐郡であるが、逆に、これらを除いた各郡では、近世中期以降、何らかの購入肥料の使用が一般的であったということになる。しかも、三浦郡や久良岐郡の場合、藻草、海草の類も、購入した旨記されていなければ、一応「自給的」として扱っておいたから、表1-14におけるこれらの郡の数字は、

図 1 -11　村明細帳にみる油粕・種粕・酒粕・醤油粕使用村の分布

表 1 -13　村明細帳にみる油粕・種粕・酒粕・醤油粕使用村の分布

国	武蔵			相模									計
年代＼郡	橘樹	都筑	久良岐	三浦	鎌倉	高座	津久井	愛甲	大住	淘綾	足柄上	足柄下	
-1700	1 (2)			(1)	(1)			(1)				(2)	1 (7)
1701-1750	(3)	(2)	(1)	(2)	1 (3)	(4)	(4)	(1)	(5)	(1)	(2)	1 (1)	2 (29)
1751-1800	(7)		(2)	(7)	(1)	(4)	(13)	(3)			(3)		(40)
1801-1850	4 (16)	(5)	(6)	(10)	(2)		1 (4)	(1)	(1)		(1)		5 (46)
1851-	1 (5)	2 (4)	(4)	(35)	(14)	1 (4)	(2)		4 (8)	(1)	2 (7)	2 (2)	12 (86)
不　詳	1 (2)			(1)									1 (3)
計	7 (35)	2 (11)	(13)	(56)	1 (21)	1 (12)	1 (23)	(6)	4 (14)	(2)	2 (13)	3 (5)	21 (211)

表1-14　自給的肥料のみ記載の村明細帳数

国	武蔵			相模									計
年代＼郡	橘樹	都筑	久良岐	三浦	鎌倉	高座	津久井	愛甲	大住	淘綾	足柄上	足柄下	
-1700	(2)			(1)	(1)			(1)				2 (2)	2 (7)
1701-1750	(3)	(2)	(1)	1 (2)	(3)	(4)	4 (4)	1 (1)	(5)	(1)	1 (2)	(1)	7 (29)
1751-1800	(7)		(2)	1 (7)	(1)	(4)	11 (13)	1 (3)			3 (3)		16 (40)
1801-1850	(16)	(5)	2 (6)	1 (10)	(2)		3 (4)	(1)	(1)		1 (1)		7 (46)
1851-	(5)	(4)	3 (4)	13 (35)	2 (14)	1 (4)	2 (2)		3 (8)	1 (1)	4 (7)	(2)	29 (86)
不詳	(2)			1 (1)									1 (3)
計	(35)	(11)	5 (13)	17 (56)	2 (21)	1 (12)	20 (23)	2 (6)	3 (14)	1 (2)	9 (13)	2 (5)	62 (211)

実質的には少し多めに出ているものと思われる。秣等も、売買された可能性のあるものも含まれるので、実態に即した数字はもう少し少ないと考えてよかろう。

以上から、近世中期以降、丹沢・箱根山系を除く相模国全域、及び武蔵三郡にわたる現神奈川県域の大部分において、購入肥料が広く普及していったということができる。こういった下地の上に、すでに述べてきたような商業的農業が展開し、特産的農業生産地域が形成されていったのである。

小括

従来、明治初期の農業統計類の検討は、主として地域内で作物の構成比を出したり、各郡の各農産物生産高の県全体の生産高に対する比を出すという方法で行われることが多かった。しかし、それらの方法では見えない側面も多い。例えば、各郡の農産物生産額の県全体のそれに対する比を出すといった場合、郡の規模は考慮に入れられなかったから、生産能力は高くても小さな郡は見落とされてしまっていた。そこで本研究では、生産性を重視する立場から、神奈川県各郡について各農産物ごとに千人当たりの生産高を出したわけである。これにより全国の平均的なレベルとの比較もでき、各郡間の生産能力の差も明瞭になった。またその際、「普通農産」＝自給的、「特有農産」＝商品的という従来ありがちだった固定観念にとらわれず、ことに小麦は「麦類」としてまとめることなく、他の麦類と分けて考察し、また農産表にあらわれない野菜は別個に考察した。

そして、右の方法を通して得られた結論は、明治初期の神奈川県はよほどの僻地を除いて大きく分けて四つの特産的農業生産地域の複合体であり、それぞれ①野菜、②小麦、③繭・生糸、④煙草・菜種という特産的な農産物を、かなりの地域的偏りをもって生産していたということである。すなわち作物ごとに見れば、それぞれを徹底して生産する地域とそうでない地域とがあり、地域ごとに見れば、それぞれが徹底して生産する作物とそうでない作物とがあったのである。これは各地域の自然的、社会的条件の中での農民の選択の結果と見ることができよう。この偏りのゆえに、県全体を均してしまえば平凡な数字にしかならず、従来この時期の神奈川県の農業生産は低い評価しか与えられていなかったわけである。

また、これらの特産的農業生産地域形成の起点はそれぞれ異なるが、足並みが揃うようになるのは一八世紀末から一九世紀初頭と思われる。早くから展開していた野菜、繭・生糸の特産地域が範囲を拡げつつ生産を増大させ、この時期新たに小麦、煙草・菜種の特産地域が成立してくる。そしてこれらの生産は、近世中期以降の各種購入肥料の広汎な拡がりの上に成り立っていたのである。

ところで明治五年九月一三日、新政府は次のような布告を出している。

田畑定金納定永納等関東畑永ノ類、従前貨幣品位高貴ノ時相定候分ハ、方今ニ至リ米納ノ貢類ニ比較候テハ格外偏軽相成、不公平ニ付、本年より一般改正ノ積被　仰出候条、府県於テ相当ノ増税ノ見込相立、当十月限租税寮へ可申立事[60]

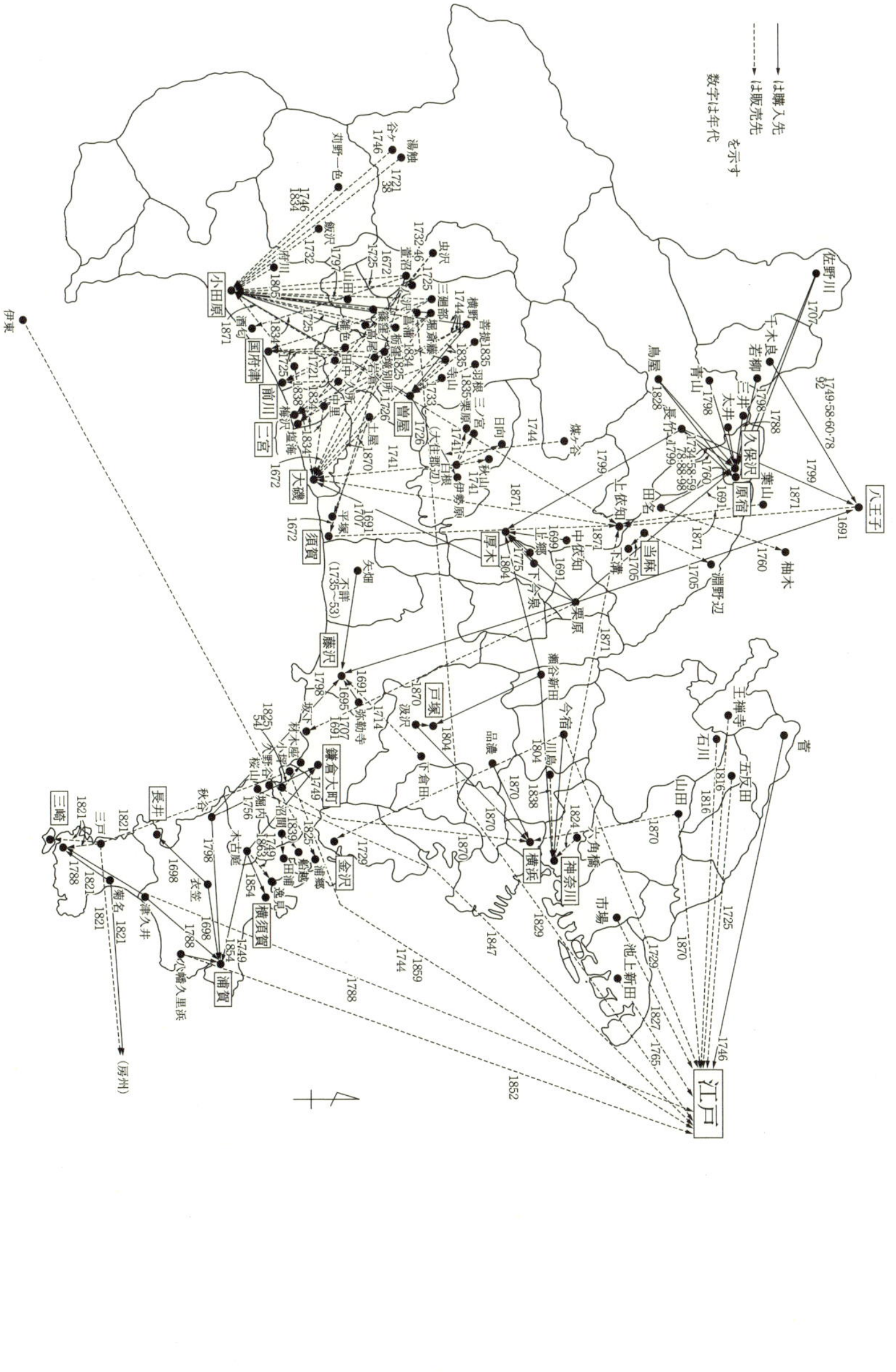

図1-12　村明細帳にみる各村の農産物・肥料販売先及び購入先

これは、関東の畑作に対する課税の大幅増をねらったもので、本章で示したような、一八世紀末以降の商業的畑作の発展を把握してのことと思われる。この点、幕府が主穀からの収奪という原則を最後まで根本的には変えることができなかったことと好対照である。

この章の最後に、流通面についてまとめておこう。これまでに時折触れた、村明細帳に見られる農産物や肥料の販売先・購入先をまとめて示した地図（図1-12）を掲げておこう。これによると、特に県東部において中央市場・江戸との強い結びつきが認められるが、一方で各地域に販売・購入の拠点、すなわち地域市場があったことが窺える。県西部の小田原・国府津・二宮・大磯、秦野盆地の曽屋、県央部の厚木、県北部の原宿、湘南地域の藤沢・鎌倉大町、三浦半島の浦賀・三崎、県東部の神奈川・開港以後の横浜などである。神奈川県下の商業的農業生産は、このような地域市場の発展をもたらし、また逆に、地域市場の発展の上に神奈川県下の商業的農業は発展し得たのである。

注

（1）長州藩では、天保期に「防長風土注進案」が作成されている。

（2）長谷川伸三『近世農村構造の史的分析』（柏書房、一九八一年）三頁。

（3）現在の神奈川県域は、正確には旧武蔵国多摩郡中野嶋村をも含んでいるが、同郡ではこの一か村のみであるし、この後用いる農産表が郡単位であることからこれを捨象し、本章で「神奈川県」という場合は、郡ごと現神奈川県域に含まれている旧相模国と武蔵三郡を指すものとする。

（4）山本弘文「神奈川県経済の発展と地域的特色――明治―大正初期――」（『神奈川県史研究』18、一九七二年）。

（5）明治文献資料刊行会編『明治前期産業発達史資料』別冊（3）（明治文献資料刊行会、一九六五年）。

（6）内閣文庫所蔵。

（7）郡別で人口が知られる最も早い統計は明治八年「共武政表」、同じく郡別で農産高が知られる最も早い統計は明治九年「農産表」であるが、ここでは山本論文との対照の意味で、「明治十二年一月一日調人口表」と「明治十一年農産表」の組み合せを用いた。

(8) 山本、前掲（4）四頁。

(9) 仮に、芋類を除く「普通農産」の千人当たり生産高を合計してみると、全国水準一一〇三・五石、神奈川県一三二〇石である。

(10) 山本、前掲（4）六〜七頁第1表。

(11) 山口和雄『明治前期経済の分析』（東京大学出版会、一九五六年）第二章によると、明治一一年に一番近い年で全国的な職業別人口構成がわかるのは明治七年で、その年の「農業者」の比率は八割に近い。

(12) 『秦野市史』別巻「たばこ編」（秦野市、一九八四年）九〜一〇頁。なお江戸への流通は、秦野盆地の中心曽屋から矢倉沢往還によったものと思われる。

(13) 旧足柄上郡菖蒲村府川家史料、元治元年〜明治八年「毎年耕作覚帳」（同前一九頁、一八九頁）。

(14) 同前、明治六年菖蒲村物産取調書（同前一九九頁に収載）によると、この村では菜子（種）一三四石四斗（六七二円）、菜子油五〇本（三二五円）、油糟四八〇俵（二四〇円）の生産があり、また葉煙草は三七五〇〇斤（二三四三・七五円）、刻煙草は五〇〇〇斤（三一二・五〇円）の生産があった。ちなみにこの年のこの村の人口は五〇五人で、村高は「旧高旧領取調帳」（明治大学図書館所蔵）によると三四七石余、他の主だった産物としては米（下）一五六石（六九六・四二円）、薪木六五〇〇〇束（五四二・一〇円）、大麦（下）二八五石二斗（五三六・七二円）、粟（下）二五八石五斗（五一七円）などがあった。

(15) 同前二〇二頁。

(16) 同前二〇〜二五頁。

(17) 『藤沢市史』第五巻（藤沢市、一九七四年）一〇九三〜一〇九八頁。

(18) 同前四〇一〜四〇二頁。

(19) 旧高座郡柳島村藤間家史料（『茅ヶ崎市史』1「資料編」（上）、茅ケ崎市、一九七七年、四〇〇〜四〇一頁所収）。

(20) 同前4「通史編」二八一〜二八二頁。

(21) 前掲（17）四〇八〜四一三頁。

(22) 明治二三年六月四日付『毎日新聞』第三面「雑報」。

(23) 荒居英次「醤油——銚子・野田を中心として——」（体系日本史叢書11『産業史』Ⅱ、山川出版社、一九六五年）三九五～三九六頁。

(24)『鎌倉近世史料』「坂ノ下編」（鎌倉市教育委員会、一九八〇年）六五頁。

(25) 和田正洲「近世文書と民俗——作物帳をめぐって——」（『郷土神奈川』第一五号、一九八四年一一月）。

(26) 繭・生糸に関しては数多くの研究があるが、ここではとりあえず正田健一郎「八王子周辺の織物・製糸」（地方史研究協議会編『日本産業史大系』4「関東地方篇」、東京大学出版会、一九五九年所収）、山口徹「幕末期における養蚕・製糸業の展開と質地金融——相模原市域農村調査報告——」（『神奈川県史研究』22、一九七三年一二月）をあげておく。

(27) 座間美都治「近世における北相一富農の農業実践記録——相州高座郡上相原村小川家の場合——」（相模原市立図書館『古文書室紀要』第二号、一九七九年三月）。なお座間は、『日本農書全集』22（農山漁村文化協会、一九八〇年）にこの史料を翻刻している。

(28) 杉本敏夫・神崎彰利「津久井の薪炭」（前掲(26)『日本産業史大系』4「関東地方篇」所収）。

(29) 足柄下郡の海産物としては、乾魚五万九四二九斤、鰹節四四〇〇斤などがあった（明治一一年農産表）。農産表に載っている同郡の海産物合計は六万四七五一斤で、これは県の海産物合計の一九%であり、三浦郡の五七・九%、大住郡の二二・四%に次ぐ。

(30) 明治一一年農産表によると、同郡の蜜柑生産高は八一万五五五七斤、人口千人当たり生産高は一万六四四三斤余であった。ちなみに蜜柑の千人当たり生産高の全国水準は六六六斤余であった。もっとも、蜜柑は寒冷地ではほとんど生産・消費されないなど、生産地・消費地に大きな偏りがあるので、他の農産物と同じように比較して論ずることはできないであろう。

(31) 三浦郡などと違って、明治一一年頃の農産表に久良岐郡の海産物は食塩以外に見当たらない。もちろん、農産表はすべての品目を網羅しているわけではないし、久良岐郡で海産物が取れなかったはずはない（例えば幕末～維新期の同郡の村明細帳には漁船の記載が出てくる）が、大した産物がなかったということなのであろう。

(32) 伊藤好一「江戸近郊の蔬菜栽培」（前掲(26)『日本産業史大系』4「関東地方篇」所収）五七～五八頁。

(33) 鈴木亀二「金の動きからみた西部地区幕末の生活」（『年輪』12、一九七八年一〇月）七三頁。

(34) 慶應義塾大学古文書室所蔵、文政七年橘樹郡六角橋村明細帳（表紙欠、仮題）など。

(35) 『日本古文書学講座』7「近世編」Ⅱ（雄山閣出版、一九七九年）における木村礎の定義に従った（同書一九頁）。

(36) かつて神奈川県史編纂事業の過程で徹底した史料所在調査が行われ、その結果は全五三集にも及ぶ『神奈川県史資料所在目録』として結実した。この地域を研究する者が多大な恩恵を蒙ることになったのみならず、一つの史料の所在状況を広域的に見る上でもたいへん便利である。本研究も、この「所在目録」なくしてはあり得なかったであろうし、他の地域で同じような研究をすることはたいへん困難であろう。なお旧相模国部分については、その後の補充調査も含め、青山孝慈・青山京子が労作『相模国村明細帳集成』全三巻（岩田書院、二〇〇一年）をまとめた。

(37) 明治文献資料刊行会編『明治前期産業発達史資料』別冊（1）（明治文献資料刊行会、一九六四年）。

(38) 図1-4の、久良岐郡杉田村の「一八七八」（明治一一年）という年代は『横浜市史稿』「地理編」（名著出版、一九七三年）三八三頁によっているが、近世的な村明細帳の様式がこの時期にまで残っているはずはなく、この年号は疑問である。

(39) 「地誌御調書上帳」類は文政・天保期にのみ見られるが、本章で使用したものは六九点、そのうち高座郡のものは一五点で、本章で使用した一九世紀以降の同郡の村明細帳の半数を占める。

(40) 林玲子「江戸地廻り経済圏の成立過程——繰綿・油を中心として——」（大塚久雄・安藤良雄・松田智雄・関口尚志編『資本主義の形成と発展——山口和雄博士還暦記念論文集——』東京大学出版会、一九六八年）。

(41) 前掲（23）三九二〜三九五頁。

(42) 寛文一一年九月「西筋根府川村」（『神奈川県史』資料編4「近世」（1）、神奈川県、一九七一年、三七六頁）。

(43) 小田原市石塚荒吉氏所蔵、寛文一二年七月七日「相州西郡板橋村鏡」（同前、四三五頁所収）。

(44) 元禄一四年のものは、『神奈川県史』資料編6「近世」（3）（神奈川県、一九七三年）五五五頁に収載されている。

(45) 青山孝慈「相模国三浦郡の村明細帳」（『三浦古文化』13、一九七三年）六一頁第5表。

(46) 同前五九頁第4表。

(47) 青山孝慈「相模国鎌倉郡の村明細帳」（三）（『三浦古文化』26、一九七九年）七〇頁。

(48) 同前七二頁、八五頁。

(49) 『神奈川県史』通史編3「近世」（2）（神奈川県、一九八三年）第二章第六節四「東浦賀干鰯問屋」。

(50) 横須賀市佐島、福本光男氏所蔵、相模国三浦郡秋谷村寄場組合村々明細帳(表紙欠、仮題)。
(51) 辻井善弥「大楠地区漁業の変遷——その二——鰯網漁業」(『年輪』4)。また、文政四年秋谷村明細帳に、「鰹餌鰯船」二艘が確認される(青山、前掲(45)五四頁第2表)。
(52) 前掲(49)第二章第六節一「漁業」。
(53) 横須賀史学研究会編『浜浅葉日記』全四冊(横須賀市立図書館、一九八〇~八三年)。
(54) 宮崎安貞「農業全書」における「沙《(砂)》地ハ鰯よし」とのことば(日本思想大系62『近世科学思想』上、岩波書店、一九七二年、一一一頁)が想起される。
(55) 荒居英次「近世農村における魚肥使用の拡大」(『日本歴史』二六四号、一九七〇年五月)四一頁。
(56) 伊藤好一「江戸と周辺農村」(西山松之助編『江戸町人の研究』第三巻所収、吉川弘文館、一九七四年)。
(57) 『神奈川県史』資料編8「近世」(5上)(神奈川県、一九七六年)一四三頁。
(58) 小田原市立図書館所蔵、片岡文書。
(59) 伊藤、前掲(56)。
(60) 石井良助・朝倉治彦編『太政官日誌』第六巻(東京堂出版、一九八一年)一七一頁

第2章　東関東の平均的農村における地主経営と地域市場

――下総国（千葉県）香取郡鏑木村・鏑木瀧十郎の経営を通して――

はじめに

本章では、幕末～明治期日本の平均的農村である東関東の一地主の経営をとり上げる。

かつて日本資本主義や天皇制との関わりで盛んに議論された地主制史の研究は、最近ではすっかり下火になった感があるが、地主ないし地主制の問題自体無意味になったわけでは決してない。かつて議論された地帯性の問題などは、風土と歴史という普遍的なテーマとの関わりで考え直すこともできようし、また個別事例は、今日の日本における経営や労働のありかたに引き付けて考察することもできよう。一方、関東の地域論は、さまざまなかたちで議論がなされているが、未だ当該期関東の経済史的特徴づけは十分確立しているとは言い難い。本章は、それらの問題をも念頭に置きつつ、東関東の一手作地主経営を、地域市場との関わりにおいて考えてみようとするものである。

本章で素材とするのは、下総国香取郡鏑木村（図2-1参照）の鏑木治郎兵衛家史料である。鏑木村は現在、千葉県旭市（旧香取郡干潟町）に属し、九十九里浜北部海岸から約一〇km奥に入った、椿新田（図2-1中の、ほぼ椿村と高生村を結んだ線と、下総台地崖線とに囲まれた広大な新田）に臨む下総台地上、及び一部台地下をも含む村であ

図2－1　鏑木村周辺図

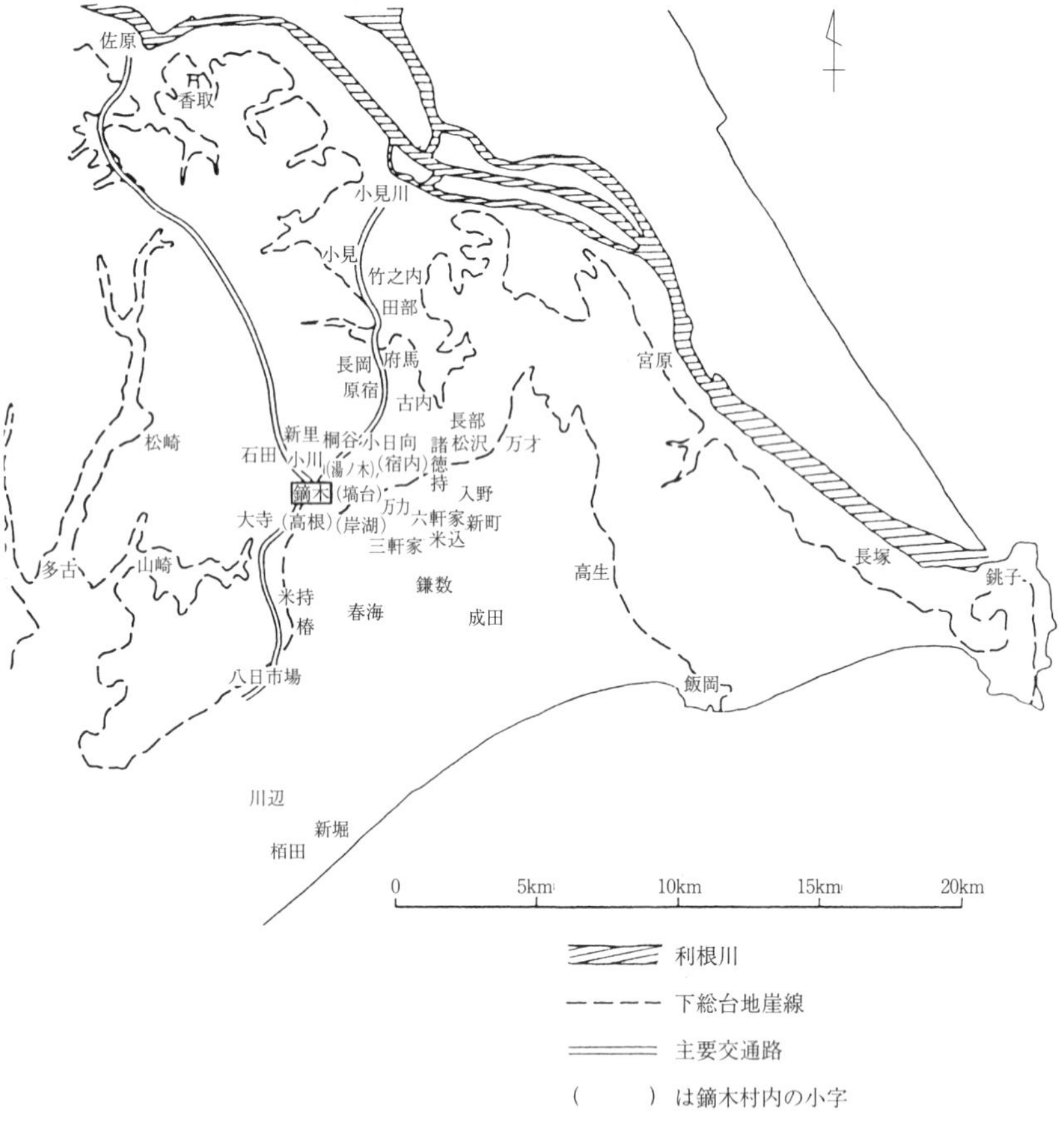

る。ほぼ近世を通じて一〇〇〇石を超す大村であり、大名領・旗本知行など五給に分かれていた。例えば安政二（一八五五）年における全村の石高は一〇六五石余、うち大名清水領四四五石余、旗本原田秀之丞知行三六六石余、旗本本目権左衛門知行一一三石余、旗本小田切出雲守知行一一〇石余、光明寺分三〇石であった[1]。また小見川、佐原、八日市場といった各地域の中核的な町場への分岐点にあったが、それぞれとは三里、四里、二里隔ったところにあり、そのため自村内に商工業者が少なからずいる〝陸の孤島の町場〟的な特徴をも持つ村であ

った。佐原、小見川、銚子などの町場が連なる利根川筋は、河川水運が発達し、醤油醸造業が展開するなど、商品経済の発達したところであった。しかし、そこから離れた位置に存在する同村は、そういったところの経済的影響を大きく受けることはなく、したがって大原幽学の性学が展開したが、一方で「自前で」ある程度の分業が展開したところでもあったのである。

鏑木治郎兵衛家は五給のうち、旗本本目氏知行の名主であった。また同家はもともと、桓武平氏千葉氏の系譜を引く由緒ある家である[2]。ちなみに、東総の代表的豪農として知られる平山家は、同村原田知行に属していた。鏑木家の持高は、本目氏知行内に限ると、寛政三（一七九一）年段階で一四石余、以後漸増して嘉永三（一八五〇）年以降は一七石余となっている[3]が、同家は村内の他知行や他村にもかなりの石高を保有していた。この実態が史料の制約で必ずしもよくわからないのが残念であるが、例えば元治元（一八六四）年、年貢米を原田氏へ六俵足らず、小田切氏へ一俵余、御料所へ一俵余、隣村の万力村へ一四俵三斗足らずの計二三俵余、また慶応三（一八六七）年には計二六俵足らず払っているところからみると、年貢率を持高の四〇％として[4]、約二五石を本目氏知行以外で保有していたことになり、先に紹介した本目知行内の持高と合わせると、幕末段階での同家の持高は総計四〇石を超えていたものと思われる。近隣の松沢村宮負家[5]や米込村杉崎家[6]と同様、「どの村にも存在する普通の上層農民」[7]と言えよう。その後の明治九（一八七六）年の地租改正施行時の所有反別は田約五町三反、畑約二町四反、宅地約四反、山約八町四反の計一六町四反余[8]、明治一二年には計約二〇町歩（うち田畑の合計約一〇町五反）、地価四五〇〇円余[9]に伸び、明治二七年には棟主瀧十郎分と息子保分合わせて二四町四反余（うち田畑の合計約一四町歩）、地価五七〇〇円余[10]となっている。まさに典型的な中地主としての数値と言えよう[11]。

次に、家族構成を見てみよう。宗門人別帳に見える家族数は、文化二（一八〇五）年七人、嘉永五年六人、文久四（元治元）年一一人となっている[12]。文久四年段階の家族構成を図示すると、左のごとくである。

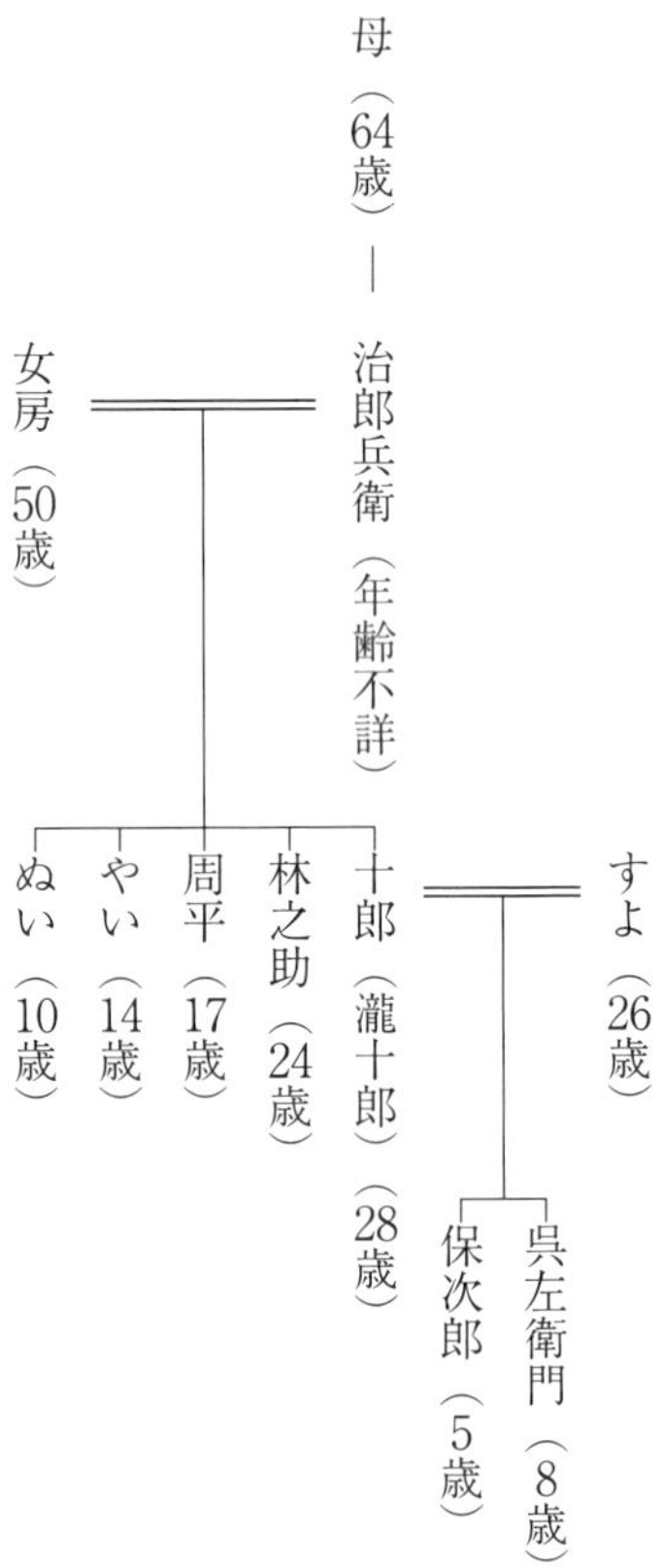

このほか、この年の「金銭出入年中諸入用帳」によると、太郎吉・つねの二人に給金を支払っているので、彼らも労働力と見なすことができ、この年計一〇人程度で手作耕作を行っていたと考えられる。奉公人数は幕末～明治一〇年代には二～三人だが、明治二〇年代に入ると四人に増えている（後掲表2-5参照）。

ところで、この文久四（一八六四）年という年は、鏑木家史料の残存のしかたの上で一つの区切りとなる年である。このことについて少し触れておきたい。鏑木家史料は近世・近代合わせて約二〇〇〇点あり、名主として記した公文書も一通り揃っているが、この家の史料の特色は、むしろ農家ないし地主としての経営帳簿類の揃いの良さにある。それらの帳簿はいずれも、一年分が横帳で三〇丁ほどのボリュームで、Ⅰ金銭出納帳、Ⅱ農業経営帳簿、Ⅲ小作米請取帳、Ⅳ日記（農事に限らず日常生活上の記載も含む）の大きく四つに分けることができる。Ⅰは弘化五（嘉永元）（一八四八）年から昭和二（一九二七）年まで、Ⅲは嘉永二年から昭和一〇年まで、Ⅳは天保九（一八三八）年から明治二五（一八九二）年までのものがそれぞれ断続的に残存しているが、農家としての経営の根幹がわかるⅡが初めて作成されたのは少し遅れて文久四（元治元）年、瀧十郎によってであり、以後明治二八年までのものが断続的に残存している。ⅠとⅡの裏表紙には、瀧十郎が記すようになった文久四年のものを一冊目として、以後同系列の帳簿には、表題は変わっても各年のものに「○冊目」と冊数が記されるようになった。Ⅱは、飯米・農作物取入・農作物販売・農業用品購入・年貢・施肥・播種などの項目からなり[13]、日付・品目・数量（項目によっては金額・販売先または購入先も）等、実に詳細に記されている。Ⅱの表題は年によって若干違う。文久四年から明治五年までは「農業万覚并ニ穀物売相場帳」あるいは単に「万覚帳」といった表題、明治六年以降二八年までは「米穀取入并諸品売買帳」、「米穀出納諸品売買帳」といった表題がついている。このように、文久四年、瀧十郎により、上記四冊の帳簿によって家の経営を管理するシステムが確立されたわけである[14]。そして以後の経営においては、たとえ実質的に寄生地主化が可能となっても、一定の手作を確実に行っていった。

ここで、瀧十郎自身について少し触れておこう。瀧十郎は天保八年生れで、大正四（一九一五）年に七八歳で生涯を閉じたが、実質的に経営に携わったのは文久四年から明治二八年まで、すなわち一九世紀後半であった。その間、政治に関与したり有価証券獲得に走るようなことがなかったので、家の経営がそれらの要素により変動することがなく、一般の経済動向がこの家の経営に比較的反映しやすかったと思われる。

以下、瀧十郎が実質的に経営に携わった一九世紀後半の鏑木家の農業経営を中心にみていこうと思う。

一　手作経営の推移

ではまず、鏑木家における農業生産の推移を概観してみよう。表2-1は、同家の手作作物収穫量及び小作米の請取量・附米量（規定の小作米量）を、年を追って記したものである。この表の中で、手作作物については上記Ⅱの帳

表2-1　鏑木家手作作物収穫量及び小作米収入の推移

作物／年代	手作作物									小作米（石）	小作人数
	米（石）	大麦（石）	小麦（石）	大豆（石）	小豆（石）	粟（石）	蕎麦（石）	菜種（石）	生茶（貫）	請取量（附米量）	
嘉永2（1849）	—	—	—	—	—	—	—	—	—	24.97（36.56）	33
〃 4（1851）	—	—	—	—	—	—	—	—	—	43.52（45.00）	31
安政2（1855）	—	—	—	—	—	—	—	—	—	36.41（37.83）	31
〃 6（1859）	—	—	—	—	—	—	—	—	—	15.88（36.36）	29
万延2（1861）	—	—	—	—	—	—	—	—	—	42.48（42.66）	33
文久2（1862）	—	—	—	—	—	—	—	—	—	38.53（42.57）	33
〃 4（1864）	※約40	10.2	0.98	2.9	0.1	2.25		1.9		26.68（42.19）	33
元治2（1865）	—	—	—	—	—	—	—	—	—	31.65（42.19）	34
慶応2（1866）	40.21	11.4	0.93	3.7	0.5		0.4	1.38		—	—
〃 3（1867）	40.65	12.1	1.54	3.4		1.85		1.51		—	—
〃 4（1868）	32	11.7	1.4	2.9		1.8		1.1		—	—
明治2（1869）	—	—	—	—	—	—	—	—	—	20.49（43.36）	34
〃 5（1872）	43.68	7.8	1.1	4		2.2		1.1		—	—
〃 7（1874）	41.7	9.4	1	4.18				1.4		—	—
〃 9（1876）	35.7	10.23	1.56	3.6				0.79＋α		47.41（55.99）	36
〃 11（1878）	43.4	8.3	1.2	2		2.2		1.2	19.32	—	—
〃 14（1881）	＊約35	13.4	0.45	5.4		0.9		0.7	19.97	56.18（70.47）	40
〃 19（1886）	25.6	9	1.2	2.6				1.31	31.52	—	—
〃 20（1887）	—	—	—	—	—	—	—	—	—	90.87（97.29）	44
〃 24（1891）	32.1	5.4	1	3.8				0.78	24.9	101.17（101.84）	42
〃 27（1894）	—	—	—	—	—	—	—	—	—	92.56（104.81）	45
〃 28（1895）	25.6	7.9	1.1	3.4				0.64		—	—
〃 45（1912）	—	—	—	—	—	—	—	—	—	80.68（80.69）	38
大正7（1918）	—	—	—	—	—	—	—	—	—	69.19（90.10）	42
〃 13（1924）	—	—	—	—	—	—	—	—	—	83.33（93.42）	43
昭和10（1935）	—	—	—	—	—	—	—	—	—	89.97（94.86）	45

注）・手作作物に関するデータは文久4・慶応2・同3年各「農業万覚并ニ穀物売相場帳」、慶応4年「万覚帳」、明治5年「農業穀物売諸品買入帳」、同7年「穀物取入諸品売買控」、同9年「穀物取入万控」、同11年「穀物取入諸品売買簿」、同14年表欠帳簿、同19年「米穀出納諸品売買帳」、同24・28年各「米穀出納帳」による。また、小作米に関するデータは、嘉永2・同4・安政2・同6年各「田畑小作米請取帳」、万延2年「田畑小作（以下欠）」、文久2・同4・元治2・明治2年各「田畑小作米請取帳」、明治9年「田畑小作帳」、同14年「田圃小作帳」、同20・24・27年各「田畑小作帳」、同45・大正7年各「小作米収納帳」、同13・昭和10年各「小作米領収帳」による。

・小数第3位以下がある場合は、小数第3位以下を四捨五入した。

・—は当該欄に関する史料がないことを示す。空白は、史料はあるが記述がないことを示す（生産がなかったとは限らない。注（17）参照。）。

・※：この年の収穫把数はわかる（10944把）が、石高はわからない。ただ、把数・石高ともに記されている慶応2年の場合が10974把で40石2斗1升であることから、このように推定した。

＊：同様に、この年の収穫把数は8081把で、石高はわからない。明治11年が10031把で43石4斗、同19年が6023把で25石6斗であることからこのように推定した。

簿により、小作米についてはⅢの帳簿によっているが、残念ながら、残存年はⅡとⅢとでは必ずしもよくは一致しない。

手作経営の推移を見ると、記録の残っている文久四年から明治二八年の間に関する限り、生産作物の構成比には若干の変動がみられるものの、全体の規模はほぼ一定していたとみてよかろう。幕末〜明治一ケタ代は米三〇〜四〇石台、大麦一〇石前後、大豆三〜四石、菜種・小麦各一石前後、その他雑穀が少々という構成で一定している。明治一〇年代に入ると茶の生産を始めるが、その生産量の増大と入れ替りに手作米の生産量は二〇〜三〇石台に減っている。茶の生産の初見の明治一一年における生茶収穫量は一九貫三二〇目であった。作付面積は不明だが、同時期の同じ関東の他地域の事例から推測して、約一町歩ぐらいではなかったかと思われる[15]。生茶生産は明治一九年には三一貫五二〇目にまで増大し、その間に製茶を販売するようになった（後掲表2-7参照）。茶の生産については、この時期県の奨励があった[16]のであるが、それにしても、米の生産と引き換えに茶の生産を行っているところをみると、鏑木家は明治一〇年代、茶の生産に相当力を入れていたことが窺われる。明治二〇年代に入ると、表2-7にみられるように桑の生産が開始され[17]、逆に茶の生産は縮小している。このあたり、有利な作物を模索しているかの感がある[18]。以上のような経営は、一〇人程度の耕作規模としては（ただし農繁期には日雇人を雇った）精いっぱいの規模であったと思われる。

次に、肥料についてみてみよう。まず施肥については表2-2に示した通りである。農業経営帳簿に施肥の状況が詳しく記されているのは文久四（元治元）年・慶応二年・同三年の各年のみであるのが残念であるが、それらによると、幕末期において鏑木家では、種々の肥料を用いていた。そして干鰯・大豆・小麦は田へ[19]、糠・油玉・醤油粕・酒粕は畑へと、ほぼ完全に使い分けられていた。それらの中では、田の干鰯、畑の糠が主体であった。糠は、関東ローム層の畑の酸性土壌を中和する意味もあって、関東の畑では重要な肥料であった[20]。

表２－２　各年鏑木家施肥状況

肥料	地目	田	畑								不明	計
	年代＼作物	米	菜種	大麦	小麦	煙草	大根	なす	粟	不明		
干鰯	文久４（1864）	2										2
	慶応２（1866）	25										25
	慶応３（1867）	28							1			29
糠	文久４（1864）		3	1.2＋α	1.2	1	1					8＋α
	慶応２（1866）		3	3	1	1	1.1			3		12.1
	慶応３（1867）		2	7.2	1	3.2	2					16
大豆	文久４（1864）	5.2									β	5.2＋β
	慶応２（1866）	2.15										2.15
	慶応３（1867）	0.2										0.2
小豆	文久４（1864）										0.2－β	0.2－β
	慶応２（1866）											
	慶応３（1867）											
小麦	文久４（1864）	0.2										0.2
	慶応２（1866）											
	慶応３（1867）											
油玉	文久４（1864）			2枚				1枚				3枚
	慶応２（1866）			5枚								5枚
	慶応３（1867）											
醤油粕	文久４（1864）										2	2
	慶応２（1866）			γ								γ
	慶応３（1867）		2									2
酒粕	文久４（1864）											
	慶応２（1866）											
	慶応３（1867）					1						1

注）・出典は、表２－１の注に掲げた各年の農業経営帳簿。
　・単位は油玉以外は「俵」。小数点以下は「斗」・「升」。
　・表中の記号については以下の通り。
　　α：虫喰のため俵数不明。
　　β：施肥対象地目・作物とも不明で、大豆と小麦合わせて２斗用いた例があったので、一方をβ、他方を0.2－βと表現した。
　　γ：量不明。

　ところで文久四年の干鰯使用量が極端に少なく、大豆や小麦で埋め合わせていたごとくであるが、のちにみる肥料購入量（表２－３参照）からも推察されるように、明治二〇（一八八七）年頃までは平常年においては年に二〇俵余の干鰯が用いられていたものと思われる。この数値は、この時期の手作米の生産量（三〇～四〇石）と対比した場合、この地域の農家としては決して多い方とは言えない[21]。糠は、同時期において年に約一〇俵余の使用量であった。ことに毎年生産高一石余の菜種に対して二～三俵の糠を用いていることは注目される。

これら主要肥料である干鰯・糠は購入肥料であったが、大豆・小豆・小麦は自給肥料、油玉（粕）は幕末期においては菜種を絞油に出した際に副産物として受け取ったものであった。また醤油粕・酒粕は購入した形跡はないが、醤油は自家で若干製造していた可能性もあるし、幕末期すでに近隣に醤油造家・酒造家がそれぞれいた[22]ことから、地縁的関係の中で、貰い受けるなど商取引以外の方法で獲得したことも考えられる。油玉、醤油粕、酒粕といった農村工業の副産物が用いられていたことから、この地域での分業の発達のほどを窺い知ることができよう。

なお表2‐2の施肥対象作物のうち、大根となすは、同じ帳簿の中の農作物取入の項にあらわれていないが、これらは煙草・仙台豆・いんげん豆などと同じく、ごく小規模に（注（17）参照）、また農作物販売の項にもあらわれていないことから、全く自給用として作られていたとみてよいであろう。

次に表2‐3により、肥料の購入先を見てみよう。肥料の購入に関しては、各年金銭出納帳及び文久四年から明治二八年までの農業経営帳簿の中の、「諸色買入覚」の項に記載が見える。先にも見たように、幕末期においては購入肥料はほとんど干鰯と糠のみであったが、明治に入ると石灰・蠣灰・下肥の購入も見られ、さらに明治二四年に至ると油玉（粕）を購入するようになっている。すでに述べたように、鏑木家においては従来、油玉は、絞油業者に菜種を渡して絞油を依頼し、油を受け取る際に副産物として貰い受けていたものであるが、明治二〇年代に入って、燃料事情の変化（後述）で、同家の菜種生産も絞油依頼量も減少すると（表2‐1・表2‐8参照）、他から購入せざるを得なくなっていたのである。

干鰯の購入先は年によって違うが、九十九里浜か、長塚・宮原・小見川といった、銚子から小見川にかけての利根

表２－３　鏑木家各年における肥料購入

肥料	年代＼購入先	鏑木・周辺	八日市場	九十九里浜	小見川	銚子・周辺	その他・不明	計	代　金
干鰯	弘化５（1848）			10			21	31	金 3.125両＋銭1.093貫
	嘉永６（1853）	2						2	金 0.352－α両
	安政６（1859）						1	1	金 0.306両
	文久３（1863）		7	5			5	17	金 3.875両＋銭0.89貫
	文久４（1864）		2					2	金 0.625両
	慶応２（1866）			29	24			53	金18.257両
	慶応３（1867）			5				5	
	明治３（1870）		3			20		23	金21.19両
	明治11（1878）		1	20				21	13.48円
	明治19（1886）		3					3	3.2 円
	明治24（1891）						12	12	16　円
糠	弘化５（1848）	10					8	18	?
	嘉永６（1853）			8				8	金 0.888両
	安政６（1859）			8.2				8.2	金１両
	文久３（1863）								
	文久４（1864）	3		4				7	金 2.11両
	慶応２（1866）			12.37				12.37	金 3.125＋β両
	慶応３（1867）	10		2				12	金 8.35＋γ両
	明治３（1870）			6.3				6.3	
	明治11（1878）			24				24	10.588円
	明治19（1886）	6.7貫		7			6	13＋6.7貫	4.122＋δ円
	明治24（1891）	1.24			1			2.24	1.344円
その他	弘化５（1848）	粕２					醤油粕１	粕２・醤油粕１	金 0.182両＋銭0.324貫
	嘉永６（1853）	粕２・醤油粕２					醤油粕１	粕２・醤油粕３	金 0.106＋α両
	安政６（1859）						粕２	粕２	金 0.332両
	文久３（1863）								
	文久４（1864）								
	慶応２（1866）								
	慶応３（1867）								
	明治３（1870）				石灰22	蠣灰40（小俵）	石灰４	石灰26・蠣灰40（小俵）	金 6.367＋ε両
	明治11（1878）								
	明治19（1886）	下肥２筒						下肥２筒	0.12円
	明治24（1891）						油玉６枚	油玉６枚	3　円

注）・出典は、文久３年までは各年金銭出納帳。文久４年以降は表２－１の注に記した各年農業経営帳簿。
・明治３年は、閏10月22日分まで。
・肥料の単位は、特に断らない限り「俵」。小数点以下は「斗」・「升」。
・金額の単位は、明治５年までは銀・銭は帳簿に記されているその時々の相場により金に換算し、単位を「両」に統一。小数点以下は十進法。但し弘化５年と文久３年については金・銭比率の記載がほとんどないので、両者を併記した。
・代金は、その年中に支払った額。一部支払いが前後の年にずれている場合があり、必ずしも表中の購入量に相当する額とはなっていない。
・表中の記号については以下の通り。
α ：干鰯と醤油粕２俵ずつで計金１分と銭650文を支払ったケースがあり、その時の醤油粕代金を α とした。
β ：約0.55両か（糠１俵３斗７升分の金額）。
γ ：約1.67両か（糠２俵分の金額）。
δ ：約1.82両か（糠７俵分の代金から内金１円を引いた額）。
ε ：約0.43両か（石灰４俵分の金額）。

表2－4　鏑木家帳簿にみる米1石、干鰯・糠1俵当たり価格

年＼品目	米	干鰯	糠
弘化5（1848）	?	0.101両＋0.035貫（0.32）	?
嘉永6（1853）	?	0.176－α/2両（0.56）	0.111両（0.37）
安政6（1859）	?	0.306両（0.98）	0.122両（0.41）
文久3（1863）	?	0.228両＋0.052貫（0.73）	
文久4（1864）	1.906－ε/20.38両（1.00）	0.313両（1.00）	0.301両（1.00）
慶応2（1866）	6.008両（3.15）	0.344両（1.10）	0.253＋β/12.37両（0.84）
慶応3（1867）	5.914両（3.10）		0.696＋γ/12両（2.31）
慶応4（1868）	4.897両（2.57）	?	?
明治3（1870）	6.754両（3.54）	0.921両（2.94）	
明治5（1872）	3.168両（1.66）	?	?
明治11（1878）	5.310円	0.642円	0.441円
明治14（1881）	9.610円	?	?
明治19（1886）	5.119円	1.067円	0.294＋δ/14円
明治24（1891）	6.583円	1.333円	0.6円
明治28（1895）	8.499円	?	?

注）・出典は、文久3年までは各年金銭出納帳、文久4年以降は表2－1の注に示した農業経営帳簿。
・価格は各年の年間平均値。
・α、β、γ、δは表2－3に同じ。εは表2－7のγに同じ。
・（　）内は、文久4年を1とした場合の倍率。なお倍率計算の際、α/2、β/12.37など不確定な数値は、いずれも少額であることが確実なので、省いて計算した。また明治11年以降分については、それまでとは金額の単位が変わっているので、倍率計算はできない。

川沿いの河岸（図2－1参照）から購入していた場合が多い。前者の場合は、いずれも川辺村八郎右衛門の世話、または八郎右衛門本人から直接買っていた。この八郎右衛門という人物と鏑木家との結びつきは強く、鏑木家は糠も大部分彼から買っていたし、逆に彼に対して竹を販売するなどしていた。利根川筋から購入した干鰯は主として鹿島産であった。鏑木家では、おそらく九十九里、鹿島両産地の価格を見ながら、その時々で有利な方の購入先を決定していたものと思われる。また、八日市場からも若干買っている。なお、文久四年に購入量が二俵と少なかったことについてはすでに述べたが、慶応二年に五三俵と、この家としては極端に大量に購入し、逆に翌三年の購入量が五俵と極端に少なくなっていることについては、慶応二年にまとめて買っておいて翌年にまたがって使用したものであることが、表2－2を参照すればわかる。

糠は九十九里浜からの購入が最も多く、自村鏑木、あるいは小見川といった町場からも買っていた。要

表2-5　鏑木家奉公人と給金

年	人　数（人名）	給金合計	1人平均
弘化5（1848）	3（おたき、つゑ、平吉）	5.5 両	1.83両
嘉永6（1853）	2（おもと、佐助）	6.38	3.19
安政6（1859）	3（おすへ、いね、佐七）	7	2.33
文久3（1863）	2（みち、太郎吉）	2.88	1.44
文久4（1864）	2（つね、太郎吉）	3.38	1.69
慶応3（1867）	2（千松、おくま）	8.66	4.33
慶応4（1868）	2（千松、おくま）	7.54	3.77
明治14（1881）	3（米治郎、こと、宝吉）	27　円	9　円
明治19（1886）	3（米治郎、とも、ふさ）	28.35	9.45
明治24（1891）	4（徳三郎、与左衛門、ちよ、なつ）	32.6	8.15
明治28（1895）	4（孝次郎、宇内、なか、[不明]）	41.3	10.33

注）・金額の単位は慶応4年分までは「両」、明治14年分以降は「円」。
・出典は各年金銭出納帳。

するに、漁村や町場といった、米は多く消費するが農業をあまり行わず糠が余るようなところから買っていたわけである。九十九里浜においては干鰯同様、専ら川辺村八郎右衛門から買っていた。また慶応三年の鏑木村内からの一〇俵は、平山家から買ったものである。

ところで、近世後期においては購入肥料や給金が高騰して手作経営の危機を招くという、畿内棉作地域を対象とする研究から出されたシェーマが、関東農村に対しても、十分な検討もせぬまま自明の理のごとく適用されがちであるが、鏑木家の経営を通してその点を考えてみよう。表2-4は、同家の主要な購入肥料である干鰯・糠各一俵当たりの購入価格、及び主要販売作物である米の一石当たりの販売価格を記したものである。文久三年以前の米の一石当たり販売価格がわからないのが残念であるが、文久四年以降明治初年までの動きを見た場合、データは必ずしも十分ではないが、概して米の単位量当たりの販売価格の上昇率が干鰯や糠のそれを上回っていたことがわかる。

干鰯が安く手に入った理由は、鏑木家が干鰯産地に近く、問屋を通さないで浜方から直接に買い入れることができたからである。鏑木家の場合、川辺村八郎右衛門との関わりで購入することが多かったが、松沢村宮負家の場合は中谷里村吉蔵から購入することが多く[23]、また杉崎家の場合は、自ら浜へ買い付けに行っていた[24]。幕末期になると、九十九里浜では魚肥の小買商人が台頭し、江戸問屋を介する既成のルートと違ったルートで関東農村に魚肥を流通させるという局面があらわれており[25]、特権的な問屋を通してしか干鰯を買うことができなかった畿内棉作地域などと違って、関東農村では一般に干鰯が安く買える条件があったのである。

年季奉公人に関しては、表2-5にある通り、短期のうちに入れ替わっており、しかも幕末の間は一人当たりの給金がさほど上昇しておらず、雇用労働には経費がかかっていなかった。これは、周辺で社会的分業がある程度見られたとはいっても、大きな雇用労働力を吸収するほどではなく、また少し離れたところにある大都市銚子も、労働者の雇用範囲は鏑木村あたりにまでは及んでおらず[26]、余剰労働力が村々に滞留する状況があったため、労賃が上がらなかったことによると思われる。

以上のように、少なくとも文久四年以降の鏑木家の経営においては、概して収益の上昇が経費の上昇を上回る結果になっており、そのことが同家の経済的蓄積につながったものとみてよかろう。表2-6にみられるように、明治に入ってからも同家は、松方デフレの影響とみられる一時的な米価低落期を除いて収入をほぼ順調に伸ばし、その間、次節で述べるように、小作地を増やすなどして（当然その分、支出も増えるが）経営全体を拡大していったのである。

表2-6　鏑木家各年代の収支の推移（概数）

年	収　入	支　出
弘化5（1848）	66両	71両
嘉永6（1853）	56	58
安政6（1859）	53	54
文久3（1863）	95	75
文久4（1864）	60	75
元治2（1865）	118	91
慶応3（1867）	208	142
慶応4（1868）	188	177
明治9（1876）	259円＋241貫	269円
明治14（1881）	700	784
明治19（1886）	340	394
明治24（1891）	776	455
明治28（1895）	994	1139
明治45（1912）	1427	832

注）・各年金銭出納帳より作成。
・小数点以下四捨五入。
・いずれの年も、前年よりの繰り越しを含まない、純粋な収支。

二　小作経営の推移

小作米収入については、表2-1中に示した通りである。小作米請取量は幕末期は非常に変動が大きく、概して手作米収穫量よりも少なめである。ところが、地租改正直後の明治九年には手作米を大きく上回り、以後松方デフレ期などを経て急増し、その過程で寄生地主化しようと思えばできる状態になったと思われ、明治二四年には小作米請取量が一〇〇石を超えてピークに達している。この小作米急増期には、幕末期と違って附米量に対する請取量の率も高く、順調に小作米を収取できている。明治末から小作米収入はやや減少し、以後はほぼ八〇石台で安定している。明治四一年の農村恐慌の影響があったものと思われる。

鏑木家と小作人との関係が史料の制約でわからないのは残念であるが、表2-1により小作人数の推移を見ると、やはり小作米量の推移に呼応してはいるが、その推移のしかたは小作米量のそれよりも緩やかであり、特に明治以降の小作米量の増大は、小作人数の増大によるというよりもむしろ、小作人一人当たりの小作米量の増大によっているのが特徴である。

また小作人の所在については、終始村内の者が圧倒的比重を占めていた。それに対して他村の者は少数で、幕末期で一～三名、小作米の増加する明治期以降でも三～五名程度であった。

三　農産物の販売

次に、農産物の販売についてみてみよう。多種の生産作物のうち、販売にまわされたものは第一に米、次いで菜種であった。

まず米については、近世期において鏑木家は、年貢米として納めたり飯米として自家消費するほかに、かなりの量を商品として売っていた（表2-7）。例えば文久四（元治元）年の場合、手作米約一〇〇俵（四〇石）・小作米約六七俵（二六石七斗）の計約一六七俵（六六石七斗）が得られているのに対し、年貢米約三五俵（一四石）を納め、約

表２－７　鏑木家作物販売量・額の推移

作物＼年代	米	大豆	菜種	煙草	生茶	製茶	桑
弘化5（1848）	?（26.125両・3.842貫）		?（2両・1.629貫）				
嘉永6（1853）	?（24.048）		?（1.625）				
安政6（1859）	?（26.529－α－β）	?（α）	?（1.886）	?（0.266）			
文久3（1863）	?（65.063両・30.888貫）			?（0.25両・0.2貫）			
同　4（1864）	20.38（38.846－γ）	0.4（γ）	1.2（3.598）	101（0.74）			
慶応2（1866）	20.975（126.023）		0.724（3.435）	47（0.89）			
同　3（1867）	29.79（176.187）		2.055（14.565）	48（1.08）			
同　4（1868）	35.48（173.761）		0.605（3.025）	66（1.324）			
明治3（1870）	32.04（216.392）		0.065（0.5）				
同　5（1872）	64.61（204.655）	0.8（2.5）	0.5（3.03）	30（0.539）			
同　11（1878）	86.305（458.317）	1.51（7.759）	1.025（7.885）	49縄+2つ（0.98）	8.32（？）		
同　14（1881）	83.935（806.605）		1.322（10.328）	80（1.83）	5.5（1.018）	0.545（1.475）	
同　19（1886）	57.4（293.825）	0.04（0.17）	0.518（2.354）		3.3（0.412）	1.1（1.8）	
同　24（1891）	104.794（689.841）		0.43（2.263）		?（2.898）		3（3.15）
同　28（1895）	103.2（877.075）		1.45（7.824）			1（2）	4駄+31.4貫（5.8）

作物＼年代	竹	材木	真木	その他
弘化5（1848）				小麦?石（2.6貫）、小茅?把（0.25）
嘉永6（1853）		楠板2枚（1）	?（1.643）	小麦?石（0.4）、梅0.18石（0.094）、竹皮?枚（0.081）
安政6（1859）	?（7）			小麦?石（β）、粟?石（8.333）
文久3（1863）	?（8.375両・10.314貫）			いんげん豆?石（0.188両・0.143貫）
同　4（1864）	46（6.98）		200（0.266）	松葉6駄（0.176）
慶応2（1866）	10（0.65）			仙台豆0.063石（0.26）
同　3（1867）				仙台豆0.02石（0.15）
同　4（1868）	170（12.06+δ）	棟木1（0.125）		藁360把（0.388）
明治3（1870）	30（?）・篠竹400（0.093）			苫93枚（1.465）
同　5（1872）		杉木6（2.46）	120（0.271）	小豆0.07石（0.315）
同　11（1878）	32（2.004）			白麦0.008石（0.04）、いんげん豆0.02石（0.125）、 炭49俵（5.235）
同　14（1881）	8（1.743）			粟2.46石（8.945）、草藁16把（0.04）
同　19（1886）	108（3.996）	杉木4（0.5）		葡萄1.58貫（0.095）
同　24（1891）		杉木2（0.16）		小豆0.1石（0.7）
同　28（1895）		楠木1（3.5）・桐木10（33） 杉木6（2.3）・松木?（38）	28坪半+675本（15.31）	粟3石（9.374）、松葉12駄（1）、小茅500把（1.66）

注）・出典は、文久３年分までは各年金銭出納帳。文久４年以降は、表２－１の注に掲げた農業経営帳簿。金銭出納帳には、販売品目及びその代金は記してあっても、販売量を記していない場合が多い。
・（　）の前の数値は販売量で、単位は以下の通り。
米・大豆・菜種：石、煙草：縄、生茶・製茶：貫、桑：駄、竹・材木・真木：本
・（　）内の数値は金額で、明治５年まではことわらない限り「両」、明治11年以降は「円」。「両」は表２－３と同様十進法に換算。
・α、β、γについて
安政６年、米と大豆合わせて2.578両が売られたケースがあったが、その内訳がわからないので、大豆代金をαとして表しておいた（従って$\alpha<2.578$両）。また同年、米と小麦合わせて0.469両が売られたケースがあり、この場合の小麦代金をβとして表しておいた（$\beta<0.469$両）。文久４年には大豆４斗と米が一緒に売られたケースがあり、この場合の大豆代金をγとした。
・δ：竹88本の代金。

表2－8　鏑木家における菜種の使途の推移

年	収穫量（石）	絞油					販売	
		依頼先	依頼量（石）	〆賃（両）	油受取量（石）	粕受取量（枚）	販売量（代金）（石）	販売先
弘化5（1848）	?	?	?	?	?	?	?　（2両・1.629貫）	万力村為右衛門、大寺村七郎左衛門
嘉永6（1853）	?	大寺村、新坂（鏑木村内）油屋	0.6	0.25	?	?	?　（1.625両）	万力村為右衛門
安政6（1859）	?	大寺村油屋	0.7	0.311	?	?	?　（1.886両）	大寺村油屋
文久4（1864）	1.9	田部村大黒屋	0.7	0.412	0.154	3.5	1.2　（3.598両）	岸子（鏑木村内）鈴木屋留蔵
慶応2（1866）	1.38	内宿（鏑木村内）長兵衛	0.7	0.731	0.150	7	0.724（3.435両）	内宿（鏑木村内）油屋長兵衛
同 3（1867）	1.51	田部村大黒屋弥三郎	0.6	1.259	0.132	3	2.055（14.565両）	万力下町油屋太兵衛、入（鏑木村内）義兵衛、田部村油屋
明治9（1876）	0.79＋α	山崎村井之助	0.942	?	0.197	5		
同19（1886）	1.313	山崎村林井之助	0.8	?	0.176	?	0.518（2.354円）	山崎村林井之助
同24（1891）	0.78	?	0.35	?	0.077	?	0.43　（2.263円）	山崎村林井之助

注）出典及び金額の単位については、表2－3などと同じ。

六一俵（二四石四斗）を自家飯米とし、約一六俵（六石四斗）を種籾とし、約五俵（二石）を給米として支払い、約五一俵（二〇石四斗）を商品として売った(27)。この年の年貢米・自家飯米・給米の合計が約一〇一俵（四〇石四斗）であり、したがってこの年においては、小作米収入のみで家が成り立つ状態ではなかった。

明治に入って、税制改革後は、税は金銭納のため、当然販売量が多くなる。例えば明治一四年の場合、手作米約八八俵（三五石）・小作米約一四〇俵（五六石一斗八升）、計二二八俵（九一石二斗）が得られているのに対し、自家飯米約三二俵（一二石八斗）、種籾一五俵（六石）、販売米量は約二一〇俵（八四石）であった(28)。この年の場合、米の出入のバランスが取れていないごとくであるが、これは、この年に販売された米の大部分が前年の収穫米であったことによる。なおこの年納めた税金は、地租や地方税など計一六〇円であるが(29)、これは米約四二俵（一六石八斗）分に相当する(30)。販売米収入のうち税金支払にまわった分は五分の一にすぎない。

菜種は、一部を村内または近隣村の油屋に、自家に必要な分だけ絞油に出し、残りは販売していた（表2－8）。例えば文久四年には一石九斗の収穫があり、うち七斗を絞油に出し、油一斗五升四合と粕三枚半を受け取っている。そして残り一石二斗を販売している。

菜種生産と絞油業に関しては、幕末期にはすでにこの地域で分業が展開していた。表2-8における幕末の絞油依頼先、販売先の多様さから、その一端を窺うことができよう。慶応二年「農業万覚并穀物売相場帳」の絞油に関する記載の項には、油・油粕・種の一般に販売されている値段について、メモ的に次のように記されている。

此年、油壱升ニ付、銭壱〆弐百文位
壱斗玉壱枚ニ付、銀拾匁位
種相場、両ニ弐斗弐升三升四升五升位

この年の鏑木家は、自家生産した菜種を絞油に出していたために、表2-8にあるように、金三分の絞油代金で、一斗五升の油と一斗玉の粕七枚を得たわけであるが、もし一般に売られていた同量の油と粕を買っていたなら、銭一八貫と銀七〇匁、この年の相場で金に換算して約三両二分もかかっていたはずである。一方、種を販売する場合は、一般相場とほぼ同じ値段（七斗二升四合を三・四三五両で販売、すなわち一両当たり約二斗一升）で売っていたことがわかる。このように鏑木家は、菜種に関しては地域内分業の恩恵を十分に蒙っていたのである。

なお表2-8では、ほとんどの年においてほぼ、収穫量=絞油依頼量+販売量の関係が成り立っているが、慶応三年のみ販売量が収穫量を上回っており、この等式が成り立たない。例えば菜種を購入して転売したような形跡はないので、前年以前の蓄えをも販売分に加えたものと思われる。

また、同じ量の種を渡しても、依頼先の絞油業者によって、出る粕の枚数が違う。例えば田部村大黒屋と内宿（鏑木村内の字名）長兵衛とでは、同じ七斗の種を渡しても、前者が三枚半の粕を出しているのに対し、後者は七枚の粕を出している。この違いはおそらく、絞油道具の大きさの違いからくるのであろう。粕全体の量（体積）に違いはなかったものと思われる。表2-8の中では、田部村大黒屋と山崎村井之助が同程度の道具を持ち、内宿長兵衛はその半分の規模の道具を持っていたということであろう。

年間を通しての絞油依頼量は、明治一〇年代まではほぼ一定しているが、二〇年代に入ると半減する。この頃から金銭出納帳に石油が見え始める。燃料事情が変わったのである。

その他販売作物は煙草・生茶・製茶・桑・大豆・竹・材木・真木・雑穀など多種にわたったが、いずれも販売量(額)は少なかった(注(17)参照)。その中で茶は、前述のごとく明治一一年がその生産の初見であるが、その年の収穫生茶一九貫三二〇目のうち八貫三二〇目は下宿(鏑木村内の字名)の山崎氏へ売られ、残り一一貫目が製茶にされ、二貫六六三目できている。[31] これは販売された形跡がないので、ほぼ自家用であったと思われる。以後製茶も販売されるようになり、茶の生産・販売は明治二〇年代まで続いたが、桑の生産・販売と入れ替わるように縮小していった。

これらの作物に対し、生産量が米に次いで多い大麦は、専ら自給用であった。例えば文久四(元治元)年の大麦の収穫は、殻麦で一〇石二斗であったが、このうち二石八斗余を「馬之物」(飼料であろう)、八斗を種麦とし、六石五斗を搗いて白麦四石ができている。[32] このような大麦の使途は後になっても変わらず、例えば明治一四年の大麦の収穫は一三石四斗で、表2-1の中では最多であるが、うち「馬物」四石余、種八斗、搗四石二斗(白麦二石六斗になっている)で、残り四石四斗は囲麦とした。[33] 残存史料でみる限り、大麦(白麦)が販売された年は明治一一年しかなく、それもわずか八合であった(表2-7参照)。

大豆もほぼ自給用で、食用(味噌製造用も含めて)、種にするほか、肥料としても用いられていたことは前述の通りである。例えば文久四年の収穫二石九斗のうち八斗が「味噌大豆」、六斗が「醤油大豆」、四斗が種大豆、一石一斗が「こやし大豆」とされた。[34]「味噌大豆」、「醤油大豆」については、この家で味噌や醤油を購入してもいないし販売

表2－9　鏑木家主要作物販売先

作物	販売先／年代	鏑木村・椿新田			周辺の町場				九十九里	小見川・周辺	江戸（東京）	その他・不明	総計
		鏑木・周辺	新町・周辺	計	八日市場・周辺	成田・周辺	府馬・周辺	計					
米	弘化5（1848）	13.375両 1.408貫 (51.2)		13.375両 1.408貫 (51.2)			9.625両 1.096貫 (36.8)	9.625両 1.096貫 (36.8)		3.125両 1.338貫 (12.0)			26.125両 3.842貫 (100)
	嘉永6（1853）	8.809両 (36.7)		8.809両 (36.7)		3.2両 (13.3)	7.993両 (33.2)	11.193両 (46.5)	3.105両 (12.9)			0.941両 (3.9)	24.048両 (100)
	安政6（1859）	17.499－β両 (65.9)		17.499－β両 (65.9)			4.553－α両 (17.2)	4.553－α両 (17.2)	3.266両 (12.3)	1.211両 (4.6)			26.529－α－β両 (100)
	文久3（1863）	49.813両 29.199貫 (77.8)	8.25両 (11.8)	58.063両 29.199貫 (89.6)			6.625両 1.112貫 (9.7)	6.625両 1.112貫 (9.7)		0.375両 0.577貫 (0.7)			65.063両 30.888貫 (100)
	同 4（1864）	9.58 (47.0)	①8.8 (43.2)	18.38 (90.2)								2 (9.8)	20.38 (100)
	慶応2（1866）	13.675 (65.2)	②4.4 (21.0)	18.075 (86.2)		1.6 (7.6)		1.6 (7.6)				1.3 (6.2)	20.975 (100)
	同 3（1867）	18.94 (63.6)		18.94 (63.6)		0.8 (2.7)		0.8 (2.7)		10 (33.5)		0.05 (0.2)	29.79 (100)
	明治3（1870）	8.019 (25.0)	1.6 (5.0)	9.619 (30.0)	0.776 (2.4)	2.4 (7.5)	4.8 (15.0)	7.976 (24.9)		9.6 (30.0)		4.845 (15.1)	32.04 (100)
	同 14（1881）	③26.2 (31.2)	0.8 (1.0)	27 (32.2)		18.4 (21.9)	8.8 (10.5)	27.2 (32.4)		20.8 (24.8)		8.935 (10.6)	83.935 (100)
	同 24（1891）	④10.394 (9.9)		10.394 (9.9)		1.6 (1.5)	⑤5.6 (5.3)	7.2 (6.8)		42.4 (40.5)	39.6 (37.8)	5.2 (5.0)	104.794 (100)
菜種	弘化5（1848）	1　両 0.5貫		1　両 0.5貫	1　両 1.129貫			1　両 1.129貫					2　両 1.629貫
	嘉永6（1853）	1.625両		1.625両									1.625両
	安政6（1859）				1.886両			1.886両					1.886両
	文久3（1863）												
	同 4（1864）	1.2		1.2									1.2
	慶応2（1866）	0.724		0.724									0.724
	同 3（1867）	2.014		2.014			0.041	0.041					2.055
	明治3（1870）						0.065	0.065					0.065
	同 14（1881）	1.322		1.322									1.322
	同 24（1891）											⑥0.43	0.43
煙草	弘化5（1848）												
	嘉永6（1853）												
	安政6（1859）	0.266両		0.266両									0.266両
	文久3（1863）	0.25 両		0.25 両								0.2貫	0.25両 0.2 貫
	同 4（1864）	59縄	32縄	91縄								10縄	101縄
	慶応2（1866）	42縄		42縄								5縄	47縄
	同 3（1867）	48縄		48縄									48縄
	明治3（1870）												
	同 14（1881）	20縄		20縄					60縄				80縄
	同 24（1891）												
茶	弘化5（1848）												
	嘉永6（1853）												
	安政6（1859）												
	文久3（1863）												
	同 4（1864）												
	慶応2（1866）												
	同 3（1867）												

	明治３（1870）												
	同 14（1881）	(生茶5.5貫 製茶545目		(生茶5.5貫 製茶545目									(生茶5.5貫 製茶545目
	同 24（1891）	生茶2.898円		生茶2.898円									生茶2.898円
竹	弘化５（1848）												
	嘉永６（1853）												
	安政６（1859）					1両		1両	3両	3両			7両
	文久３（1863）	0.2貫		0.2貫			(3.375両 10.014貫	(3.375両 10.014貫	5両			0.1貫	(8.375両 10.314貫
	同 ４（1864）								46本				46本
	慶応２（1866）											⑦10本	10本
	同 ３（1867）												
	明治３（1870）	(30本 篠竹400本		(30本 篠竹400本									(30本 篠竹400本
	同 14（1881）	2本		2本								6本	8本
	同 24（1891）												

注）・出典は表２‐３などに同じ。
・単位について
文久３年までは量が不明なので金額で示した。また茶の明治24年分も量がわからないので金額で示した。

弘化５年と文久３年は帳簿に金・銭比がほとんど記されていないので、両者を併記した。

（　）外で単位を付していないものの単位は「石」。
・米については、（　）内に百分比を入れ、％は省略した。弘化５年については、銭が少額なのでこれを無視して百分比を計算し、安政６年のα、βも少額なので、やはり無視して計算した。
・表中の記号α、βは表２‐７に同じ。
・表中の①～⑦について
①勘定の上ではすべて新町村に売ったことになっているが、うち８石は小見川へ送荷されている。
②同じく４石が小見川へ送荷されている。
③うち20石は「田地代金ニ廻ル」となっている。
④勘定の上ではすべて「鏑木・周辺」に売ったことになっているが、うち4.8石は直接小見川へ送荷されている。
⑤勘定の上ではすべて「府馬・周辺」に売ったことになっているが、うち0.8石は直接小見川へ送荷されている。
⑥⑦は山崎村へ売られている。

してもいないことを考えると、全く自家の原料で自家用にこれらを生産していたものと思われる。なお、表２‐７にある通り、この年四斗の大豆が売られているが、これは前年収穫分である。大豆販売量は、一番多かった明治一一年で約四俵（一石五斗一升）、その他の年は売られてもせいぜい一俵（四斗）か二俵（八斗）といったところだった。

次に、農産物の販売先について、鏑木家最大の商品である米を中心にみてみよう。表２‐９は、鏑木家の主要販売作物について、その販売先を、大まかな地域ごとに分類したものである。地域分けは、Ⅰ鏑木村及びその周辺（主に椿新田西半）、Ⅱ椿新田内の町場である新町村及びその周辺（主に椿新田の東半）、Ⅲ（椿新田を出て）町場である八日市場村及びその周辺、Ⅳやはり町場である成田村（現旭市）及びその周辺、Ⅴ同じく町場である府馬村及びその周辺、Ⅵ半農半漁村主体の九十九里浜、Ⅶ利根川の河岸である小見川村及びその周辺、Ⅷ江戸（東京）、Ⅸその他・不明とした。鏑木家最大の商品である米は、幕末期においては村内ないし近隣地域である椿新田への販売が大半を占めていた。同期におけるそれらの地域への販売率は嘉永六年を除いて五〇％以上を占め、特に文久三年から慶応二年までは八〇％を超していた。ところが明治に入ると、やや離れた八日市場、成田、府馬といった町場や利根川沿いの小見川河岸といった地域市場へ販売が拡がる。小見川への販売分がそのまま小見川で消費されたのか、河岸を通じてさらにどこかへ送られたかは知る由もないが、ともかくこれら地域への販売率合計は、明治三年に五四・九％と過半を占め、同一四年五七・二％となっている。さらに明治二〇年代に入ると、東京の商人と直接取引契約を結んで販売を始め、同二四年には小見川と東京への販売率合計が七八・三％を占めている。このように、鏑木家の米販売に関しては、幕末期の局地内中心の販売から徐々に販売圏を拡大し、明治に入って周辺の町場や小見川河岸といった地域市場、さらに二〇年代に至ると東京にまで販売圏を拡大したことがわかる。このような販売圏拡大の背景として、一つには香取郡産の米の評判の上昇があげられよう[35]。

なお文久四年、慶応二年においては、帳簿上の取引相手、すなわち代金支払者は新町村の者（東屋栄蔵）でありながら、荷物はその者へでなく小見川へ送られたというケースがある。おそらく東屋は、周辺から農産物を集めて小見川などへ送荷する役目を果たしていたものと思われる[36]が、鏑木家の場合、小見川までの距離が新町村からよりも短いという地理的関係から、新町村の商人によりいずれ小見川へ送られることになる荷物ならば、手間を省いて新町村の商人に代わって直接小見川へ送ったものと思われる。ただし文久四年・慶応二年のこのようなケースを表2－9で「小見川河岸・周辺」の方に加算したとしても、それらの年において「鏑木村・椿新田」が大半を占めることに変わりはない。

その他の農産物は販売量も少なく、販売先は年代を問わず概ね村内か、ごく近隣の村々であった。

小　括

最後に、以上見てきた瀧十郎時代（彼が実際に経営に携った文久四〜明治二八年）の鏑木家の経営を、地域市場との関係や当該期この地域で影響力を持った性学との関係を念頭に置きつつまとめてみよう。

まず手作作物については、その中心はこの地域最大の商品作物である米であったが、明治一〇年代に入ると、県の奨励もあって、茶の生産もかなり行うようになり、同二〇年頃にはその生産を増大させ、その分、米の生産を減らしている。二〇年代末には茶の生産をやめ、桑の生産を始めている。これもこの地域一般の傾向に逆らうものではない。このように、おそらく時代の趨勢を勘案しつつ試行錯誤を重ね、精いっぱいの手作を続けたことは、自己が直接農業に携わることによってより多くの収穫をあげようとする[37]、勤労な農民かつ経営者としての精神があらわれたものとして評価して良いであろう。生産作物は右のほか多種にわたっていた。小規模ながら菜種・煙草などの商品作物生産を行い、自家の山林から竹・材木・真木を伐り取って売った。

一方、小作米収入は幕末〜維新期の停滞から、地租改正後、手作米を上回るまでに増大し、さらに松方デフレ期などを経て明治二〇年代には一〇〇石を超して頂点に達した。

次に農産物の販売についてみると、幕末の慶応期に入るまでは販売量が停滞し、それに伴って家計の収支の規模も停滞していたが、慶応期の米の急騰とともに米の販売量が増大し始め、それにつれて収入も多くなり、家計の収支の規模も大きくなった。同家ではさほど購入肥料を用いず、買う場合は地理的、社会的条件から廉価で買うことができたため、また年季奉公人については、短期で次々代わっていて給金に多額を費やすようなことがなかったため、畿内棉作地域などと違って、それらの支出で経営が苦しくなるようなことはなかった。つまり、経費を抑えることができ、

表２-10　宮負家帳簿にみる米１石・干鰯１俵当たり価格

品目／年代	米			干　鰯
	春	夏	秋	４月
弘化４（1847）	1.27両（1　）	1.11両（1　）	0.95両（1　）	0.13両（1　）
嘉永５（1852）	1.15　（0.91）	1.20　（1.08）	1.28　（1.35）	0.11　（0.85）
安政６（1859）	1.59　（1.25）	1.82　（1.64）	2.17　（2.28）	0.2　（1.54）
文久２（1862）	1.89　（1.49）	1.54　（1.39）	1.82　（1.92）	0.21　（1.62）

注）・川名登「下総における一村方地主の経営——国学者宮負定雄家について——」110頁第５表より作成。
・（　）内は、弘化４年を１とした場合の倍率。

それによってより多くの純益が得られたわけである。なお絞油の例でみたように、地域内分業の発展のために支出が少なくてすむという側面もあった。

また農産物の販売先は、幕末期において村内または近隣が中心であったのが、明治に入ると少し離れた町場が主体となり、さらに明治二〇年代には小見川河岸、さらに東京へとウエイトが移っていった。販売先のウエイトを局地市場から地域市場へと移し、一九世紀末に至って、中央市場へも進出するに至ったわけである。ただし、これは東京の人口増大に伴う市場の拡大や鏑木家の経営拡大によるものであって、地域市場が衰退したというわけではないと思われる。

以上のような鏑木家の経営をさらに簡単にまとめると、常に家内労働力に若干の奉公人、それに農繁期には日雇人を加えた人数で、肥料・給金等経費をできるだけ抑えることによってより多くの純益を得るという方針で可能な限りの手作を行いつつ、一方で小作米収入を増やし続けるというものであった。これは、多肥投入によってより多くの収益を得ようとする畿内的な経営とも違えば、購入肥料を用いない自給的経営とも違う。このような事例は東関東においてよく見られる。

例えば松沢村宮負家は、小作経営については不明であるが、手作経営においては、幕末期に米一〇〇俵前後を生産し、これを手作作物の中心に据え、かつ商品として地域市場に販売していた。肥料の中心である干鰯の年間購入量は三〇～九〇俵ぐらいで、鏑木家より若干多めであるが、この地域としては米の生産量に比して平均的かそれ以下であり、しかも単位量当たりの干鰯値段の上昇率は米の売価の上昇率を下回ることが多く、上回ることはあっても大したことはなかったので（表2－10参照）、奉公人に対する給金が少なかったことと併せ、経費を抑えることができている。収支の規模を見ると、弘化四（一八四七）年二〇両台、嘉永五（一八五二）年三〇両台、安政六（一八五九）年四〇両台、文久二（一八六二）年五〇両台と拡大していて、かつこの間に借金がなかったことから、収入の増大によって支出を増やすことができたものとみることができ、年ごとの集計では少々赤字を出してはいても、それらはさらなる収入が見込めたからできたことと思われる[38]。このような宮負家の幕末期における経営は、米を商品として順調な発展を遂げていたとみることができよう[39]。

米込村杉崎家も、鏑木家や宮負家と同様、幕末期において手作米一〇〇俵余を生産し、三町歩足らずの小作地からの小作米も含め、米を商品作物の中核とし地域市場に販売していたが、その他種々の小商品作物も生産するという経営を行っていた[40]。同家の場合、収支の詳細が安政三年までしかわからないが、米の販売については明治三（一八七〇）年までわかるのでそれを見ると[41]、やはり最幕末の米価急騰により売米収入は急増しており、一方購入肥料はあまり購入しておらず、年季奉公人はいなかったので、そういったことへの支出の増大はさほどではなかった。ここでもやはり、経費切り詰めにより、より多くの純益が得られたという結果が出ている。

以上、鏑木家その他本章で紹介したこの地域の中地主層の経営事例は、いずれも幕末期には順調な経営を行っていたことを示している。しかもこれらの家はいずれも、大原幽学の門下に入らなかったわけであるが、その要因は、上述のような経営の順調さであったと言ってよかろう。幕末の東総には、貨幣経済の荒波に揉まれて貧窮化の方向をたどる者（ないしは村）と逆に貨幣経済の波に乗って発展の方向をたどる者（村）とが渾然一体となっており、その中で前者が幽学の門人になっていったわけである。しかし後者の方がむしろ主流であったことは、幽学死後、性学二代目教主遠藤良左衛門時代に後者に属する農村の商人・職人層を中心に爆発的に門人が増えたことからも窺える[42]。この時期の門人の増加は、単に人的結びつきによるのみならず、貨幣経済を積極的に認めることなしに性学組織を維持することは困難であるという要因があったためと考えるべきであろう。

注

（1）鏑木惇一家文書（以下「鏑木家文書」）、安政二年三月「村方取調帳」。

（2）『古城村誌』後編（古城村誌刊行会、一九五二年）一二九頁。

（3）鏑木家文書、寛政三年一一月・同五年一一月・文化二年九月・文政一二年九月・天保三年一一月・嘉永三年一〇月・同五年一一月・安政五年一〇月・慶応元年九月の各「御年貢米割賦帳」。

（4）この地域の年貢率については、木村礎編『大原幽学とその周辺』（八木書店、一九八一年）第三編一、神崎彰利「所領構成と領主支配」参照。

（5）川名登「下総における一村方地主の農業経営——国学者宮負定雄家について——」（千葉経済短期大学『商経論集』第七号、一九七五年三月）参照。

（6）和泉清司「東総における一村方地主の農業経営——米込村杉崎家を中心に——」（木村編、前掲（4）第三編四）参照。

（7）木村編、前掲（4）四一二頁。

（8）鏑木家文書、明治九年「田畑小作帳」の中の「改正反別」の項。

（9）同前、明治一二年「所有地」。

（10）同前、明治二七年「田畑小作帳」。

（11）安良城盛昭は、明治一九年時点で地価一万円以上を大地主、一千円から一万円までを中小地主と分類しており、全国での比率はそれぞれ六・四三％、三一・六一％であった（安良城盛昭「日本地主制の体制的成立とその展開」中一一〇八頁、『思想』第五八二号、一九七二年一二月）。

（12）鏑木家文書、文化二・嘉永五・文久四各年「宗旨人別改帳并五人組改帳扣」。

（13）それぞれの項目のタイトルは、「飯米扣」・「穀物取入扣」・「諸色売覚」・「諸色買入覚」・「貢米納辻扣」（あるいは「御年貢米出覚」）・「田畑こへ覚」（但し幕末のみ）・「種卸覚」である。

（14）鏑木家では瀧十郎のことを「記録のおじいさん」と呼び、座敷にはその肖像画が飾られ、彼の書き残した史料は特に大切に保存されてきた。

(15) 明治一九年の狭山茶（現埼玉県）の一例をあげると、四町九反の作付面積から一〇五貫余の青茶が収穫された事例がある（地方史研究協議会編『日本産業史大系』4「関東地方篇」、東京大学出版会、一九五九年、一八〇頁）。この例から一町歩当たりの青茶の収穫を計算すると、約二〇貫となる。したがって鏑木家の明治一一・一四年の茶作付面積は約一町歩、同一九年のそれは約一町五反歩と推測される。

(16) 千葉県農地制度史刊行会編著『千葉県農地制度史』上巻（千葉県農地制度史刊行会、一九四九年）五五二～五五四頁。

(17) 作物の中には農業経営帳簿中の農作物販売の項にのみあらわれ、農作物取入の項にあらわれていないものもある。例えば煙草・桑・竹・真木・材木・仙台豆・いんげん豆・葡萄などである（表2-7参照）。このことをどのように解釈するかであるが、これらのうち竹や真木、材木などがその時々の需要に応じて山林から伐り出されたものであり、ふだんからの農業経営の枠内に入っていたわけではなかったであろうことを考えると、他の煙草・桑・仙台豆なども、販売量がごく少ないことや毎年記載があるわけではないことなどから、やはり経営の枠外に、例えば畦や試作地的なところにごく少量作付されたものと考えることができよう。ただ桑は、農業経営帳簿が残存していない明治二八年以降どの程度の生産があったか、興味のあるところであるが、残念ながら知る由もない。また明治一四年と二八年の粟は、収穫量よりも販売量の方が多いが、これはその年の収穫分に前年以前よりの蓄えを足して販売したものであろう。

(18) この地方で茶の生産が桑に取って代られたことについて、前掲（16）『千葉県農地制度史』は、収益性の低さとともに、問屋資本・製造資本・共同的な経営形態を組織したり指導する資本の未発達を理由としてあげている。

(19) 鏑木壽一郎氏（前の当主、故人）のお話によると、大豆や小麦は種子をそのまま水田に蒔き、水中で腐らせるという用い方をしたのだそうである。

(20) 本書第1章参照。

(21) 木村編、前掲（4）第三編二、門前博之「幕末期東総の社会経済的状況」四四四頁第8表aには、近世における東総各村の施肥状況が記されているが、それによると、平均して反当たり二～三俵の干鰯が用いられていたごとくであり、反収を一石として一石当たり二～三俵の干鰯が用いられていたことになるから、鏑木家の干鰯使用量はこの水準を下回っていたことになる。なお川名、前掲（5）で素材とした宮負家は、この時期鏑木家と同程度の手作米生産を行っていたが、干鰯購入量は、少ない年で三〇俵余、多い年で八〇俵余と、鏑木家を上回っていた（同論文第六～九表）。また和泉、前掲（6）で素材とした杉崎家は、この時期鏑木家とほぼ同程度の手作米生産をし、干鰯使用量は年に一〇～二〇俵（同論文五六二頁）と、鏑木家と同程度であった。

(22) 例えば同村内の豪農平山家の場合、本家で酒造、分家で醤油造を行っていた（栗原四郎「東総豪農の存在形態」、木村編、前掲（4）第三編三）。また同村内の字岸子《かしこ》には鈴木屋留蔵という醤油屋がおり、鏑木家から穀物や塩を買ったり借りたりする関係であった（鏑木家諸帳簿に記載がある）。

(23) 川名、前掲（5）一一二頁。

(24) 旭市米込、杉崎栄家文書。例えば安政七（一八六〇）年「年中仕事日記帳」によると川辺村へ、文久二（一八六二）年の同題の史料によると足川村などへ、同三年の同題の史料によると椎名内村・足川村へ干鰯を買いに行っている。以後文久四年、慶応二年、同三年、同四年の同題の史料にも同様の記載がみられる。

(25) 本書第8章参照。

(26) 例えばこの時期の銚子の代表的産業であるヤマサ醤油の帳簿を見ても、鏑木村あたりからの奉公人は見られない。

(27) 鏑木家文書、文久四年「農業万覚并穀物売相場帳」、同年「田畑小作米請取帳」。

(28) 同前、明治一四年、表欠帳簿（農業経営帳簿）、同年「田圃小作帳」。

(29) 同前、明治一四年「金銭出納帳」。

(30) 同前、明治一四年、表欠帳簿（前掲（28）に同じ）に見える米の販売値段の年平均にて換算。

(31) 同前、明治一一年「穀物取入諸品売買簿」中の「茶製記」の項。

(32) 同前、文久四年「農業万覚并穀物売相場帳」。

(33) 同前、明治一四年、表欠帳簿（前掲（28）・（30）に同じ）。

(34) （32）に同じ。

(35) 明治一五年五月「米麦大豆烟草菜種共進会報告」によると、下総国の米は全体的にみれば「多分ノ米ヲ産出スル地ナル故カ調製頗ルアシ、」としながらも、香取郡に関しては例外的に「世上ニ聞ヘ高キ藁皮米或ハ種違米等ノ好キ場所ナリ」としている。

（36）和泉、前掲（6）で素材とした椿新田内の米込村杉崎家も、同じ新町村東屋栄蔵へ米を販売していた。

（37）飯沼二郎『農業革命の研究』（農山漁村文化協会、一九八五年）には「自己経営」と小作のいずれが得か、ということに関する田口晋吉の考え方が紹介されている。田口の主張は次のごとくである。「自身も耕し且つ管理して人を雇へば二石の収穫は二石三、四斗にも上るものなれば、ある一定の度までは自ら管理するに若くはなく（以下略）」（同書六一七頁）なお田口は、「自己経営」が得である限界は「十四、五町乃至二十町」（同前）としている。

（38）川名、前掲（5）第六～九表参照。

（39）以上、宮負家の経営に対する筆者の見方は、川名のそれとは異なる（川名、前掲（5）参照）。

（40）和泉、前掲（6）。

（41）同前、五四九頁。

（42）木村編、前掲（4）第四編三、木村礎「性学組織の拡大と思想的変質」。

第3章　畿内先進地域における地主経営と地域——山城国相楽郡西法花野村・浅田家の事例——

はじめに

本章では、近世において経済的な意味で最先進地域であった南山城の個別地主経営を、地域との関わりの中で見ていく。まずこの地域で発達していた綿作を概観するとともに、その中での綿作農家の経営の具体例として、相楽郡西法花野村の浅田家をとりあげる。

近世畿内の綿作に関する研究は最近では下火になった感があるが、近世後期の農業の「ブルジョア的発展」とその後の明治維新、さらに近代の地主制との関連をみる立場から、古くからさまざまな研究、論争が行われてきた。このことはよく知られていることでもあり、またここでそれらを一から整理していくのは本研究の趣旨からはそれるのでやめておくが、さしあたって、本研究に関わる範囲内で、過去の研究に触れておこう。

かつて戸谷敏之は、寛政年間の摂津国西成郡の農家収支の計算から、「他地方の農業経営と異り兎も角剰余を示す」として「特殊西南日本型（摂津型）」農業経営を想定し、ブルジョア的発展の萌芽とみた[1]。これに対し、古島敏雄・永原慶二の研究[2]においては、天保期以降、労賃や肥料代の高騰によって、綿作を中心とする手作経営は有利性を失って衰退し、「摂津型」経営は寄生地主の方向へと転じていく、との説が立てられた。この説は多くの支持を得、その後の地主制史研究に大きな影響を及ぼしたが、一方で、そのような論理では説明しきれない事例も数多く積み重ねられてきている。

例えば安岡重明は、自身の研究も含めてその後蓄積された研究を整理し、その結果、地域により盛衰はありつつも全体として畿内綿作は天保以前の早い時期から衰退する、そしてそれは中国地方など後発綿作地域との産地間競争に敗れたからであるとした[3]。畿内綿作の減少に対し、後発綿作地が凌駕してゆくという点では、岡光夫も同様の主張をしている[4]。一方、山崎隆三[5]、中村哲[6]らは、富農の寄生地主への転化の一般化は明治以降（山崎の場合は明治中期以降）であり、したがって、基本的にはそれ以前に畿内綿作は凋落しないとした。八木哲浩の研究[7]でも、手作面積は文政年間に減るが明治に至るまで二町歩前後の手作は続けた事例が紹介されている。

畿内綿作が中期、ないし後期以降衰退したか否かという点に絞って言えば、全体的には、衰退を言う説が多いように思われる。だが、これらの説の難点は、多くは綿作面積の減少をもって畿内綿作の衰退を説明していることである。面積の減少をもって、直ちに綿作の衰退、すなわち生産の減少が言えるであろうか。そこで本章ではまず、面積の推移以外に「反収」の概念も入れて、近世当該地域の綿作を評価する。そしてその後に、その中での個別経営における生産の実態、具体的には浅田家の手作経営の状況を検討し、さらにそれらに関連して、この地域の農村の経済状況をも考察してみたい。

一　近世南山城の綿作

(一) 近世における作付面積の減少

第1章でも述べたように、一般に近世におけるある特定の作物の実生産量を、例えば郡レベルぐらいの広範囲にわたって把握することは困難である。近世の当該地域の綿作についてもしかりで、支配領域が錯綜していたこともあって、綿の作付や実綿の生産を右のような範囲にわたって把握する調査は行われておらず、時折各領主が自領内の村々に綿作面積を書き上げさせた調査や不作の際に農民側が行った調査が存在する程度である。しかも、そのような調査に表された「綿作面積」とて、あくまでも地目上のものであって、実際には、例えば他の作物の裏作や、（当該地域にあったかどうか確認できてはいないが）半田のようなかたちで、史料上にはあらわれない綿作も少なからずあったと思われる。このような制約はあるが、一応、史料上にあらわれた綿作面積は確定できる最低限度の数値と捉え、それを追うことから、浅田家の存在する南山城地域の当該期の綿作の考察を始めてみたい。

近世において、浅田家の存在する村ないし周辺村で綿作の推移がある程度追えるのは、西法花野、東法花野、新在家、野日代、大野、観音寺の各村である。

まず、浅田家のある西法花野村の近世における綿作面積及び石高は、表3-1の通りである。データの揃いが良くないので、明確なことは言えないが、貞享五（一六八八）年の田方綿作高（おそらく検地の際に付与された石高であって、当時の実収石高ではないであろう）が約五〇石、元禄一二（一六九九）年には畑方綿作高だけで約一九〇石で、いずれも史料の存在する年の中で最高であるのに対し、一八世紀に入って、元文二（一七三七）年の村全体の「御免高」（年貢の対象とされた石高であろう）、宝暦三（一七五三）・天保七（一八三六）各年の村全体の綿作高がいずれも約一八〇石であったことから、西法花野村においては、一七世紀後期から一八世紀前期にかけて綿作面積が減少したが、それ以降は一八〇石程度（おそらく面積的には宝暦三年にわかっている一四町程度）で横ばいになったとみる

表3－1　近世西法花野村の綿作状況

年	田方綿作面積	同石高	畑方綿作面積	同石高	綿作面積計	綿作石高計	御免高	備　考
貞享5（1688）	3町8反3畝23歩	49.76 石	町 反 畝 歩	石	町 反 畝 歩	石	石	田方総面積に対する綿作の比率は、面積41.9%、石高で41.7%
元禄12（1699）				191.67				畑方総石高に対する畑方綿作石高の比率は、90.1%
元文2（1737）							180	
宝暦3（1753）	2．0．3．14	27.043	12．3．3．4	155.427	14．3．6．18	182.47		田方のみの御免高41石
天保7（1836）		23.516		161.502		185.018		

注）・いずれも浅田家文書で、C－2－3貞享5年9月9日［西法花野村立毛見立］、C－2－7卯［元禄12］年閏9月［毛見の差出ひかへ］、C－2－112元文2年7月14日［書簡、里村·喜内より浅田金兵衛宛］、C－2－114宝暦3年「酉年狛組青綿目録」、C－2－135天保7年6月25日「覚」より作成。
・空欄はデータなし（以下の表でも同じ）。

表3－2　近世東法花野村の綿作状況

年	田方綿作面積	同石高	畑方綿作面積	同石高	綿作面積計	綿作石高計	御免高	備　考
元文2（1737）	町 反 畝 歩	石	町 反 畝 歩	石	町 反 畝 歩	石	73石	
宝暦4（1754）	1．0．6．28	13.4165	5．3．7．7	67.1225	6．4．4．5	80.539	〃	田の御免高19石、畑の御免高54石
天保7（1836）		9.408		71.6		81.008		

注）いずれも浅田家文書で、前掲C－2－112、C－2－115宝暦4年「上　青綿帳奥〆書付」、前掲C－2－135より作成。

表3－3　近世新在家村の綿作状況

年	田方綿作面積	同石高	畑方綿作面積	同石高	綿作面積計	綿作石高計	御免高	備　考
元文2（1737）	町 反 畝 歩	石	町 反 畝 歩	石	町 反 畝 歩	石	71石	
宝暦3（1753）	1．4．3．17	16.439	5．6．5．6	68.015	7．0．8．23	84.456	〃	田の御免高23石、畑の御免高48石
同 4（1754）	1．5．6．04	19.686	5．8．0．27	69.7215	7．3．7．1	89.4075	〃	〃
天保7（1836）		14.577		61.57		76.147		

注）いずれも浅田家文書で、前掲C－2－112·114·115·135より作成。

表3－4　近世野日代村の綿作状況

年	田方綿作面積	同石高	畑方綿作面積	同石高	綿作面積計	綿作石高計	御免高	備　考
元文2（1737）	町 反 畝 歩	石	町 反 畝 歩	石	町 反 畝 歩	石	60石	
天保7（1836）		34.63		126.175		160.805		

注）いずれも浅田家文書で、前掲C－2－112·135より作成。

表3－5　近世大野村の綿作状況

年	田方綿作面積	同石高	畑方綿作面積	同石高	綿作面積計	綿作石高計	御免高	備　考
享保19（1734）	1町8反8畝22歩	31.607石	6町9反1畝12歩	81.051石	8町8反0畝4歩	112.658石	石	
同 20（1735）	1．0．24	1.577	7．0．4．18	83.348	7．1．5．12	84.925	115.19	田の御免高28.83石、畑の御免高86.36石
元文1（1736）	1．3．2．19	23.237	3．2．5．07	33.791	4．5．7．26	57.028		
宝暦4（1754）					5．8．6．23	74.764		

注）いずれも浅田家文書で、C－2－192巳［元文2］年7月「覚」、前掲C－2－115より作成。

表3－6　近世観音寺村の綿作状況

年	田方綿作面積	同石高	畑方綿作面積	同石高	綿作面積計	綿作石高計	御免高	備　考
宝暦4（1754）	町 反 畝 歩	石	町 反 畝 歩	石	4町7反0畝26歩	84.801石		
天明8（1788）	4. 0. 9. 21		3. 3. 14		4. 4. 3. 5			
寛政10（1798）	4. 4. 5. 25		5. 4. 17		5. 0. 0. 12			
文化5（1808）	2. 2. 9. 11		5. 3. 11		2. 8. 2. 22			
同 12（1815）	4. 4. 5. 13		7. 5. 21		5. 4. 4. 28			
文政8（1825）	3. 0. 6. 28		6. 7. 25		3. 7. 4. 23			
天保7（1836）	2. 4. 2. 13		5. 1. 19		2. 9. 4. 02			
弘化3（1846）	4. 4. 4. 27		1. 1. 4. 23		5. 5. 9. 20			
嘉永5（1852）	2. 9. 5. 26		4. 2. 14		3. 3. 8. 10			
万延1（1860）	1. 7. 4. 02		1. 1. 2. 00		2. 8. 6. 02			
明治1（1868）	1. 1. 3. 21		8. 6. 01		1. 9. 9. 22			

注）浅田家文書前掲C－2－115 、観音寺区有文書「田畑生綿畝高下改帳」（天明8年以降各年）より作成。

ことができよう[8]。

次に、東法花野村についてみる（表3－2）。この村では一七世紀のデータがないが、元文二年時点の「御免高」が七三石、宝暦四年及び天保七年時点の綿作石高合計がそれぞれ約八〇石であったことから、石高は一八世紀から一九世紀にかけてほぼ横ばい、もしくは若干増であったとみることができよう。同じような傾向は新在家村についても言える（表3－3）。

一方、野日代村のように、元文の「御免高」を天保の作付高が大きく上回ったところもあった（表3－4）。

大野村は、一八世紀前半から半ばにかけて、作付面積・石高が激しく変動している（表3－5）。また観音寺村は、近世後期以降しかデータがないが、やはり年による変動が激しく、二町八反ぐらいから五町五反ぐらいの間を行きつ戻りつ幕末に至る。ピークは弘化三年で、明治に入ってから二町を割った（表3－6）。

以上のように、近世南山城の綿作については、村ごとの作付面積やそれに対応する石高、あるいは年貢上納の基準となる「御免高」といった数値はある程度わかるが、断続的にしかわからないし、実際の生産量は把握できない。しかし、例外的なケースもあるが、総じてある程度の傾向は窺えるように思われる。それは、一七世紀後期から一八世紀前期にかけての綿作面積・石高の減少と、その後の横ばいということである。

ところで、作付面積の増減は必ずしも生産量の増減とは相関しない。それは一つには、単位面積当たりの収量の伸びの可能性があるからであり、また一つには、単位農業人口当たりの収量の増加の可能性があるからである。一般に、日本の農業は、一七世紀後半から一八世紀にかけて集約農業の方向性が強まり、単位面積当たりの収量を増加させる方向に向かっていったとされ、また、単位人口当たりの生産量も、集約農業の進展にともなって、一八世紀半ばからは増加の一途であったとされる[9]。南山城の綿作については、村単位での生産量そのものを知る史料は今のところ見出せないが、単位面積当たりの収量に関する史料は若干存在する。次にそれらをみてみよう。

（二）　近世における反収の増加

まず享保七（一七二二）年、浅田家の存在する西法花野村にほど近い北村から領主に対して出された、おそらく不作状況を報告するための文書の中では、一反当たりの綿の実りについて「一分実」を「十斤吹」、「二分実」を「二十斤吹」、「三分実」を「三十斤吹」などとしており、当時このあたりの綿の反当収量は、「十分実」すなわち目いっぱいの収穫があった場合を一〇〇斤吹として計算されていたことがわかる[10]。

次に、後でもみるが、安永～文化期の浅田家の経営において綿の反収のわかる年についてみると、不作であった文化一二（一八一五）年の八五・七斤[11]を除いて、安永四（一七七五）年一三〇・三斤[12]、文化一四年一六一・七斤[13]、翌一五年一三八・五斤[14]と、高レベルになっている。反収のわからない天明三（一七八三）年や同九年も、収穫量と稲作を除く手作面積から推測して、かなりのレベル（おそらく一三〇～一五〇斤、後述）であったことはまちがいないものと思われる（後掲表3-8参照）。反収が明確にわかる前記四か年の平均が約一三〇斤であり、近世後期にはこの地域の反収が相当上昇していたことがわかる。

この数値が浅田家の特殊な事例でないことは、浅田家に近い相楽郡祝園村の天保一四（一八四三）年の「村方明細帳」からもわかる。同文書によれば、同年の畑綿作の反収は、「上作」で二三～二四貫目（一三九～一五〇斤）にも達しており、「中作」で一七～一八貫目（一〇六～一一三斤）、「次作」で一二～一三貫目（七五～八一斤）であった。ちなみに、この村の田の反収は、「上作」で二石二～三斗、「中作」で一石六～七斗、「次作」で一石二～三斗と、これまた高レベルであった。[15]

このような、近世中～後期における綿作の反収増加の傾向は他地域でも確認でき、かなり一般的なものであったと思われる。例えば山崎隆三により紹介された西摂・武庫郡西昆陽村氏田家においては、天明二～五年の綿の平均反収が一〇六斤であったのに対し、寛政八～文化二（一七九六～一八〇五）年には一二六斤、それに続く文化三～一二年には一五〇斤、文化一三～文政八（一八一六～一八二五）年には一五三斤という伸びを示している。[16]

以上のような、単位面積当たりの収穫量の増大を考慮に入れると、作付面積の減少のしかたによっては、生産量が、少なくとも減少はしていないことは大いにあり得る。例えば、右で見た若干のデータをもとにして、仮に一八世紀はじめの南山城の綿の反収を一〇〇斤とし、近世後期のそれを一三〇斤、すなわち三割増とすると、作付面積が三割減少しても生産量は変わらないことになる。しかるに比較的早い時期から作付面積のわかる西法花野村の場合、一七世紀末の綿作石高を田約五〇石、畑約一九〇石の計約二四〇石とすると、天保期の一八五石は三割未満の減少であり、面積の減少とは裏腹に、むしろ実生産量は増えていた可能性さえある。

作付面積を減らしても生産量が維持できるとなれば、余った耕地もしくは余力を他の作物生産にふり向けることも可能となる。のちに見るように、例えば浅田家の場合、近世後期になって、おそらくは都市向けと思われる芋類・豆類や蔬菜生産のウエイトを増やしている。

なお幕末の「開港」以降、山城国の中でも特に久世・綴喜・相楽郡において茶の生産が急激に盛んとなるが、浅田家のある西法花野村やその周辺では目を見張るほどの生産は行われていない。それでも、近世において茶の生産の形跡がまったく見られない村で新たに茶の生産が行われるようになった例もあり、この地域でも「開港」の影響は一定程度あったと言える(17)。

二　浅田家の農業経営

第一節でみたような当該地域の綿作の推移の中での農家経営の具体例として、本節では、西法花野村・浅田家の経営をみていこう。これに関する史料は安永以降に限られており、近世前〜中期のことはわからないが、中〜後期の西法花野村は、人口減少期から回復期にあたることが明らかにされている(18)ので、そのこととの関連も含めて、みていくことにする。

(一)　浅田家の土地所有

まず、浅田家の経営規模を追う意味で、土地所有の変遷からみていこう。同家の持高については、自村以外にも土地を所有したり、一族間での度重なる名義上の分与や吸収などがあり、全貌を把握するのは困難なのであるが、今わかっている範囲内で、その推移の概要を述べると、浅田本家の西法花野村での持高の最も古いデータは慶安二(一六四九)年の二五石余で、その後同家及び一族は持高を増やし続け、享保初期に至って一族全体の西法花野村での持高の総計が一五〇石余となり、以後享保一五年頃までは一五〇石前後で停滞する(19)。その後享保一八年段階での

表3-7　浅田家の土地所有状況

年	持　高	宛　米				年貢・諸掛	不作等引	貸米銀・入米	作徳	備　考
		(b)	手作田	手作畑	小作地	(a)	(d)	銀等差引 (e)	(c)	
慶安2 (1649)	※ 25.082石	石	石	石	石		石		石	※西法花野村部分のみ。
延宝4 (1676)	※ 60.897									※　〃
元禄13 (1700)	92.690									
享保2 (1717)	137.1815									
同 5 (1720)	＊153.5335									＊一族全体、西法花野分
同 18 (1733)	170									
安永4 (1775)			52.36	9.95						
同 6 (1777)	183.1215									
同 9 (1780)	182.961	347.6344	35.58	6.25	305.8044	185.5004石	72.723	▲28.428 石	60.983	帳面上で全て石高換算済
天明3 (1783)			36.18	6.05						
同 8 (1788)	183.521	347.319	64.25	20.4	262.669	186.3818石	95.238	▲50.5052石	14.2148	帳面上で全て石高換算済
同 9 (1789)			68.28	16.25						
文化12 (1815)	159.5015	(300)	23.55	15.7	(260)	117.8020石＋ 4446.36匁	73.2202	2669.9 匁	(86)	
同 14 (1817)	164.7645	(310)	28.85	16.96	(265)	135.2367石＋ 4007.75匁	49.9326	1863.65匁	(98)	
同 15 (1818)			26.55	16.26						
文政6 (1823)			25.95	15.845						
嘉永2 (1849)	101.951	227.6005	27.1		200.5005		29.5005			
文久1 (1861)	86.7256									
慶応1 (1865)	81.1180	(170)				65.099石＋ 9379.04匁	31.17	1098.53匁	(54)	
同 2 (1866)	78.423					60.566石＋ 12298.66匁		7397.46匁		

注)・いずれも浅田家文書で、慶安2年はC-2「御免割帳　西法花野村」、延宝4年はC-23「辰ノ御免割帳　西法花野村」、元禄13・享保2年はI-3「自分之高帳」、享保5年はC-63「子年免割帳　西法花野村」、享保18年はI-3-25「奉願口上之覚」、安永4年はI-62「未年野方覚」、同6年はI-435「西・東・新・野・殿・林・小中・椿井持高書立」、同9年はI-22「子年村々御年貢上納下作取立帳」、天明3年はI-64「卯年手作野方覚」、同8年はI-24「申年村々御年貢上納下作取立帳」、同9年はI-65「酉年手作野方覚」、文化12年はI-2-121・2「亥歳御年貢通入」、及びI-66「亥歳手作野方帳」、同14年はI-2-125「丑歳御年貢通」及びI-67「丑歳手作野方帳」、同15年はI-68「寅歳手作野方帳」、文政6年はI-69「未歳手作野方帳」、嘉永2年はI-438「田畑宛並高書帳」、文久1年はI-2「西・野・東・新・殿・林・小仲・椿井持高書立帳」、慶応2年はI-2-209〔寅歳御上納通〕による。
・(　)は推定、▲は「貸」の超過、空欄はデータなし。

本家の自村分・他村分合わせた持高は一七〇石となっており、さらに安永~天明期には同じく一八〇石余となって最高に達している(表3-7参照)。このころの土地所有状況を村ごとに見ると、自村西法花野村に一二〇石足らず(これは同村の村高の四分の一強にものぼる)、新在家村に二〇石足らず、野日代村に約一六石余、椿井村に約一五石、東法花野村に七石余、林村に五石余などとなっている[20]。

その後一九世紀に入って、文化期の持高は若干減っており、さらに幕末期になると一〇〇石を割るまでに減少する。ただ、史料的に明らかにすることはできないが、このあたりの減少も、一族に持高を名義上分与している可能性が十分あり、右のような持高の減少を以て同家の衰退と即断することはできない。というのは、明治に入ってからの浅田家の地価額をみると、例えば同一四（一八八一）年段階で七五〇〇円余で、上狛村では頭抜けた地主であったからである。[21]

こうして持高の推移をみてみると、持高の増加は一七世紀の間と、享保後期以降天明期ぐらいにかけてあったごとくであるが、この時期は全国的な状況に違わず畿内でも断続的な不作があったことが知られており、浅田家に残る西法花野村の綿の「不作帳」の中でも、まとまった点数があるのは、これらの時期である。[22] こういった時期に浅田家が土地を集積したのは、不作により下層農民が手放した土地を集積したものと考えられよう。

さて、以上の数値（持高）は、あくまでも近世初期の検地に基づいて領主側に登録された石高を基にしたものであり、その時々の実際の生産量とは異なることは言うまでもない。実際の生産量に基づいた数値としては、「宛米」があった。[23] 浅田家の宛米の総計がわかる年次は限られているが、安永・天明期で持高の二倍弱、嘉永期で持高の二倍強にもなっている。手作地の宛米のみなら、もっと多くの年次についてわかる。表3-7にあるように、手作田畑の宛米は、安永〜天明初期四〇〜六〇石、天明後期八〇石余、化政期四〇石前後、嘉永期三〇石足らずとなっている。ここでも天明期が最大となっている。手作のほぼ実生産量で六〇石や八〇石という数値は、大規模経営と言ってよい。[24]

これに対して、小作地の宛米高（年貢分を含む小作料）は、わかる年は少ないが、わかっている最大値は安永九年の三〇〇石余であった。面積はわからないが、おそらく十数町歩には及んでいたであろう。この年の小作人数は一一三名であった。[25] その後、天明から文化期の小作地の宛米は約二六〇石、幕末の嘉永期には約二〇〇石となっている。

以上のように、浅田家は、近世中〜後期においては大規模に土地を所有する抜きんでた上層農民であった。[26] 数字の上からは、小作料のみに依存することも十分可能だったと思われるが、相当規模の手作を保ち続けたことが特徴である。なぜそのようにしたのか、以下、項を分かって、浅田家の手作経営の具体像を見てみよう。

㈡　浅田家の手作経営

浅田家の手作経営について知ることができる史料は、「野方覚」という史料で、現存している主なものは、安永四（一七七五）年から文政六（一八二三）年までの間に断続的に残存している七点である（表3-8参照）。同題で明治五（一八七二）年のものもあるが、これは記述があまりに粗略で、使用できるデータ量が少ないので、以下、主に前記七点によって見ていくことにする。

規模　まず、手作の規模と田畑比率との関係を見ると、安永〜天明期と文化〜文政期とでは違いのあることがわかる。すなわち、安永〜天明期は手作規模が約二町歩から最大三町八反足らずと大きく、かつ田の面積比率が約八割と高い。一方、文化〜文政期は、全体の規模は二町歩前後で、田の比率は半分強と、田畑の比率が接近している。田の面積が安永〜天明期の一町六反ないし三町歩足らずから文化〜文政期は約一町歩へと減少し、それに対して畑の面積は安永四・天明三（一七八三）年の五反五畝や三反五畝といった規模から天明九年段階で八反余に増加し、文化・文政期もほぼその規模は変わっていないためである。一般に、田は石高が高い割に年貢も多く取られ、逆に畑は石高は低いが年貢に取られる分も少ない。のちに見るように持高が減少した割に作徳が減少していないこととの関係で考えれば、浅田家は、作徳の少ない田を整理し、逆に作徳の多い畑は残す、つまり経営はスリムにするが作徳は維持するという方針をとったものと思われる。

作物　次に作物別では、稲と綿が二大生産物と言え、その二つで耕作面積の大部分を占めていた。そのほかの作物としては、麦類・豆類・芋類・青物、それに菜種・大根などを作っていた。

浅田家手作経営概要

			収　穫　量		
畑面積（宛米高）	綿作面積（宛米高）	その他（宛米高）	稲実収量（反収）	綿実収量（反収）	その他
5反5畝00歩	3反6畝07半強	1反8畝22半弱	986束7把	1551.5斤	
（9.95石）	（6.56石強）	（3.39石弱）	（71.1束）	（130.3斤）	
3．5．00	※2．3．10	※1．1．20	807．4	1210.0	
（6.05　）	（※4.03　）	（※2.02　）	（87.3　）	（※130　）	
8．5．25	※5．7．07	※2．8．18	1794．6	2054.5	
（16.25　）	（※10.83　）	（※5.42　）	（87.0　）	（※146　）	
7．9．05	3．9．05	4．0．00	819．5	571.0	豆4.4石他
（15.7　）	（7.1　）	（8.6　）	（117.1）	（85.7　）	
9．0．00	3．7．15	5．2．15	785．1	1031.0	芋5.76石他
（16.96　）	（7.0　）	（9.96　）	（83.7）	（161.7　）	
8．5．25	4．4．05	4．1．20	838	1062	芋3.11石他
（16.26　）	（8.15　）	（8.11　）	（108.1）	（138.5　）	
8．2．15	※4．1．07半	※4．1．07半	540．2	951.5	
（15.845）	（※7.9225　）	（※7.9225　）	（63.6）	（※149　）	
				205.5	

による。

各作物の作付面積をみると、やはり安永～天明期と文化～文政期とで違いがある。すなわち安永～天明期、稲作面積は田の面積の三分の二程度であるのに対し、文化～文政期は七～八割と、わずかではあるが比率を上昇させている。一方、田の綿は、安永～天明期の田での作付面積は七～八反に及んでいたが、文化～文政期には二～三反に縮小している。畑での綿の作付面積は、わかる年が少ないが、安永から文政まで一貫して四反前後で変わっていない。また稲・綿の作付面積の合計は、安永四年が九割以上にも及んでいるのに対し、文化期は七割台後半となっている。文化期にはその分、芋・大豆・青物などの作付面積が増えている。これらは都市への販売を狙ったものであろうか。これらの数値の推移を総合すると、一八世紀後半から一九世紀前半にかけて手作面積を縮小し、田の面積を縮小、稲作も綿作も縮小させていく中で、田はより稲作に特化させ、畑は綿作面積を維持しつつ他の作物の作付を増やしていったと言えよう。

表3-8

年	手作面積（宛米高）	田面積（宛米高）		
			稲作面積（宛米高）	綿作面積（宛米高）
安永4（1775）	2町7反2畝15歩 （62.31石）	2町1反7畝15歩 （52.36石）	1町3反8畝22歩半 （33.61石）	7反8畝22歩半 （18.75石）
天明3（1783）	1．9．7．15 （42.23　）	1．6．2．15 （36.18　）	0．9．2．15 （19.63　）	7．0．00 （16.55　）
同　9（1789）	3．7．5．25 （84.53　）	2．9．0．00 （68.28　）	2．0．6．07半 （48.55　）	8．3．22半 （19.73　）
文化12（1815）	1．7．6．20 （39.25　）	0．9．7．15 （23.55　）	0．7．0．00 （16.95　）	2．7．15 （6.6　）
同　14（1817）	2．1．0．00 （45.81　）	1．2．0．00 （28.85　）	0．9．3．22半 （22.625）	2．6．07半 （6.225）
同　15（1818）	1．9．5．25 （42.81　）	1．1．0．00 （26.55　）	0．7．7．15 （18.85　）	3．2．15 （7.7　）
文政6（1823）	1．9．0．00 （41.795）	1．0．7．15 （25.95　）	0．8．5．00 （20.6　）	2．2．15 （5.35　）
明治5（1872）				

注）・いずれも浅田家文書で、前掲I-62・64・65・66・67・68・69、及びI－71「申歳手作野方帳　明治五年」
・※は推定。空欄はデータなし。

ただし、以上は表作に関する記載であって、「野方覚」には裏作に関するデータは乏しい。ただ、麦を裏作として作っていたことは農作業に関する記述の中から窺え、文化一五年については、大麦九石、小麦五石一斗という収穫量も記されている。また、同史料の「日記」部分からは、大根・菜種・煙草などを作っていたことが窺えるが、収穫量はわからない。

次に、稲と綿という二大作物の収穫量について見ていこう。まず稲の収穫量は、表3-8にあるように、把・束（一〇束＝一把）という単位でしか記されていないが、最も収穫の多かった天明九年、約一八〇〇束の収穫が得られている。その他の年は、安永四年の約一〇〇〇束、不作であった文政六年の五〇〇束余を除けば、だいたい八〇〇束前後である。反当収量をみると、安永～天明期が七〇～八〇束台であったのに対し、文化期には一〇〇束を超す年もみられるようになっており、作付面積の減少の割には収穫がさほど減らないという結果につながってい

表3-9　浅田家購入油粕表

年	購入量	代金	÷総手作面積（反）	100玉当り価格	施肥量	主要購入先
安永3（1774）				430匁		伏見・金や長兵衛60玉
同 4（1775）	308玉	250玉で1111.5匁	43.4匁	432－495	266玉	伏見・鉄屋250
同 8（1779）				385－408		伏見・鉄屋長兵衛250
天明3（1783）	197	884.31	44.8	435－455	193	田中市左衛門130
同 9（1789）	310	260玉で1615	50.9	600－655	308	武兵衛160、てつや（伏見）100
文化3（1806）	120	582		485		
同 6（1809）				490		
同 7（1810）	265	1252.125		472.5		伏見粕65、天満粕100
同 12（1815）	142				81	宇八100
同 14（1817）	80				32	宇八70
同 15（1818）	199	796	40.6	400	178	大坂100、清助70
文政6（1823）	150				96	武兵衛120

注）・いずれも浅田家文書で、安永3・4年は前掲I-62、安永8・天明3年は前掲I-64、その他の年はそれぞれ、前掲I-65、I-158「金銀出入日記帳　文化三年」、I-161「金銀出入日記帳　文化六年」、I-166「金銀出入日記帳　文化七年」、前掲I-66・67・68・69による。
・空欄はデータなし。

る。

綿の収量も天明九年が最大で、その前後安永~天明期にはいずれも一〇〇〇斤を大きく超えている。文化~文政期には、不作の文化一二年を除いてだいたい一〇〇〇斤前後となっているが、反当収量は、文化一二年を除いて、最高を記録した文化一四年やそれに次ぐ同一五年など高い数値が出ており、ここでも作付面積の縮小の割に収穫はさほど減らないという結果になっている。安永期の反収一三〇斤にしても、文化期の最高時の反収一六〇斤にしても、同時期の他地域と比べた場合、河内ほどではないが、摂津にほぼ匹敵しており、当時の日本では最高レベルに近いと言えるものであった[27]。なお、天明三・九両年については、畑での綿の作付面積がわからないので正確な反収は計算できないが、仮に畑での綿作面積を安永四年並みの三分の二として同家の綿作全体の反収を推定すると、それぞれ一三〇斤、一四七斤と、やはり高レベルとなる。また文政六年の反収も、文化期の実績から、畑での綿作面積を半分として反収を推定すると、一四九斤という高レベルになる。

以上、浅田家の手作地で生産された作物について述べてきたが、それらの販売量や金額は、わからない。

肥料　次に、浅田家の肥料購入及び施肥状況についてみてみよう。一般に、近世畿内の農業は、多くの購入肥料を用いたことで知られている。浅田家の場合も例外ではなく、購入肥料を多用している。ただ、種類としては油粕のみで、干鰯などの使用はみられない。油粕の購入量、価格、施肥量等は表3-9のごとくである。総購入量がわからなくとも、価格が判明する場合は表に掲げておいた。購入量、施肥量ともに年により出入があるが、いずれも概して手作面積の大きかった安永~天明期に多い。作物と施肥量との対応関係は必ずしも明らかではないが、例えば施肥量が最も多かった天明九年の場合、年間総施肥量三〇八玉のうち、二五八玉は四月下旬から「後六月」上旬にかけて集中的に用いられており、その多くは綿に施されたものと思われるが、残り五〇玉は一〇月下旬から一一月下旬にかけて「麦こへ」として用いられている（後掲表3-10参照）。実際に施肥された面積はわからないが、単純に総施肥額を総手作面積で割った反当施肥額は、わかる年でだいたい銀四〇~五〇匁で、これは例えば西摂・西昆陽村氏田家の文政末期の事例を上回り[28]、文政一一年河内国柏原村の事例は下回る[29]が、仮にほとんどが綿作に用いられていたと仮定すると、反当一〇〇匁ぐらいにはなり、この場合、右の柏原村の事例に匹敵する。いずれにしても、浅田家の購入肥料の使用は河内・摂津といった、当時の日本の農業の最先進地に劣らないほどの水準にあったと言えよう。こういった面からも、浅田家の農業の先進性を指摘することができる。

　なお、油粕の購入先は、表3-9にある通りで、わからないケースも多いが、わかる範囲内では伏見が最も多く、そのほか大坂（「天満粕」も大坂の天満から購入したものと思われる）からの購入もみられた。伏見という、地域市場からの調達が中心であったのである。

　また価格の変動をみると、安永から文政にかけての約五〇年の間、天明九年に少し高くなったのを除けば、だいたい一〇〇玉当たり四〇〇匁台で安定しており、史料でわかる年代に関する限り、特に油粕代の高騰は見られない[30]。古島・永原の研究[31]では、肥料代の高騰が綿作農家の経営を圧迫するようになったのは天保期とのことだが、それとの比較は、その時期の史料がないため、できない。

農作業　次に、農作業についてみてみよう。まず表3-10は、浅田家の手作が最も大規模に行われた天明九年の、主要農作業の旬別労働配分である。この年は閏月（「後六月」）が入っているので通常の年と時期が少しずれ、また史料の上ではすべての農作業が数量化されているわけではないし、数量の単位もまちまちで、作業相互間のウエイトの比較もできないという難点はあるが、年間の主要労働のおおよその推移を知ることはできる。これによると、四月下旬から「後六月」上旬にかけては油粕施肥、その間の五月中旬から六月上旬には田植が並行して行われているが、「内」すなわち家内の労働は油粕施肥から田植へと移行し、五月以降の油粕施肥は「雇」に任せている。

また、史料では数量化はされていないが、除草は三月上旬から断続的に行われるようになり、しだいに頻度を増して、五月下旬以降七月下旬まではほとんど毎日のようにどこかの耕地の除草が行われている。六月から七月にかけての主要労働は、除草であった。

除草は九月上旬まで続くが、労働のウエイトは七月下旬から綿取に移り、そのピークを過ぎると、八月下旬からは稲刈が始まっている。稲刈はすべて家内労働により行われている。なおこの年の浅田家の家族数は、四〇歳の当主金兵衛以下九名であったが、実質的には七七歳の父親、六八歳の母親、それに子ども五名のうち一〇歳に満たない三名を除いた四名が農作業に従事していたものと思われる。

綿取は九月いっぱい、稲刈は一〇月上旬までかかっている。それと少し時期をずらして、九月下旬から一〇月中旬まで稲上げ・麦蒔、さらには一〇月下旬から麦への油粕施肥と続くが、麦作にはさほど労働を投下していない。

雇用労働　この時期の浅田家の雇用労働者については、奉公人請状等、どのような契約をしていたかを知る史料はないのであるが、ここではまず、農作業についての記述の詳細な安永～天明期の「野方覚」のうち、手作規模が最大であった天明九（一七八九）年について、雇用労働者のあり方をみてみよう。

表３-10　天明９（1789）年浅田家における旬別主要労働配分

	油粕施肥			田植			除草	綿取			稲刈			稲上げ			麦蒔		
		内	雇		内	雇			内	雇		内	雇		内	雇		内	雇
3月上	玉			人手			○	斤			束			束			人手		
中							○												
下							○												
4月上							○												
中							○												
下	64	34	30				○												
5月上	10		10				○												
中	47		47	37.5	9.5	28	○												
下				20	5	15	○												
6月上	15		15	26	16	10	○												
中	62		62				○												
下							○												
後6月上	60		60				○												
中							○												
下							○												
7月上							○												
中							○												
下							○	75	75										
8月上							○	406.5	194.5	212									
中							○	793	247	546									
下							○	389.5	182.5	207	74.6	74.6							
9月上							○	185.5	89.5	96	131	131							
中								63	63		763.2	763.2							
下								7	7		248	248		421.6	253	168.6	16.5	16.5	
10月上											578	578		336.3	4	332.3	4.5+α	4.5+α	
中														347.4		347.4	16+α	α	16
下	25	25																	
11月上																			
中	21		21																
下	4		4																

注）・前掲、浅田家文書Ⅰ-65より作成。
　・表中、αは、数量不明を示す。

天明九年「野方覚」には、各農作業の項目中に、それに従事した人名や支払った賃金が記載されている。それを人名ごとにまとめたものが表3‐11である。それぞれ労働量には差があるが、ともかく少しでも浅田家の農業労働に携わっている者は数えることにすると、総勢五〇名以上に及ぶ。うち約三分の一の一七名は、安永四（一七七五）年「野方覚」にも見られる。

彼らは大きく分けて三つのグループに分けることができる。まず、「田綿」・「畑手作」・「稲作」など、浅田家の手作の一部分を請け負わされていたと思われる者（A）。彼らは、おそらく少なくとも一年以上の契約で、この帳面にそれらの仕事に関する給金の記載がないのは、おそらく他に契約を記した書類、例えば奉公人請状などがあり、そこに記載されて、給金がわかっていたためであろう。彼らの中には、それに加えて「ちん田」[32]、田植、草取や「稲上ケ」など、その時々に賃金が支払われる作業を行っていた者もいる。以上、Aに分類される者は二二名いた。次に、短期的にその時々の農作業に従事し、賃金が支払われる者（B）。そのような者は二五名いた。さらに、ほんの少しの日数、手伝い程度に農作業に従事し、賃金も支払われていない者（C）が十名足らずいた。

また彼らの中には三名ほど、同帳面の「日記」部分に、年間を通じて、雑用も含めさまざまな労働に従事している者がおり（長七・平吉・弥七）、雇用労働者の中でも主要な存在であったと思われる（弥七以外はA、弥七のみCであるが、彼は農業以外の家内労働を中心としていたと思われる）。こういった者が他の年についても数名ずつ見られる。

安永～文化年間の「野方覚」には、各農作業ごとの労賃の単価を記した項があるが、それらをまとめた表3‐12によってみると、安永四年以降文化期にかけて、短期的に農業労働者を雇う農作業の種類がしだいに増加していったことがわかる。これは後に述べるが、自家の農業への依存度の低下という、この時期のこの地域の一般的動向に対応したという側面があったと思われる。

各労賃の単価についてみると、この表の範囲内では安定的である。この後も当面は労賃は安定的で、幕末の文久期

表３-11　天明９（1789）年浅田家における雇用労働

	名　前	労働内容	労　賃
A	伊介（助）	田綿（1.125反） ちん田（11.25反） 田畑草取（1.125反）	 57.25匁 20.25匁
	卯兵衛	稲作（平八とも２反）	
	加（嘉）治平	田綿（1.25反） 畑手作（0.5反） 田植（2.5反） 田畑草取（３反） 誂麦蒔・はい［灰］置（2.75反） 内麦蒔（５日） 油粕施肥（１日）	 賃620文・鍬取120文 42.2匁 2034文（灰置136文）
	喜六	畑手作（１反） 田綿（0.75反） 田畑草取（３反）	 43.5匁
	源七	稲作（1.25反） 田植（3.75反） 田畑草取（1.25反）	 賃750文・鍬取170文 15匁
	小兵衛	畑手作（１反） 田畑草取（１反）	 15匁
	佐七	畑手作（１反） 田畑草取（１反） 稲上ケ（47.6束） 内麦蒔（１日） 油粕施肥（１日）	 15匁 196文
	定七	畑手作（１反） 田畑草取（１反）	 15匁
	治兵衛	稲作（清七とも0.75反）	
	清七（小仲小路）	田綿（0.625反） 稲作（治兵衛とも0.75反） 田畑草取（1.375反） 稲上ケ（116束） 内麦蒔（４日）	 20.25匁 343文
	清七（野日代）	稲作（1.25反） 田畑草取（1.25反）	 15匁
	善六	稲作（長七とも1.25反） 田畑草取（1.25反）	 15匁
	惣治（二）郎	稲作（1.25反） 油粕施肥（３日） 稲上ケ（50束） 綿木引（13反） 内麦蒔（７日）	 154文 1372文
	太兵衛	田綿（0.75反） 田畑草取（0.75反）	 13.5匁
	忠介（助）	稲作（1.125反） 田畑草取（1.25反）	 15匁
	長七	稲作（善六とも1.25反、平八とも1.5反） 油粕施肥（11日）	
	半十郎	稲作（0.25反余） 田畑草取（0.25反余）	 3.25匁
	文七	稲作（1.25反） 田畑草取（1.25反）	 15匁
	平吉	稲作（1.25反） 油粕施肥（12日） 綿取（１日）	
	平八	稲作（長七とも1.5反，卯兵衛とも２反） 田植（２反）	 賃400文・鍬取100文

		田畑草取（3.5反）	42匁
	又七	稲作（0.5反） 田畑草取（0.5反）	 6匁
	利助	稲作（1.25反） 田畑草取（1.25反）	 15匁
	不明	稲作（0.5反）	
B	いね	綿取（12日、100斤小）	566文
	伊八	田植（2.5反） ちん田（1.75反） 稲上ケ（101束）	620文 8.75匁 359文
	宇八	稲上ケ（31束） 内麦蒔（2日）	77文
	亀	綿取（11日、199斤半）	1038文
	喜之助	稲上ケ（95.2束）	279文
	久八	ちん田（11.125反） 稲上ケ（45束）	51.62匁 184文
	きわ	綿取（22日、231斤半）	1287文
	定八	ちん田（0.825反） 田ノ草	4.12匁 14.12匁
	庄介（助）	油粕施肥（1日） 田畑草取（0.5反） 稲上ケ（34束） 内麦蒔（1日）	 7.5匁 92文
	捨松	稲上ケ（12束）	33文
	清治郎	ちん田（5反）	25匁
	善七	ちん田（1.25反）	7.25匁
	惣八	ちん田（5.5反）	27.5匁
	忠兵衛	ちん田（0.75反） 稲上ケ（47.8束）	4.75匁 147文
	孫六	田畑草取（1反） 稲上ケ（24束）	15匁 72文
	まつ	綿取（16日、184斤小）	958文
	まや	田畑綿賃取（1日、3斤半）	17文
	みき	田畑綿賃取（12日、159斤大）	831文
	巳之介	稲上ケ（225束）	586文
	与吉	稲上ケ（10.5束）	29文
	与助	田畑草取（0.5反）	6匁
	利八	誂麦蒔（1.25反）	922文
	りよ	油粕施肥（1日） 綿取（25日、265斤大）	 1447文
	六之助	稲上ケ（48束）	124文
	六兵衛	田畑草取（0.75反）	9匁
C	吉兵衛	内麦蒔（2日）	
	庄二郎	油粕施肥（1日）	
	庄八	油粕施肥（1日）	
	その	綿取（6日、約50斤）	
	はつ	油粕施肥（1日）	
	兵蔵	内麦蒔（2日）	
	弥七	油粕施肥（5日）	
	不明	綿取（1日）	

注）・浅田家文書、前掲I-65より作成。
・空欄は、記載なし。

表３-12　浅田家における労賃

費　目	単　位	安永４(1775)	天明３(1783)	天明９(1789)	文化12(1815)	文化14(1817)	文化15(1818)
稲苅[1]	１反		500	500	500	500	500
同一反苅					400	400	400
植なノ中	１反			500	500	500	500
牛ニ而稲上ゲ	１日	250	300	300	300	300	300
株跡かんき麦蒔	１反				900	900	900
〃	１人手				221	221	221
同立麦蒔	１反				800	800	800
〃	１人手				200	200	200
株跡小麦はい置	〃				12	12	12
株跡二番かち	〃		70	70	70	70	70
かふ跡溝堀	〃	100					
そら大豆むしり	１貫目	5	5	50	50	50	50
田植賃	１人手	40	50	50	50	50	50
田苅こき	１反			600	600	600	600
田立壱筋蒔	１人手			170	170	170	170
田むしおこし	〃	100	110（100）[3]	100	100	100	100
田むしかんき麦蒔	〃	170	180	180	180	180	180
田綿跡麦中	〃		70	70	70	70	70
田綿木引ちん	〃		30	30	30	30	30
田綿大豆植	〃			24	14	14	14
田綿地一反七掛				150			
竹持参苅掛	１束	3.5					
はい置	１人手			12	13	13	13
畑中堀	１反				300	300	300
畑綿木引ちん	〃			100	100	100	100
〃	１人堀			16	16	16	16
溝口[2]	５人手			900	900	900	900
山ほとろ	10貫目			30	30	30	30
綿跡溝堀	１人手	50	60（50）[4]	55			
綿地たたき	〃			37	27［37］	27［37］	27［37］
〃	１反			150	150	150	150
〔稲上ゲちん〕							
今池之尻	１束				5	5	5
植かいと	〃	1.5					
丑寅	〃				2.5	2.5	2.5
大田	〃			4	4	4	4
勝山	〃	2					
紺屋尻	〃	2.5		3.5	3.5	3.5	3.5
狛寺	〃	2		3	3	3	3
三かい	〃				4	4	4
坂ケ町	〃	1.5		2.5	2.5	2.5	2.5
鶴田	〃				2.5	2.5	2.5
中勝山	〃				3.5	3.5	3.5
東勝山	〃				4	4	4
ひわ田	〃	2.8		5	5	5	5
ふろ田	〃			3	3	3	3
へら田	〃	2.8			4	4	4
溝口	〃				6	6	6
山之口	〃			2.5	2.5	2.5	2.5
〔草取賃〕							
田綿宛	１斗			7.5	7.5	7.5	7.5
田草宛	〃			5	5	5	5
畑綿宛	〃			8.3	8.5	8.5	8.5
田すき	１反				5	5	5
畑すき	〃				5	5	5

注）・浅田家文書、前掲Ⅰ-62・64・65・66・67・68より作成。
・金銭の単位は「草取賃」までは「文」、「草取賃」は「分」（銀）、「田すき」・「畑すき」は「匁」。
・「１人手」は１/４反、「１人堀」は１/６反。
・表中の番号については、以下の通り。
(1) 天明９・文化12・14・15年は「竹持参ならしかけ共」
(2) 天明９・文化12年「かりこき　但籾内へ（江）にない参候而」、文化14・15年「但し苅りこき籾内江（へ）にない参り候而」
(3)「当年格別故百文」
(4)「格別故五十文」

表 3-13　安永 4（1775）年浅田家雇用労働者のうち、家族構成の確認できるもの

No.	名　前	家族人数・内訳（性別・年齢）	備　考
1	いわ	7 人（m52, f59, ym29, f22, f17, f12, m43）	きよの姉
2	宇八	5 （m36, f29, m5, m3, f70）	
	（又は）	4 （m64, f60, ym32, f35）	
3	かめ	5 （m31, f27, f24, f10, f51）	
4	勘七	3 （m44, f38, f12）	
5	喜七郎	3 （m43, f39, f12）	
6	喜八	3 （m44, f33, f10）	
7	久四郎	2 （m62, m55）	
8	きよ	7 （m52, f59, ym29, f22, f17, f12, m43）	いわの妹
9	喜六	3 （m40, f39, f10）	
10	くめ	5 （m47, f48, f17, f11, m6）	
11	源七	6 （ym40, f31, m7, m6, yf26, f61）	
12	幸蔵	7 （m54, f44, f17, f10, f5, m36, f69）	
13	庄八	5 （m59, f45, f17, f15, m49）	
14	善七	4 （m26, f29, yf26, f55）	
	（又は）	3 （m37, f35, m15）	
15	長助	6 （m41, f40, m18, m14, f10, f76）	
16	藤七	5 （m53, f40, f18, f15, m11）	
17	友之介	4 （m51, f35, m14, m12））	
18	文七	3 （m58, f60, m14）	
19	又七	3 （m38, f33, m4）	
20	よし	5 （m62, f56, m30, f23, f16）	
21	与八	1 （m40）	

注）・前掲、浅田家文書 I-62 、及び中津川敬朗家文書「西法花野村宗門人別帳　安永四年」より作成。
・（　）内の m は男性、f は女性、y は養子。□で囲んだ者が本人、一番左は戸主。宇八と善七については、それぞれ同名の者がおり、そのどちらが浅田家の奉公人かわからないので、両方掲げておいた。

に急騰することが、別の史料からわかっている。(33) したがって、近世後期以降幕末までの浅田家の経営においては、労賃の単価の上昇が経営を圧迫したということはない。ただ、先に述べたように、賃金を払って労働者を用いる機会の増加から、労賃の総額が増加して経営を圧迫することはあり得たと言える。

ところで、浅田家の雇用労働者のうち、西法花野村の者については、宗門人別帳により、その家族構成を知ることができる。例えば安永四年の「野方覚」の中に見られる農作業従事者は全部で五六名、うち西法花野村在籍と確認できる者は二一名

である。[34] その二一名について、家族構成を示したものが表3－13である。この時期、この村には、家族人数や年齢構成を一見しただけで、農業のみで生計を立てていなかったと思われる家（例えば家族人数が三人未満とか、家族人数は多くても高齢者や幼少者を複数抱えていて、農業労働可能な人数が少ない家）が相当数存在したのである[35]が、ここでもそのような家の者が、半分以上は含まれているように思われる。そのほかにも、家族構成からはわからなくても、農業のみでは生計を立てていなかった家はあったであろう。いずれにしても、そのような家々の就業先の選択肢の一つとして、大規模農家である浅田家があったのである。否、そのような家なればこそ、遠くへ働きに出やすい状況にはなかったであろうから、自分の家にほど近い就業先を選んだものと思われる。

また、二一名のうち戸主が一三ないし一四名と、たいへん多いことも特徴である。一般的な農家ならば自家の農業経営を第一にするであろう戸主が、これだけの数浅田家に勤めていたことからも、この村の農民がいかに自家の農業のみには依存していなかったかがわかる。

この村は、京都と奈良を結ぶ街道と、物流の大動脈であった木津川沿いに位置し、川を渡ればこの地域の中核都市である木津の町があり、また奈良にも二里と近かった。宇治、淀、伏見といったところへも五～六里であった。これらのことを考えると、この地域の農村への商品経済の浸透度は相当なものであったと思われ、また周辺地域の労働市場への就労など、自家での農業以外に、収入を得るための選択肢は多かったと思われる。また一方で、この時期は、不作により没落し、農業以外にも生計の途を求めざるを得なくなった農家も少なからずあったと思われる。いずれにしても、この時期のこの村は純農村的な状況ではなく、農民は農業のみに生活の基盤をおいてはいない、そういった状況が上記のような家族構成や、戸主が働きに出るといったかたちになってあらわれ、また自家での農業以外の就業先の選択肢の一つとして、地域都市の労働市場のほかに、浅田家のような大規模農家があった、ということであろう。

㈢　作徳・経営状態

ところで、農家経営にとっては、持高や生産量そのものよりも作徳（得分）、すなわち手作・小作含めたその年の総収入量から年貢などを差し引いたのちに、自己の取り分がいかほど残るかということの方が問題であった。浅田家の作徳がわかる年は限られているが、いま、わかる年についてみてみよう。

安永九（一七八〇）年「子年村々御年貢上納下作取立帳」は、浅田家の所有地にかかる年貢・諸掛物の合計（a）を算出し、それを宛米の総計（b）から引き、さらに不作分等（d）を引き、年貢にまつわる貸銀・貸米とそれらの回収分との差引（e）をして、作徳（c）を算出したものである（c＝b－a－d±e）。それによると、この年の浅田家の持高は一八三石足らず、上納が合計で一八五石五斗余（a）であった。これらに対して、宛米は、手作分が四二石足らず（うち田三五石五斗余、畑六石二斗五升）・小作分が三〇六石足らずの合計三四七石余（b）、「不作引方」その他の引きが七三石足らず（d）、貸銀を石高換算し貸米と合計したものが二八石余（e）で、前記のような計算の後、「残而」（作徳＝c）六一石足らずとしている。同様な史料が天明八（一七八七）年にもあり、ここでは作徳は一四石余となっている（いずれも表3－7参照）。

他の年については、このような計算をした帳簿は残っていないが、わかっている数値から作徳をある程度推定することはできる。例えば文化一二（一八一五）年の持高は一六〇石足らずで、宛米はわからないが、安永・天明の例から見て、少なく見積もっても持高の二倍弱の三〇〇石はあったであろう。それに対して年貢・諸掛は一一八石足らずと銀で四四〇〇匁余（これは当時の京都の米価から概算して、約五六石に相当する[36]）、この年の不作等の引きは七三石余で、以前の貸銀・貸米の回収分などと思われる入銀が約二六七〇匁（同じく約三三石）であるから、作徳は三〇〇－（一一八＋五六）－七三＋三三で、約八六石が残ることになる。同様に、文化一四年について計算すると、三一〇－（一三五＋五〇）－五〇＋二三で、作徳は約九八石、慶応元（一八六五）年は、近い年の嘉永二年の宛米が持高の二倍強であることから、宛米を一七〇石として計算すると、一七〇－（六五＋二三）－三一＋三で、作徳は約五四石となる（いずれも表3-7参照）。

各年の収支を知るには、作徳からさらに自家の食料分と経費を差し引かねばならない。自家の食料分は、そのときどきの家族人数からある程度推測でき、経費のうち肥料代は、先に示したように、わかる年もある。しかし、労賃その他含めた経費の総体はわからない。ただ、その時点でのおおよその経費と経営状態が窺える史料が残っている場合もある。

例えば安永九年七月、この年はわかっている限りで浅田家の宛米が最高であった年であるが、同家の当主金兵衛は、藤堂藩の大庄屋梶田小十郎に宛てて、「耕作第一ニ清（精）出」すべく、庄屋役の赦免を願い出ている。その理由として、「近年百姓弱り候故、端々荒、…をのすから…手作ニ仕」ったが、「米直段下直」、一方、「奉公人等ハ大切ニ而…こやし…其外入用大分入申候、何角都合ニ而者三、四貫匁も作方ニ入申候而、難儀至極」であることをあげている。すなわち、没落した農民の手余り地を手作地として集積して持高ないし宛米を増やしたこと、米が高く売れない一方で、奉公人等（総経費三、四貫匁という数値からみて、当然、この中には短期の雇用労働者も含まれていると思われる）は「大切」なので解雇するわけにいかず、肥料その他経費がかかって難儀している状況を述べている。さらに、「倅儀、今年漸々六才ニ罷成候故、野作之目付ニも成不申、親共も七拾ニ成申候ヘハ、野方世話も成不申」と、ちょうど家庭内が世代交代の谷間にある事情を説明し、「私儀ハ取込節一向野方へ得出不申、家来共任ニ而者、年中大分損亡御座候」と、庄屋役の任務があるためか、自分は取込の時期にも野方へ出られず、「家来共」に任せてはだいぶん損毛が出ると述べている[37]。なおこの「家来」ということばは、隷属農民を想起させるものがあるが、この時期の「宗門人別帳」からは、「下男」等、そのような農民の存在は窺えないので、この場合、かつての隷属農民の系譜を引くがこの時点では独立しており浅田家に奉公していた農民たちをこのように表現したものとみたい。

さて、右の史料は、庄屋役をやめたいがために、窮状をややオーバーに表現している可能性はあるが、一応この史料の数値をそのまま信用して計算すると、年間の経費は銀三〜四貫、この年のおよその米相場で石高に換算すると、少なくとも六五石ということになる[38]。この年の浅田家の家族数は成人四人、一〇歳未満の子ども二人の計六人であったから[39]、一家の食料分としては五石程度であっただろう。そうすると、経費・食料合せて七〇石にはなることになり、この年の作徳約六一石ではやや苦しかったことになる。このような場合、当然、ストックがあれば、それを使うようなことになったであろう。

また、時代は遡るが、享保一八（一七三三）年と思われる年に、浅田家の当主五郎兵衛が加茂組大庄屋・森嶋治兵衛に宛てた口上書の中で、持高が一七〇石であること、作徳は多い年で一〇〇石あったが、ここのところの五〜七年の平均は約五〇石しかなくて経営が苦しい旨述べている[40]。

年によって米の売れる値段や経費は違ったであろうから、一概には言えないが、持高で一七〇〜一八〇石ぐらいであった享保一八年や安永九（一七八〇）年の場合を一応の目安として、作徳が一〇〇石ほどもあれば経営状態は良好、六〇石では苦しかったと考えた場合、天明八（一七八八）年の作徳一四石余では、収支はどう見ても大幅なマイナスであったろう。しかし文化年間の推定八六石、九八石はほぼ良好であったと言ってよかろう。慶応元（一八六五）年の五〇石余は、量的には少ないが、この頃は経営をかなり縮小しており、また米価が急騰している最中であるので[41]、米を売れば相当な収入が得られたと思われ、肥料代や給金等の高騰があったとしても、経営は必ずしも悪い状態ではなかったのではないかと思われる。

このように、安永九年や天明八年は、持高や宛米が最高であったのとは裏腹に、経営状態は良好であったとは言えないのであるが、ただ、注目すべきは、先に述べたように、安永〜天明年間の生産量は、残存しているデータでみる限りでは、稲も綿も極めて高いレベルにあったということである（表3-8参照）。すなわち浅田家はこの時期、手余り地を自家の手作地として経営規模を拡大し、奉公人等を「大切に」し、経費をかけたがために、結果的に自家の得にはならなかったが、地域の生産には貢献したことになる。この時期比較的不作が多く、下層農民を中心として農村が疲弊がちであったことを考えると、このことの意味は大きい。経営規模の拡大は、先にみたように、客観的には没落した農民の就業機会を作ったという意味をも持ったのである。

文化期は、安永～天明期に比べて持高は二〇石ばかり減少しているが、逆に作徳は（推定だが）増えている。これは、先にも述べたように、浅田家が土地を手放す際に、収益の多い土地は残し、逆に収益の少ない土地を手放した結果だと思われる。つまり、経営はスリムにするが収益は減らさなかったということであろう。この頃は西法花野村の人口が増加に転じているが、これは、それまで村外に就業先を求めることを志向する傾向が強かった西法花野村の農民が、また少しずつ村内での農業を志向するようになり、そういう中で、浅田家が集積した土地を、彼らが請け戻したり買ったりしたということではないだろうか。一九世紀に入ると、全国的に人口の再成長が始まるし[42]、いったん人口が減少した畿内でも、また西法花野村でも、この頃は人口がまた増加に転じている[43]。こういう時期は食物に対する需要も高まり、農産物価格も上がって、農業を行うことの有利性が出てきたのではないかと思われるが、細かい実証は今後の課題としたい。

三　繰綿生産地域としての南山城

ところで、南山城地域は、近世後期には、繰綿生産が広汎に展開する、いわば繰綿生産地域の様相を呈していた。例えば次のような事例がある。宝暦一二（一七六二）年、山城国相楽・綴喜・久世三郡村々から、繰綿問屋設置反対の願書が出されている。内容は、「上狛村善五郎から繰綿問屋新設の願いが出されたが、我々は反対する。我々は以前から実綿では売買せず、繰綿を方々へ自由に売買していた。新たに繰綿問屋を作らなくとも売買に差し支えない」というもので、農民が繰綿の自由な売買を求め、支配領域を超えて反対したものである。この時、西法花野村は参加していないが、近いところでは綺田・平尾・椿井といった村々が参加している(44)。

西法花野村の農民が絡んだ事例としては、安永九（一七八〇）年、「農業透間に作綿を繰綿に」していた野日代村忠兵衛・西法花野村喜助・同宇八・同喜六が、四人の綿を買い受けて京都へ売っていた新在家村勘兵衛を相手取り、代銀を払う約束を果たしていないと訴えた事件があった(45)。この地域で農間余業として繰綿生産が行われており、また新在家村勘兵衛という、都市の問屋へ繰綿を売る在村の仲買商人的な人物がいたことが窺える。なお宇八・喜六の家は、「宗門人別帳」によると、農業のみで生計を立てられるような家族構成にはなっておらず、安永四年においても、天明九（一七八九）年においても、浅田家の奉公人であったことに留意したい（表3-11及び表3-13参照）。

また寛政六（一七九四）年の、相楽郡北河原村百姓善三郎らが西法花野村善八・椿井村忠兵衛を相手取って京都町奉行に訴えた繰綿代金滞り一件史料によると、北河原村善三郎・平尾村善五郎・綺田村平左衛門・木津の仁兵衛ら一一名は、「農業之手透」に「村方ニ而木綿（実綿のことであろう——引用者注、以下同）を買集メ、繰綿ニ仕立、繰綿問屋江売払」っていた。訴訟相手の西法花野村善八は繰綿問屋であり、彼は買い集めた繰綿を和州辺へ売り渡したので、「飛脚（野日代村平兵衛）を以て代銀を取ニ遣候処」、この取引を斡旋したもう一人の訴訟相手である椿井村忠兵衛が「途中（木津）ニ而右代銀を…不残引取」ってしまった。このことが善八・忠兵衛両人の馴れ合いによるものと見て、訴訟に及んだわけである。忠兵衛は「去年以来算用不足貸銀」があるので引き取ったのだと主張したが、結局代銀は訴訟人一一名の手に渡っている(46)。なおこの時の代銀の総額は二貫五〇〇匁余、一一人の平均約二三〇匁、最高は北河原村善三郎の四七五匁一分であった。平均の約二三〇匁は、この年の京都の白米相場で計算すると三石強に相当し、最高の約四七五匁ならば六石強に相当することになる[47]。一度の取引でこれだけの額は、「農業之手透」、すなわち農家の家計補充としてはかなりの額と言えよう。

このように、近世後期の西法花野村を含む南山城地域は、実綿生産地域であるとともに、村内に広汎に繰綿生産が展開し、在村の繰綿問屋・仲買人も存在する、極めて商品経済の発展していた地域であった。しかも繰綿生産者間では、村を超えた結合も見られた。このような繰綿の生産やそれを商う商業の展開は、浅田家のような大規模農家や近隣都市部への奉公と併せ、農業面だけを考えると一見、経済的に自立できなかったかにみえるこの地域の家族を、経済的に成り立たせる重要な要素になっていたものと思われる。

なお、ここでは割愛するが、時代が下っても、類似の事例は数多く存在する。またこの地域では、菜種の生産・流通も盛んだったようで、先にも述べたように、浅田家「野方覚」にも菜種生産のようすが出てくるし、菜種の流通をめぐるトラブルに関する史料なども残っている。これらも割愛するが、綿や菜種といった、近世の代表的な商品作物の盛んな生産、流通が、近世後期の南山城地域において展開し、その上に当該地域の農民の生活が成り立っていたことは確かである。

小括

以上みてきたように、近世南山城における綿作は、面積的には一七世紀後期から一八世紀前期にかけて縮小するが、その後は横ばいといった状況であり、集約農業の発展に伴う反収の増加といった要素を加味して考えると、生産量的には必ずしも衰退したとは言えない。そしてそのような状況は開港後にも引き継がれ、明治中期までは綿作は、少なくとも決定的には衰えずに続いていくのである[48]。こうした事例は、冒頭で述べた研究史との関係で言えば、山崎や中村の説に適合的であると言える。

一方、個別経営レベルでみると、西法花野村浅田家の場合、安永〜天明期の手作経営は、村の人口が減少し、手余り地が生じていた中、それら手余り地を取得して規模も大きく、生産量も極めて大きかった。ただ、肥料を多投し、多くの雇用労働を用いたために、自家の経営は決して楽ではなかった。つまり、このいわば農村疲弊期とも見える時期にあたって浅田家は、少なくとも結果的には、自家の利益にはならなくとも、地域の雇用の場を自ら設け、しかも地域の生産の増大に貢献していたことになる。このような経営がどの程度意識的に行われたのか、つまり富める農民として、あるいは庄屋として、農村疲弊期には自家の利益よりも村を維持し、地域の生産を上げることを優先しようといったような意識があったかどうかであるが、このような時期にあえて手作規模を大きくし、経費がかさむにもかかわらず多くの雇用労働者を雇い、しかも「奉公人等ハ大切」といった意識を持っていたことを考えると、このような経営は、かなり意識的に行われていたと考えてよかろう。また、肥料代や労賃の高騰によって手作経営が圧迫されたために手作地主は寄生地主化していくという古島・永原の理論は、ここでは当てはまらない。

一般に、一八世紀の間に畿内の生産力が上がったことは、古くからの研究で明らかにされている[49]。一方、この時期に畿内の人口が減少したことも明らかにされている[50]。一見矛盾するように思われるこの二つの事実が相矛盾しないことは、速水融ら最近の歴史人口学の成果により、一つの説明は可能である。すなわち速水は、一八世紀の畿内などの人口減の理由について、一つには享保、天明に代表される自然災害をあげ、また他の理由として都市化に伴う性比のアンバランス、衛生状態・住居条件の悪化などをあげているが、それらの理由よりもむしろ、より高い生活水準を求める人々の選択行為としての、経済発展の中での（堕胎や間引きといった非道徳的行為も含んだ）人口抑制という側面を重視する[51]。だがこの議論は、畿内といった広範囲のレベルでの、一般論としての話である。浅田家の属していた西法花野村ないし南山城という局限された空間の中では、もう少し個別の事情を考慮に入れる必要があるだろう。

西法花野村のばあい、一八世紀の間の人口のほぼ半減、農業のみを基盤としていないような家族構成（「剥片家族」）への変化[52]は、あまりにドラスチックで、生活水準を維持するための人口抑制という側面を前面に押し出すことはできない。こういった状況が生じた理由として考えられるのは、一つには自然災害とそれに伴って生じる諸局面、もう一つには周辺都市への人口流出であろう。そしてそれらの要素が手余り地を生んだのであろう。前者については、自然災害発生に伴う不作が原因となっての栄養不足とそれに伴う病気による死亡の増加はある程度あったかもしれない。ただし、大規模な流行病の発生の形跡などはない。

だが、もっと重要な要因は、後者であろう。先にも述べたように、西法花野村は奈良―京都を結ぶ街道沿いにあり、同村から木津川を渡った川向こうに木津というこの地域の中核都市があり、またさらにその先、西法花野村からわずか二里ほどのところに、奈良という大都市があった。一方、北の方へ目を向けると、宇治まで五里半、淀・伏見まで約六里、京都まで約八里であり、農村からの流出人口を受けとめるに十分な労働市場が存在していた。このような地理的条件下にある同村を純農村と考えるべきではない。事実、西法花野村の、特に零細農民が周辺の労働市場に魅力を感じて流出していったと思われる社会減があったことがわかっている[53]。そして村に残った、農業経営のみに家計を依存していなかったと思われる家族は、木津・奈良のような近くの町場に働きに出たと思われるほかに、浅田家のような大規模手作経営を営む上層農民に雇用されていたことも、本章で明らかにした。また、この地域一帯が繰綿生産地帯となっており、繰綿生産という農産加工業が彼らの重要な生業の一つになっていたことも明らかにした。このような条件があったからこそ、「剥片家族」でいつづけられたのである。

化政期の浅田家は、安永～天明期に比べて手作規模は縮小しているが、この時期は西法花野村の人口が回復期に入っている。一つ一つの土地ないし家族の異動について追跡していない現段階では断定はできないが、浅田家がかつて集積していた土地が請け戻されたり、浅田家の雇用労働者となっていた農民が自立的農業経営に戻っていくといった局面もあったであろう。ただし、同家の作徳は安永～天明期に比してむしろ増えており、その意味で浅田家にとっては、損のないようなかたちでうまく土地を処分できたと思われるのである。

このように、いわば一八世紀のこの地域での、一見「農村の疲弊」と見える状況とその後の状況は、藩政改革のような政策的な対応を必要とした同期の関東農村の「荒廃」とはかなり異なった様相を呈していた。零細農民が没落しても、蓄えのある一部上層農民が経営を維持ないし拡大し、没落した農民を雇用労働のかたちで拾っていくことで、村は維持できたのである。この時期人口の停滞もしくは減少、あるいは自然災害があったにもかかわらず、総体として畿内の生産力の上昇がみられた背景の一つとして、浅田家のような大規模農家の充実した生産があったことを見逃してはならない。

注

(1) 戸谷敏之『近世農業経営史論』(日本評論社、一九四九年)三二頁。
(2) 古島敏雄・永原慶二『商品生産と寄生地主制』(東京大学出版会、一九五四年)。
(3) 安岡重明『日本封建経済政策史論』(有斐閣、一九五九年)第一章。
(4) 岡光夫「農村の変貌と在郷商人」(『岩波講座　日本歴史』12「近世」4、岩波書店、一九七六年)。
(5) 山崎隆三『地主制成立期の農業構造』(青木書店、一九六一年)。
(6) 中村哲『明治維新の基礎構造』(未来社、一九六八年)二四頁。
(7) 今井林太郎・八木哲浩『封建社会の農村構造』(有斐閣、一九五五年)。
(8) 西法花野村の綿作面積については、林玲子『江戸問屋仲間の研究』(御茶の水書房、一九六七年)一六頁第2表がある。ただし、データのもととなった史料の中には、「不作帳」の類が含まれているものと思われ、これは文字どおり「虫入」、「旱損」などの不作部分を示した帳面であり、すべての面積・高が不作であった場合を除けば、全作付面積・高が表わされているわけではないので、年によっては数値に誤差が生じている場合があると思われる。

(9) 速水融・宮本又郎「概説 一七―一八世紀」(『日本経済史』1、岩波書店、一九八八年)四四頁表1-1。

(10) 浅田家文書C-2-11、享保七年九月、〔北村毛見〕。

(11) 浅田家文書I-65、「亥歳手作野方帳 浅田金兵衛 文化十二年正月」。

(12) 浅田家文書I-62、「未年野方覚 浅田金兵衛 安永四年正月」。

(13) 浅田家文書I-67、「丑歳手作野方帳 浅田金兵衛 文化十四年正月」。

(14) 浅田家文書I-68、「寅歳手作野方帳 浅田金兵衛 文化十五年正月」。

(15) 『精華町史』史料篇I(精華町、一九八九年)六七四~六七五頁。

(16) 山崎、前掲(5)一五二頁第72表。

(17) 浅田家文書の中に散見される付近村の近世期の明細帳や畑作物の作柄に関する書上を見てみると、法花寺野村や岡崎村など、近世期において茶の生産が確認できない村で、明治以降の「村誌」や産物調に茶の生産が見られる(浅田家文書C-2-65中〔享保一三〕年五月三日「言上」、同C-2-98亥〔享保一六〕年「覚」、同D-5〔寛保三〕年八月「岡崎村指出シ明細帳」、「相楽郡村誌」)。また、浅田家は、茶業を行っていた形跡は近世の史料の中には見られないし、近代に入っても、「茶業」との直接的関係は薄かった(石井寛治・林玲子編『近世・近代の南山城』東京大学出版会、一九九八年、第八章武田晴人論文参照)。

(18) 石井・林編、前掲(17)第三章桜井由幾論文参照。

(19) 享保期までの浅田家一族の、西法花野村における持高の推移については、小川幸代「浅田家の女性たち」(近世女性史研究会編『江戸時代の女性たち』吉川弘文館、一九九〇年)八八~九三頁参照。

(20) いずれも浅田家文書で、I-435「西・東・新・野・殿・林・小中・椿井持高書立 浅田金兵衛 安永六年二月」、I-22「子年村々御年貢上納下作取立帳 浅田金兵衛 安永九年十二月」、I-24「申年村々御年貢上納下作取立帳 浅田金兵衛 天明八年十二月」。

(21) 石井・林編、前掲(17)第八章武田論文参照。

(22) 浅田家文書の中には、西法花野村を中心として南山城地域の木綿不作帳が、元禄三(一六九〇)年から天保一〇(一八三九)年までの約一五〇年間に、四五年分残存している。そのうち享保~天明期のものが二〇年分あり、他の年代に比べて集中度が高い。

(23) ここでの「宛米」は、土地所有者が作徳（得分）の算定基準とする数値で、手作地の宛米は実際の生産量を想定した数値、小作地の宛米は想定する小作料（年貢分を含む）を示す数値である。『日本史大辞典』1（平凡社、一九九二年）によると、上部権力の介在しない、村の自治の場で決められた、現実の土地生産量に密着した数値であり、その意味でも、「石高」とは全く別個のものであったと言える。

(24) のちにみるように、この時期の手作の拡大が、自家の利益を追求するというよりもむしろ、地域の雇用を創造し地域としての生産を上げようとする意識が強かったように思われることから、「富農経営」という語を用いることは、ここでは留保し、単に「大規模経営」とするにとどめた。

(25) 前掲、浅田家文書Ⅰ-22。

(26) 享保期までの西法花野村の階層分解については、小川、前掲論文九一～九三頁参照。

(27) 武部善人『河内木綿史』（吉川弘文館、一九八一年）一六頁、山崎、前掲（16）。

(28) 山崎、前掲（5）、一五七頁。

(29) 武部、前掲（27）、一二七頁。

(30) 本稿で紹介しつづけている西昆陽村氏田家の事例においても、データのある天保初年まで、油粕代の高騰はない（山崎、前掲（5）、一五七頁第七五表）。

(31) 古島・永原、前掲（2）。

(32) 「ちん田」とは、支払われている労賃の単価からみて、表3-12にある「田すき」を指しているのではないかと思われる。

(33) 一九九三年三月二九日浅田家文書研究会、谷本雅之報告「浅田家の日雇賃銀について」レジュメ。

(34) ただし女性の場合、「宗門人別帳」では単に「女房」あるいは「母」と記されて実名が出ていないケースが多いので、実名で出てくる「野方覚」の奉公人名と照合できず、したがって、右記二一名以外に、同村在籍の女性奉公人がいた可能性はある。

(35) 石井・林編、前掲（17）第三章。

(36) 三井文庫編『近世後期における主要物価の動態〔増補改訂〕』（東京大学出版会、一九八九年）一〇三頁。春・秋の白米相場から、ざっと一石につき銀八〇匁として計算した。文化一四年、慶応元年についても同様に、それぞれ八〇匁、四〇〇匁として計算した。

(37)「口上」安永九年七月、浅田家文書、続D-2-9。

(38)この年の京都の米価が得られないので、大坂の相場で計算した（地方史研究協議会編『新版　地方史研究必携』岩波書店、一九八五年、二二四頁）。

(39)中津川敬朗家文書「山城国相楽郡西法花野村宗旨御改帳　寛政元年三月晦日」。

(40)浅田家文書、続I-3-25、浅田五郎兵衛より加茂組大庄屋森嶋治兵衛宛、「奉願口上之覚」（享保一八年）。

(41)三井文庫編、前掲（36）一〇七頁。

(42)（9）に同じ。

(43)関山直太郎『近世日本の人口構造』（吉川弘文館、一九五八年）第三章、及び石井・林編、前掲（17）第三章参照。

(44)『山城町史』本文編（山城町役場、一九八七年）六八八～六八九頁。

(45)浅田家文書、続D-4-19-1「乍恐以口上書を奉願上候」。

(46)浅田家文書、続D-4-38-11「乍恐御訴訟」。なお同続D-3-2・3・12など、他にも関連文書がある。

(47)三井文庫編、前掲（36）一〇一頁。

(48)石井・林編、前掲（17）第八章参照。

(49)山崎隆三「江戸後期における農村経済の発展と農民層分解」（『岩波講座　日本歴史』12「近世」4、岩波書店、一九六三年）三四七頁。

(50)関山、前掲（43）、最近の研究では、前掲（9）。

(51)速水・宮本前掲（9）五五～六三頁。

(52)石井・林編、前掲（17）第三章。

(53)同前第四章

〔付記〕本章の初出論文である「近世南山城の綿作と浅田家の手作経営」（石井寛治・林玲子編『近世・近代の南山城』東京大

学出版会、一九九八年、所収）に対しては大口勇次郎のコメントがある（同氏『幕末農村構造の展開』名著刊行会、二〇〇四年、三六三～三六四頁及び三八一頁）。氏のコメントは、根本的に拙稿を、ブルジョア的発展論の延長上に書かれたものとみた上でのものであるので、拙稿に対する批判とはなっていない。拙稿全体を通してわかる通り、あるいは拙稿注（23）（本章注（24））に端的にあらわれているように、私は浅田家の経営を「ブルジョア的」などとは一言も言っていない。利益を度外視してあえて経営規模を大きくし、地域に尽くそうとしたかに見えるその経営を、あえて「大規模経営」という表現にとどめている。ブルジョア的発展論に関わる古い議論は、この地域の綿作を論ずる上で必要と思われるものに限ってとり上げた。その他、氏の一つ一つの疑問点に対してこの場を借りてお答えしておきたい。まず私（及び前掲書第八章において武田晴人）が、この地域の綿作が「明治中期までは決定的には衰えない」とした点に対して、氏は明治一九年において綿の作付は茶の四分の一以下に落ちており「相対的には衰えていると言わざるを得ない」とするが、私も武田も綿作が絶対量として衰えていないと言っているのであって、茶と比較して相対的にどうこう言っているのではない（前掲拙稿二七七頁）。次に、安永～天明年間の浅田家の経営について、持高が一〇分の一規模である摂津の氏田家と利益が同程度しかないのをどう理解したらいいのか、との疑問を呈しているが、先述のように、浅田家は利益を度外視した経営をしていた（同二七四頁など）のだから、そのような結果になるのも無理からぬことである。さらに、氏は私が「畿内一円を人口減少地域とする」とするが、私は一八世紀の畿内が全体として人口が減少したと言っているのであって、西法花野村でむしろ一九世紀に入って人口が回復したこと、及びその考えられる理由について、拙稿中に明瞭に記してある（同二七四～二七五頁）。

第4章　中央市場遠隔地域における生産と地域——福岡県の場合——

はじめに

第1章では、江戸（東京）という中央市場に隣接しまとまった領国を形成していなかった現神奈川県域での一九世紀における生産と流通の状況を見た。そしてそこでのさかんな商業的農業生産の展開、肥料の調達や生産物の販売が、江戸のみならず広汎に成立していた地域市場に依拠していたことが明らかになった。本章では、第1章とは対照的に、江戸（東京）や大坂（阪）といった中央市場から遠く離れ、五〇万石を超える石高を有して明確に「領国」を形成していた旧福岡藩の領域（ほぼ旧筑前国域、明治初期の福岡県域）を例にとって、その生産と流通の状況を見てみよう。

方法は、第1章に倣って、明治初期の物産表・農産表と、村明細帳の残存状況はよくないがそれに代わる史料として、旧村（江戸時代の行政町村）ごとに地誌・統計データを収載したこの地域独特の史料である「福岡県地理全誌[1]」を用いる。

一　「福岡県地理全誌」における物産データと「物産表」・「農産表」

最初に、「福岡県地理全誌」の史料的性格や「物産表」・「農産表」の数値との違いなどについて述べておこう。

「福岡県地理全誌」は明治五（一八七二）年に福岡県が臼井淺夫に委嘱し編集に取りかかり、皇国地誌例則に依らない極めて特異な地誌として同八年から一三年にかけて太政官正院修史局、あるいは内務省地理局宛に進達したものである。[2] ここでは、江戸時代の行政町村ごとに地誌的記載がなされた後、末尾に、その村で産出する物産の名称及び数量が記されている。そのような内容をもつ同じ時期の史料としてよく利用されるものに、明治七年『府県物産表』（「物産表」）と明治九年から一五年までの『全国農産表』（「農産表」）があるが、これら三つの史料の間には違いがある。

まず、記載されている品目に違いがある。「物産表」及び「福岡県地理全誌」は農産物、林産物、水産物、工産物と網羅的であるが、「農産表」に記載されているのは、文字通り、基本的に農林水産物の一次産品で、そのほか例えば生糸や生蠟のような、若干の半製品程度の加工品も含む。

次に、記載の行政単位が違う。「物産表」は当時の県ごとに記載されており、それ以上細かい単位でのデータもなければ、逆に全国集計もない。「農産表」には全国集計とともに、当時の県、旧国、郡など比較的大きな単位ごとの数値が記載されている。それらに対して、「福岡県地理全誌」の記載は、町村という最小の行政単位ごとになされており、それよりも大きい単位、すなわち郡や県単位での集計はなされていない。すなわち、明治初期の村明細帳を集めたようなものであり、そこからは、ひいては江戸末期の各町村の状況が窺われる。

以上のように、「福岡県地理全誌」の物産データの長所は、記載されている物産が網羅的であること、村という細かい単位でデータが抑えられることであり、短所は、福岡県（旧筑前国）に限定されたデータなので、他県との比較

表4-1　明治初期福岡県における主要物産生産高

	米（石）	麦類（石）	菜種（石）	櫨実（斤）	種油（石）	生蠟（斤）	酒（石）	織物（円）
物産表（M7）	580,659	122,615	10,713	5,695,200	2,290	不記	37,093	70,850
農産表（M9）	522,237	110,937	17,912	不記	不記	1,387,918	不記	不記
〃（M10）	589,332	114,470	19,020	不記	不記	825,384	不記	不記
〃（M11）	458,122	115,349	23,382	不記	不記	1,102,031	不記	不記
〃（M12）	633,518	124,097	24,091	不記	不記	不記	不記	不記
〃（M13）	560,572	127,731	25,576	不記	不記	不記	不記	不記
地理全誌（M8～13）	544,127	110,942	21,651	7,192,856	3,205	1,325,692 +245丸	38,946	78,028

注）Mは「明治」を表わす。

や全国との比較が直接的にはできないことであると言えよう。したがって、県内、あるいは郡内での地域的特色をみたり地域間比較をしたりするのに最適な史料と言え、そういったことはかなり詳細に検討することが可能である。他県では、「物産表」や「農産表」の下調査のための村単位の「物産書上」が個別に残存していることは珍しくないが、この時期のその種のデータが全県的に編集されたような史料が残っていることはほとんどないのではなかろうか。そういった意味で、「福岡県地理全誌」は他の地域にない、願ってもない史料と言えるのである。

ところで、表4-1は、各村の物産のうち主なものの数値の県全体の合計を、明治七年「物産表」、明治九～一三年「農産表」、「福岡県地理全誌」の間で比較してみたものである。この表にみられるように、「福岡県地理全誌」の数値は、「物産表」・「農産表」の数値と似かよった数値が出ていると言えるが、正確に一致してはいない。このことは、時期は重なっていても、それぞれの調査が別個に行われたものであることを示している。しかし、菜種や種油を除いて、数値がそう大きくくい違っているとも言えず、菜種・種油は、その数値の変遷を見ていくと、ここに掲げた年代の間に急速に生産が増える中での一時点での数値と見ることができよう。

では、「農産表」や「福岡県地理全誌」の数値を使って、明治初期、ひいては江戸末期の福岡県内の生産や流通を、地域との関連で見ていくことにしよう。

二 「農産表」からみた明治初期 福岡県（旧筑前国）の生産水準

はじめに、「農産表」をベースに、当時の日本の中での福岡県（旧筑前国）及び県内各郡の物産生産の数量的位置づけをしておこう（「県」水準対「国」水準、「郡」水準対「国」水準）。先にも述べたように、「地理全誌」では他県や日本全体との比較ができないからである。しかるのちに、「地理全誌」をベースにして、福岡県内での物産生産の地域性を見てみよう（県内での地域間比較）。

分析に先立って、福岡県の地理的な説明をしておこう。福岡県内一五郡の配置は図4－1のごとくであるが、地形からみると、大きく三区分できるように思われる。①背振山地と三郡山地に囲まれ福岡平野に位置する地域（粕屋・席田・御笠・那珂・早良・怡土・志摩の七郡。本章では便宜上、「福岡平野地域」と呼ぶことにする）、②三郡山地を越えて東側に拡がる筑豊盆地とそれに連なる海沿いの郡をくるんだ地域（嘉麻・穂波・鞍手・遠賀・宗像の五郡。「筑豊地域」と呼ぶことにする）、③背振山地と三郡山地の間を抜けて福岡県最奥部に位置する地域（上座・下座・夜須の三郡。「朝倉地域」と呼ぶことにする）の三つである。

さて表4－2と4－3は、明治九（一八七六）年から一一年までの三か年の「農産表」から、それぞれ普通農産と特有農産の人口一人当たり生産高を、全国・福岡県全体・福岡県内各郡（計一五郡）について算出したものである。単位人口当たりの生産量を算出したのは、人口も面積も違う全国・県・各郡の生産レベルを比較するにあたって、同じユニットに揃える、言い換えれば同じ土俵で比較する一つの手段としてである。なお農産データと人口データが時期的にうまく合致するのは明治一一年農産表と明治一二年一月一日調「日本全国郡区分人口表」であるが、明治九年農産表と同一〇年農産表のデータについては、時期は少々ずれるが、それぞれ明治八年共武政表の人口データと明治

図4－1　明治初期福岡県（旧筑前国）概略図

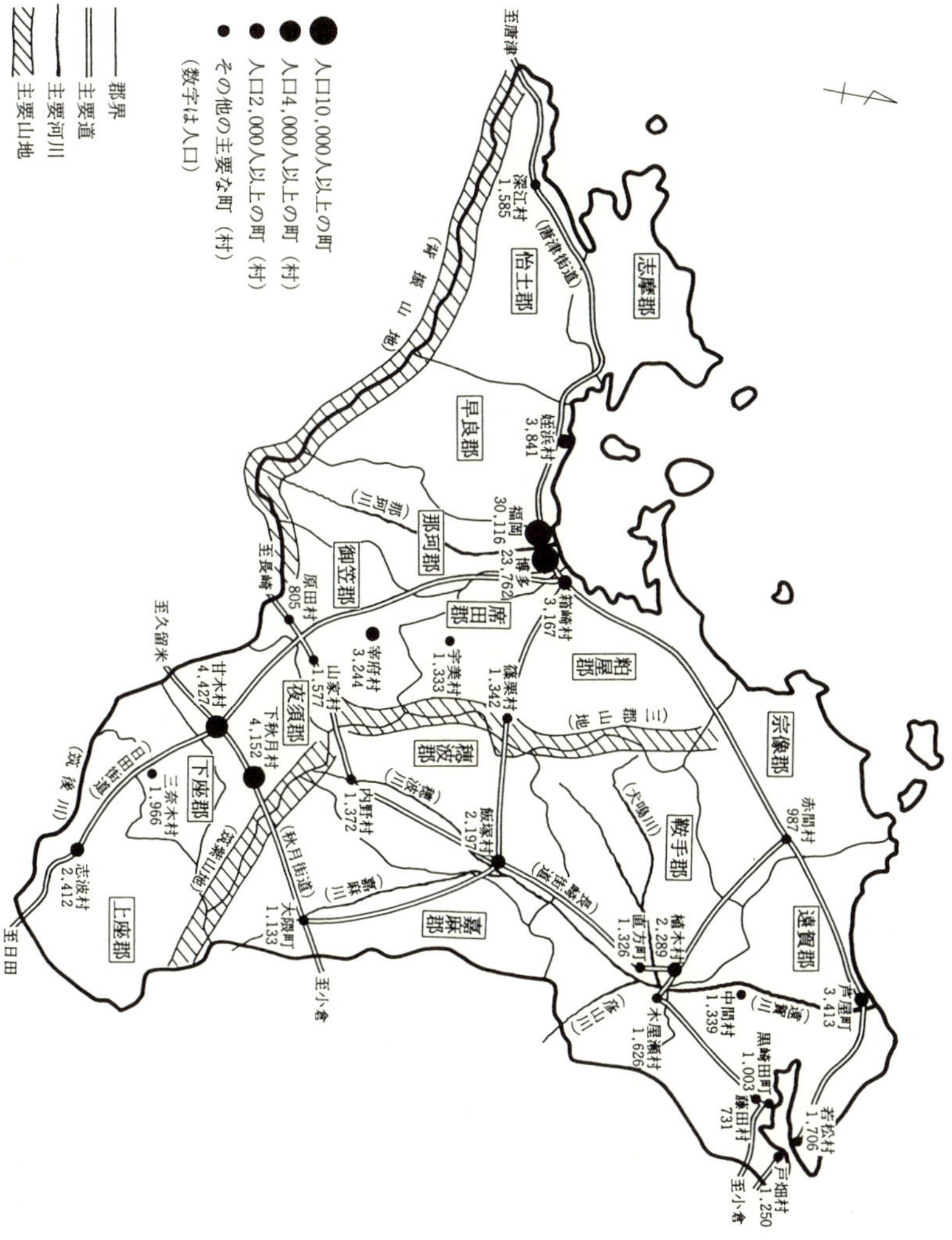

にみる福岡県の生産状況（普通農産）

穂波郡	上座郡	下座郡	御笠郡	夜須郡	早良郡	志摩郡	怡土郡	県全体
21,657	25,392	12,994	20,741	28,865	38,252	23,015	20,252	441,175
22,843	27,042	13,864	21,971	30,279	?	24,346	21,242	471,127
38,400	13,194	8,544	26,481	22,160	35,096	32,149	34,805	522,237
37,132	14,857	11,859	28,724	28,790	41,689	31,684	42,508	589,332
31,005	12,580	8,105	30,216	21,534	32,870	28,860	32,864	458,122
**1.77	0.52	0.66	*1.28	*0.77	*0.92	*1.40	**1.72	*1.18
**1.63	0.55	*0.86	*1.31	*0.95	(/a) *1.09	*1.30	**2.00	*1.25
*1.36	0.47	0.58	*1.38	0.71	(/a) *0.86	*1.19	**1.55	*0.97
954	2,524	568	1,101	2,034	2,259	411	286	15,098
1,025	2,055	1,125	1,557	1,401	2,887	610	721	20,251
904	701	1,063	2,412	2,017	1,577	816	578	19,526
0.04	*0.10	0.04	0.05	*0.07	*0.06	0.02	0.01	0.03
0.04	*0.08	*0.08	*0.07	0.05	(/a) *0.08	0.03	0.03	0.04
0.04	0.03	*0.08	**0.11	*0.07	(/a) 0.04	0.03	0.03	0.04
389	1,189	979	384	763	103	2,886	320	13,292
389	1,460	1,912	513	795	247	2,396	439	14,421
258	1,411	1,466	385	547	257	1,641	403	9,628
0.02	0.05	*0.08	0.02	0.03	0.00	**0.13	0.02	0.03
0.02	0.05	**0.14	0.02	0.03	(/a) 0.01	*0.10	0.02	0.03
0.01	0.05	**0.11	0.02	0.02	(/a) 0.01	*0.07	0.02	0.02
5,219	7,126	3,565	6,095	6,782	11,310	3,157	3,186	95,839
4,653	7,375	4,097	5,900	8,667	10,400	3,368	5,797	94,219
3,752	6,842	2,829	8,540	6,810	9,331	4,822	5,712	95,823
*0.24	*0.28	*0.27	*0.29	*0.23	*0.30	0.14	0.16	*0.22
0.20	*0.27	*0.30	*0.27	*0.29	(/a) *0.27	0.14	*0.27	0.20
0.16	*0.25	0.20	*0.39	*0.22	(/a) *0.24	0.20	*0.27	0.20
486	6,501	4,600	1,604	5,266	362	2,109	410	29,463
521	6,686	5,051	1,467	3,007	761	1,808	513	28,773
410	7,966	4,032	1,617	3,679	852	2,457	294	28,641
0.02	**0.26	**0.35	0.08	**0.18	0.01	*0.09	0.02	0.07
0.02	**0.25	**0.36	0.07	0.10	(/a) 0.02	0.07	0.02	0.06
0.02	**0.29	**0.29	0.07	*0.12	(/a) 0.02	*0.10	0.01	0.06
112,704		151,475	240,115	256,000	222,400	861,650	562,843	5,019,429
214,739	492,100	215,910	285,500	390,580	440,094	109,100	903,260	7,114,143
287,410	680,500	304,940	631,525	405,150	400,059	1,234,201	817,695	9,330,977
5.20		11.66	11.58	8.87	5.81	*37.44	27.79	11.38
9.40	18.20	15.57	12.99	12.90	(/a) 11.5	4.48	42.52	15.10
12.58	25.16	22.00	28.74	13.38	(/a) 10.5	*50.69	38.49	19.81

は福岡区が独立しているので、従来の郡区分における那珂郡・早良郡の人口がわからない。したがった。

表４−２　明治９〜11年「全国農産表」

	年	全国	那珂郡	席田郡	粕屋郡	宗像郡	遠賀郡	鞍手郡	嘉麻郡
人口	M8 (a)	34,321,792	61,333	2,504	36,875	37,411	48,326	41,294	22,264
	M12 (b)	35,768,584	?	2,741	39,271	40,201	51,009	43,970	24,446
米 石	M9	24,743,791	33,594	5,610	56,231	37,512	61,881	27,564	44,016
	M10	26,599,181	43,865	6,939	78,490	38,196	75,285	68,049	41,255
	M11	25,282,539	33,054	5,939	51,884	28,879	55,246	49,048	36,037
	M9/a	0.72	0.55	**2.24	**1.52	*1.00	*1.28	0.67	**1.98
	M10/b	0.74	(/a) 0.72	**2.53	**2.00	*0.95	*1.48	**1.55	**1.69
	M11/b	0.71	(/a) 0.54	**2.17	*1.32	*0.72	*1.08	*1.12	**1.47
小麦 石	M9	1,645,112	1,243	266	1,474	48	889	255	786
	M10	1,765,633	2,346	595	1,588	835	131?	755	718
	M11	1,790,087	3,037	433	2,226	709	1,077	730	1,246
	M9/a	0.05	0.02	**0.11	0.04	0.00	0.02	0.01	0.04
	M10/b	0.05	(/a) 0.04	**0.22	0.04	0.02	0.00?	0.02	0.03
	M11/b	0.05	(/a) 0.05	**0.16	*0.06	0.02	0.02	0.02	0.05
大豆 石	M9	1,807,873	165	5	1,471	1,640	1,131	1,284	583
	M10	1,882,331	430	55	1,521	1,187	1,189	1,509	369
	M11	1,642,183	266	46	1,124	409	584	492	338
	M9/a	0.05	0.00	0.00	0.04	0.04	0.02	0.03	0.03
	M10/b	0.05	(/a) 0.01	0.02	0.04	0.03	0.02	0.03	0.02
	M11/b	0.05	(/a) 0.00	0.02	0.03	0.01	0.01	0.01	0.01
小麦以外の麦 石	M9	7,240,962	6,526	1,394	13,104	9,442	7,675	6,043	5,215
	M10	7,854,866	8,425	2,024	13,551	9,066	9,266	5,940	4,688
	M11	7,621,373	7,390	2,395	11,137	7,023	7,891	5,745	5,602
	M9/a	0.21	0.11	**0.56	*0.36	*0.25	0.16	0.15	*0.23
	M10/b	0.22	(/a) 0.14	**0.74	*0.35	*0.23	0.18	0.14	0.19
	M11/b	0.21	(/a) 0.12	**0.87	*0.28	0.17	0.15	0.13	*0.23
雑穀計 石	M9	2,896,591	1,172	192	1,969	2,583	1,134	805	270
	M10	3,498,167	1,496	154	2,431	2,086	693	903	596
	M11	3,117,732	1,457	161	1,962	1,744	828	595	576
	M9/a	0.08	0.02	0.08	0.05	0.07	0.02	0.02	0.01
	M10/b	0.10	(/a) 0.02	0.06	0.06	0.05	0.01	0.02	0.02
	M11/b	0.09	(/a) 0.02	0.06	0.05	0.04	0.02	0.01	0.02
芋類計 斤	M9	1,267,609,964	133,500		923,050	932,000	493,592		130,100
	M10	3,771,551,405	146,569	3,800	842,700	1,163,170	1,059,490	772,260	74,875
	M11	1,450,318,607	508,505	119,500	1,028,768	1,251,240	1,006,660	439,464	215,360
	M9/a	36.93	2.18		25.03	24.91	10.21		5.84
	M10/b	105.44	(/a) 2.39	1.39	21.46	28.93	20.77	17.56	3.06
	M11/b	40.55	(/a) 8.29	*43.60	26.20	31.12	19.73	9.99	8.81

注）・Mは「明治」を表わす。
・人口は、明治８年「共武政表」(a)、明治12年１月１日調「日本全国郡区分人口表」(b) による。ただし後者でて、両郡の人口１人当たり生産高を算出するに際しては、いずれの年についても、明治８年の人口 (a) を用い
・全国平均を超える場合は＊を、全国平均の２倍を超える場合は＊＊を付した。

一二年一月一日の人口データで割った数値を掲げておいた。

表4-2により、普通農産からみていくと、まず全県的に、米の一人当たり生産量が全国水準（〇・七一〜〇・七四石）に比して高レベルであることが目につく。県全体でも〇・九七〜一・一八石と、全国水準を大きく上回ってい

福岡県の生産状況（特有農産）

上座郡	下座郡	御笠郡	夜須郡	早良郡	志摩郡	怡土郡	県全体
		350		16,188	9,190	10,095	42,658
		276		38,647	12,606	7,056	95,027
		195		31,574	8,797	4,656	90,996
0.00	0.00	0.02	0.00	0.42	0.40	0.50	0.10
0.00	0.00	0.01	0.00	(/a) 1.01	0.52	0.33	0.20
0.00	0.00	0.01	0.00	(/a) 0.83	0.36	0.22	0.19
				95			95
						15	15
				29	101	3	183
0.00	0.00	0.00	0.00	0.00	0.00	0.00	0.00
0.00	0.00	0.00	0.00	(/a) 0.00	0.00	0.00	0.00
0.00	0.00	0.00	0.00	(/a) 0.00	0.00	0.00	0.00
	30		50	10	33		173
	130		111	10	21	16	338
	158	50	200	46	31	18	675
0.00	0.00	0.00	0.00	0.00	0.00	0.00	0.00
0.00	0.01	0.00	0.00	(/a) 0.00	0.00	0.00	0.00
0.00	0.01	0.00	0.01	(/a) 0.00	0.00	0.00	0.00
74,280	10,980		515		2,985	3,529	99,239
93,600	118,640		5,375		1,100	13,097	235,671
116,100	126,450		2,780	500	1,650	9,898	262,778
**2.93	0.85	0.00	0.02	0.00	0.13	0.17	0.22
*3.46	**8.56	0.00	0.18	(/a) 0.00	0.05	0.62	0.50
**4.29	**9.12	0.00	0.09	(/a) 0.01	0.07	0.47	0.56
37,858	1,200	734	8,350	2,596	500	2,335	83,284
6,675	3,072	3,050	3,057	14,859	545	3,432	62,603
5,971	2,358	3,079	2,115	1,061	640	1,581	56,243
**1.49	0.09	0.04	0.29	0.07	0.02	0.12	0.19
0.25	0.22	0.14	0.10	(/a) 0.39	0.02	0.16	0.13
0.22	0.17	0.14	0.07	(/a) 0.03	0.03	0.07	0.12
	150,000						150,000
37,900	1,019,373		3,000				1,060,273
46,650	1,005,600		2,600	217			1,061,067
0.00	*11.54	0.00	0.00	0.00	0.00	0.00	0.34
1.40	**73.53	0.00	0.10	(/a) 0.00	0.00	0.00	2.25
1.73	**72.53	0.00	0.09	(/a) 0.01	0.00	0.00	2.25
12,380	1,300	5,470	27,350	2,070	549	17,003	227,939
13,230	3,647	5,950	38,590	2,860		35,449	272,767
20,315	2,870	37,598	45,490	3,920	130	37,193	331,416
0.49	0.10	0.26	0.95	0.05	0.02	0.84	0.52
0.49	0.26	0.27	*1.27	(/a) 0.07	0.00	**1.67	0.58
0.75	0.21	**1.71	*1.50	(/a) 0.10	0.01	**1.75	0.70
80,980	10,050	4,050	50,950	66,900	18,000	137,088	1,387,918
24,300	70,924	4,100	236,310		20,590	45,300	825,384
114,176	106,664	58,700	235,000	4,070	750	10,500	1,102,031
**3.19	**0.77	*0.20	**1.77	**1.75	**0.78	**6.77	**3.15
**0.90	**5.12	*0.19	**7.80	(/a) 0.00	**0.85	**2.13	**1.75
**4.22	**7.69	**2.67	**7.76	(/a) 0.11	0.03	**0.49	**2.34
114,230	57,600	1,255	14,330	8,877	4,794	8,497	224,358
432,830	40,750	1,350	14,350	30,855	2,716	13,974	553,994
148,093	24,640	2,202	14,430	2,735	5,569	8,655	225,289
** 4.50	**4.43	0.06	0.50	0.23	0.21	0.42	0.51
**16.01	**2.94	0.06	0.47	(/a) *0.81	0.11	*0.66	*1.18
** 5.48	**1.78	0.10	0.48	(/a) 0.08	0.23	0.41	0.48
999	906	1,305	1,544	2,738	811	1,123	17,912
1,584	1,121	1,618	1,739	2,925	1,047	1,483	19,020
1,414	1,300	2,437	1,893	3,866	1,005	1,554	23,382
0.04	*0.07	*0.06	*0.05	*0.06	0.04	*0.06	0.04
*0.06	**0.08	**0.07	*0.06	(/a) **0.08	*0.04	**0.07	*0.04
*0.05	**0.09	**0.11	*0.06	(/a) **0.10	*0.04	**0.07	*0.05
15,100							15,100
11,100							11,100
13,315							13,315
**0.59	0.00	0.00	0.00	0.00	0.00	0.00	0.03
*0.41	0.00	0.00	0.00	(/a) 0.00	0.00	0.00	0.02
**0.49	0.00	0.00	0.00	(/a) 0.00	0.00	0.00	0.03
2,320	980	303	2,005	195		30	8,475
750	1,503	1,350	838	189		325	7,308
845	900	826	541	175	75	358	8,102
**0.09	**0.08	0.01	**0.07	0.01	0.00	0.00	*0.02
**0.028	**0.108	**0.061	**0.028	(/a) **0.005	0.000	**0.015	**0.016
**0.031	**0.065	**0.038	**0.018	(/a) *0.005	0.003	**0.017	**0.017

表4－3　明治9～11年「全国農産表」にみる

	年	全国	那珂郡	席田郡	粕屋郡	宗像郡	遠賀郡	鞍手郡	嘉麻郡	穂波郡
実綿	M9	83,038,485	341		5,199		1,295			
	M10	91,927,003	506		3,964	22,176	6,057	2,370		1,369
	M11	89,218,909	1,235	153	4,823	29,207	6,704	1,908	768	976
	M9/a	2.42	0.01	0.00	0.14	0.00	0.03	0.00	0.00	0.00
	M10/b	2.57	(/a) 0.01	0.00	0.10	0.55	0.12	0.05	0.00	0.06
斤	M11/b	2.49	(/a) 0.02	0.06	0.12	0.73	0.13	0.04	0.03	0.04
繭	M9	12,060,693								
	M10	18,973,459								
	M11	19,138,400						50		
	M9/a	0.35	0.00	0.00	0.00	0.00	0.00	0.00	0.00	0.00
	M10/b	0.53	(/a) 0.00	0.00	0.00	0.00	0.00	0.00	0.00	0.00
斤	M11/b	0.54	(/a) 0.00	0.00	0.00	0.00	0.00	0.00	0.00	0.00
生糸	M9	2,048,091								50
	M10	1,954,323								50
	M11	2,266,291	60		41			41		30
	M9/a	0.06	0.00	0.00	0.00	0.00	0.00	0.00	0.00	0.00
	M10/b	0.05	(/a) 0.00	0.00	0.00	0.00	0.00	0.00	0.00	0.00
斤	M11/b	0.06	(/a) 0.00	0.00	0.00	0.00	0.00	0.00	0.00	0.00
藍葉	M9	47,243,664				1,250		5,700		
	M10	98,654,411			720	750	45	2,344		
	M11	58,469,581			2,640	1,030		1,720		
	M9/a	1.31	0.00	0.00	0.00	0.03	0.00	0.14	0.00	0.00
	M10/b	2.76	(/a) 0.00	0.00	0.02	0.02	0.00	0.05	0.00	0.00
斤	M11/b	1.63	(/a) 0.00	0.00	0.07	0.03	0.00	0.04	0.00	0.00
製茶	M9	14,993,005	2,296		905	9,690	4,150	5,670	1,000	6,000
	M10	15,102,997	1,578	13	617	8,790	4,757	10,994	1,050	114
	M11	17,196,225	3,730		2,370	13,190	3,750	7,300	3,665	5,433
	M9/a	0.44	0.04	0.00	0.02	0.26	0.09	0.14	0.04	0.28
	M10/b	0.42	(/a) 0.03	0.00	0.02	0.22	0.09	0.25	0.04	0.00
斤	M11/b	0.48	(/a) 0.06	0.00	0.06	0.33	0.07	0.17	0.15	0.24
甘蔗	M9	204,431,734								
	M10	233,999,177								
	M11	464,051,180			6,000					
	M9/a	5.96	0.00	0.00	0.00	0.00	0.00	0.00	0.00	0.00
	M10/b	6.54	(/a) 0.00	0.00	0.00	0.00	0.00	0.00	0.00	0.00
斤	M11/b	12.97	(/a) 0.00	0.00	0.15	0.00	0.00	0.00	0.00	0.00
楮皮	M9	73,116,835	6,000		6,900	28,300	662	35,955	24,000	60,000
	M10	24,272,611	2,000		8,000	20,891	1,530	37,670	25,000	77,950
	M11	29,170,276	6,388		8,479	45,083	14,560	34,990	45,000	29,400
	M9/a	2.13	0.10	0.00	0.19	0.76	0.01	0.87	1.08	*2.77
	M10/b	0.68	(/a) 0.03	0.00	0.20	0.52	0.03	*0.86	*1.02	**3.41
斤	M11/b	0.82	(/a) 0.10	0.00	0.22	*1.12	0.29	0.80	**1.84	*1.29
生蝋	M9	6,629,595			31,000	781,600	46,950	75,220	57,730	29,400
	M10	5,987,157			58,918	102,490	59,452	97,600	43,500	61,900
	M11	6,509,994	19,200		85,475	58,281	72,605	119,020	191,590	26,000
	M9/a	0.19	0.00	0.00	**0.84	**20.89	**0.97	**1.82	**2.59	**1.36
	M10/b	0.17	(/a) 0.00	0.00	**1.50	**2.55	**1.17	**2.22	**1.78	**2.71
斤	M11/b	0.18	(/a) *0.31	0.00	**2.18	**1.45	**1.42	**2.71	**7.84	**1.14
葉煙草	M9	22,399,795			3,372	10,420	2,480	3,253	650	3,600
	M10	23,360,244			2,887	5,590	1,825	2,267	800	3,800
	M11	25,518,603	1,803	47	2,583	8,885	1,130	2,067	680	1,770
	M9/a	0.65	0.00	0.00	0.09	0.28	0.05	0.08	0.03	0.17
	M10/b	0.65	(/a) 0.00	0.00	0.07	0.14	0.04	0.05	0.03	0.17
斤	M11/b	0.71	(/a) 0.03	0.02	0.07	0.22	0.02	0.05	0.03	0.08
菜種	M9	1,296,486	3,802	210	2,935	706	592	380	78	143
	M10	1,162,748	3,862	252	1,621	637	539	320	85	187
	M11	1,238,322	3,969	950	3,776	352	362	165	168	170
	M9/a	0.04	*0.06	*0.08	*0.08	0.02	0.01	0.01	0.00	0.01
	M10/b	0.03	(/a) *0.06	**0.09	*0.04	0.02	0.01	0.01	0.00	0.01
石	M11/b	0.03	(/a) *0.06	**0.35	**0.10	0.01	0.01	0.00	0.01	0.01
繭	M9	3,367,468								
	M10	13,224,962								
	M11	7,881,560								
	M9/a	0.10	0.00	0.00	0.00	0.00	0.00	0.00	0.00	0.00
	M10/b	0.37	(/a) 0.00	0.00	0.00	0.00	0.00	0.00	0.00	0.00
斤	M11/b	0.22	(/a) 0.00	0.00	0.00	0.00	0.00	0.00	0.00	0.00
蜂蜜	M9	192,680			140	869	74	284	745	530
	M10	87,659			363	180	238	167		555
	M11	159,051	2,287		1,470	159		248	188	30
	M9/a	0.01	0.00	0.00	0.00	*0.02	0.00	0.01	**0.03	*0.02
	M10/b	0.002	(/a) 0.000	0.00	**0.009	*0.004	**0.005	*0.004	0.000	**0.024
斤	M11/b	0.004	(/a) **0.037	0.00	**0.037	0.004	0.000	*0.006	*0.008	0.001

注）諸記号については、表4－2に同じ。

るが、ことに福岡平野地域に属し、大都市福岡・博多に近い席田・粕屋・御笠、それに怡土・志摩各郡と、筑豊地域の嘉麻・穂波・遠賀各郡が目立つ。鞍手郡も、異常に低い明治九年を除けば高い数値を示している。一方、県内でレベルの低い郡としては、大都市福岡・博多を含む那珂郡、朝倉地方の上座・下座郡がある。夜須郡も決して高い方ではない。

また「農産表」から米の反収を算出してみると、明治一〇（一八七七）年の福岡県（旧筑前国部分）の反収が一・二三石、同一一年のそれが〇・九九石、同一二年が一・四一石、同一三年が一・二一石となっている。明治一一年の全国平均が一・〇一石（「不詳」部分を除く）、同一二年のそれが一・二五石、同一三年が一・二二石であるから（明治一〇年の全国の米の作付反別は記載なし）、福岡県（旧筑前部分）の米作は、明治一一・一三年がほぼ全国平均程度、一二年は全国平均を大きく上回っていた。郡別にみて、特に反収が多いのが席田郡（例えば明治一〇年の場合、一・七五石）、粕屋郡（同一・六二石）、那珂郡（同一・四四石）、怡土郡（同一・四二石）、早良郡（同一・三六石）といったところである。那珂郡については、先にみた人口一人当たり生産高と逆の、高い数値が出ているが、これは、福岡・博多という大都市の需要をにらんで、米を作れるところではできるだけ単位面積当たりの生産を多くする努力をしたが、人口の多さには追いつかなかった結果と見るべきであろう。その分、周辺諸郡が軒並み高い反収をあげて補っていたかのごとくである。

その他の普通農産では、県レベルでみた場合、全国水準と比べてこれといった産物はない。「小麦以外の麦」（大麦・裸麦）は全国平均並みであるが、小麦・大豆・雑穀は全国平均をやや下回り、芋類は全国平均を大きく下回っている。しかし郡レベルでみると、かなり水準を越えるところもあった。例えば席田郡の麦類は全国水準をはるかに越えていたし、上座・下座・夜須郡の雑穀及び「小麦以外の麦」、下座郡の大豆も大きく水準を越えていた。また粕屋郡の「小麦以外の麦」、御笠郡・早良郡の麦類、志摩郡の大豆なども目につく。

外国への農産物輸出が多くなかった、当時の日本の状況を考えれば、各物産の一人当たり生産量の全国値は、当時の日本人一人当たりの平均的な消費量ないし摂取量にほぼ等しいと考えることができる。そういった観点から福岡県の普通農産をみた場合、米の生産は県内の人口が摂取したと思われる量を上回っていたと考えることができ、それゆえ県外に移出されたことが推測できるし、郡単位にみると、大都市近郊の席田・粕屋・御笠・早良各郡でいくつかの物産が全国平均消費量を上回っており、郡内消費をしてもなお余って、郡外に移出されたと考えることができるのである。おそらくその多くは主として、全般的に普通農産物の一人当たり生産高が全国平均よりも低かった、言いかえれば平均消費量に達するだけの生産のなかった那珂郡、その中でも多くの非農人口を抱えた博多・福岡（福岡は早良郡にもまたがる）両大都市へ向けられたであろう。すなわちこれらの郡は、大都市への食物供給地的性格を有していたと考えることができるのである。一方、上座・下座・夜須各郡は、米については、一人当たり生産量からみて、平均消費量ぎりぎりぐらい（夜須郡）か、それよりも下回って（上座・下座郡）おり、逆に麦類・雑穀といった畑作物は平均消費量を上回っていた。すなわち、山地や扇状地部分が多くて地形的に畑がちなこれらの郡においては、米の平均消費量に達するだけの生産ができない分、麦類・雑穀で補っていたと考えることができるのである。

次に表4-3により、特有農産をみていこう。まず横の列、つまり産物ごとにみていくと、一人当たり生産高の県全体としての数値を全国と比較して目につくものは生蠟、次いで蜂蜜、菜種である。生産額が低く、特殊な物産である蜂蜜を除けば、農産表に記されている特有農産のうちでは、当時の福岡県の特徴的な産物は生蠟と菜種であったと言える（例えば明治九年「農産表」での特有農産全体の生産額は三八万円余で、そのうち蜂蜜の生産額は四六〇円余にすぎない。ちなみに、菜種生産額は八万三千円余、生蠟生産額は七万八千円余であった。一方、普通農産全体の生産額は二二〇万円余で、その中で米生産額が一八五万円余を占めていた）。生蠟は近世期から藩専売の対象となっており、那珂・席田などを除くほとんどの郡で全国水準を大きく上回っていた。それに対して菜種は、さきに「筑豊地域」と分類した五郡での生産水準が低く、他の地域で高いという偏りがあった。菜種と生蠟については、のちに「福岡県地理全誌」をみる際に種油・櫨実といっしょに考察するので、ここではこれぐらいにしておこう。

次に縦の列、つまり郡ごとにみていくと、上座・下座両郡で全国水準を上回る物産が多いのが目につく。これら「朝倉地域」では、米の生産力が低かったかわりに、それ以外の商品作物の生産力の向上に努めたということであろう。そのほか宗像・怡土・志摩といった海付の郡では、当然のことながら海産物が目につく。

以上、明治九～一一年「農産表」に記載されている物産の中では、当時福岡県下で全国水準を上回る、目を引く物産は、普通農産・特有農産を通して、米・生蠟・菜種の三つぐらいであることを指摘し、それらの生産状況を、郡単位に降りてみてみた。

だが、「農産表」に掲載されている物産には限りがある。生蠟の原料である櫨実、菜種を加工した種油、その他工産品である酒・醤油・織物、鉱産品である石炭などについての記載はない。「物産表」にはそれらの数値は載っているが、県全体の合計値があるのみで、郡単位の数値はない。その点、「福岡県地理全誌」からは、全国水準と直接に比較することはできないとはいえ、それらの物産も含めて県内での生産の状況が総合的につかめる。そこで次に、それにより、明治初期福岡県の生産状況を総合的にみていくことにしよう。

主要農産物生産

櫨実（斤）(d)	櫨実（円）(d')	d／a	d'／a
290,772	3,349	4.8	0.06
21,400	245	8.5	0.10
420,015	4,648	11.4	0.13
650,340	6,426	17.4	0.17
724,869	8,322	15.3	0.18
896,000	9,456	22.0	0.23
430,860	4,428	19.4	0.20
551,330	5,437	25.5	0.25
838,107	10,456	33.0	0.41
679,421	10,023	52.3	0.77
506,652	6,189	24.4	0.30
570,195	7,347	19.8	0.25
152,704	1,828	4.0	0.05
231,606	2,696	10.1	0.12
228,585	2,222	11.7	0.11
7,192,856	83,072	16.4	0.19

それぞれ「1」として計上した。

表４－４　「福岡県地理全誌」にみる

郡（町村浦数）	人口（a）	米（石）（b）	b／a	菜種（石）（c）	菜種（円）（c'）	c／a	c'／a
那　珂（68）	60,630	37,740	0.62	4,168	16,460	0.07	0.27
席　田（９）	2,504	7,961	3.18	542	2,689	0.22	1.07
粕　屋（85）	36,969	55,014	1.49	2,736	14,892	0.07	0.40
宗　像（63）	37,409	40,634	1.09	704	2,858	0.02	0.08
遠　賀（93）	47,526	73,965	1.56	602	3,374	0.01	0.07
鞍　手（69）	40,819	58,879	1.44	570	2,897	0.01	0.07
嘉　麻（63）	22,260	43,594	1.96	241	1,267	0.01	0.06
穂　波（61）	21,657	36,273	1.67	269	1,531	0.01	0.07
上　座（33）	25,392	17,697	0.70	971	5,213	0.04	0.21
下　座（42）	12,995	11,278	0.87	1,011	5,144	0.08	0.40
御　笠（57）	20,742	36,710	1.77	2,217	12,301	0.11	0.59
夜　須（52）	28,865	26,436	0.92	2,027	10,581	0.07	0.37
早　良（50）	37,950	34,922	0.92	3,068	17,651	0.08	0.47
志　摩（48）	23,015	30,763	1.34	1,549	9,656	0.07	0.42
怡　土（62）	19,455	32,261	1.66	976	4,523	0.05	0.23
県全体（855）	438,188	544,127	1.24	21,651	111,037	0.05	0.25

注）福岡・博多はそれぞれ１つの町とした。ただし福岡は那珂・早良両郡にまたがっているので、「町村浦数」欄には

三　「福岡県地理全誌」からみた県内の生産の地域差

表４－４・４－５はそれぞれ、「福岡県地理全誌」にみられる県内の主要生産物を農産物と工・鉱産物に分けて、郡単位にそれぞれの生産高及び額、人口一人当たり生産高及び額を算出したものである。

これらの表によると、「農産表」ですでに検討した米・菜種・生蠟の主要三物産のうち、米・菜種については、県全体の数値を見ても郡ごとの数値を見ても、一人当たり生産高においてほぼ同様の数値が出ているので、もうここでは詳細には検討しない。生蠟は県全体としては「農産表」と似かよった数値になっているものの、郡別にみると、「農産表」との間でかなり数値に開きのある場合がある。ただ、表４－３を見てもわかるように、生蠟は年によって生産高の変動の幅がかなり大きいので、調査が複数年に及ぶ「福岡県地理全誌」としては、「農産表」とこれぐらいの差が出ても不思議はないのかもしれない。

主要工鉱産物生産

酒 (石)(g)	酒 (円)(g')	g／a	g'／a	織　物 (円)(h')	h'／a	農産加工品計 (円)(i')	i'／a	石　炭 (円)(j')	j'／a
8,937	39,916	0.15	0.66	40,493	0.67	274,415	4.53	0	0.00
0	0	0.00	0.00	0	0.00	1,229	0.49	55	0.02
2,657	12,954	0.07	0.35	0	0.00	30,104	0.81	2,336	0.06
2,254	14,553	0.06	0.39	0	0.00	26,567	0.71	83	0.00
4,388	25,058	0.09	0.53	0	0.00	60,008	1.26	3,359	0.07
2,264	9,990	0.06	0.24	9	0.00	39,929	0.98	22,095	0.54
1,641	7,053	0.07	0.32	0	0.00	23,604	1.06	17,831	0.80
1,988	8,431	0.09	0.39	0	0.00	22,391	1.03	10,193	0.47
1,601	6,948	0.06	0.27	0	0.00	29,172	1.15	44	0.00
314	1,220	0.02	0.09	0	0.00	8,946	0.69	0	0.00
3,826	16,597	0.18	0.80	0	0.00	35,663	1.72	0	0.00
2,793	9,896	0.10	0.34	37,526	1.30	92,180	3.19	0	0.00
3,591	21,876	0.09	0.58	0	0.00	41,536	1.09	446	0.01
1,333	5,087	0.06	0.22	0	0.00	13,306	0.58	0	0.00
1,359	6,346	0.07	0.33	0	0.00	11,661	0.60	0	0.00
38,946	185,925	0.09	0.42	78,028	0.18	710,711	1.62	56,442	0.13

ところで、各物産一人当たりの生産量を県と各郡とで比較してみると、県内での生産の偏りがわかる。例えば菜種と櫨実についてみてみると、興味深い事実が知られる。表4-4で、「福岡平野地域」の諸郡をみると、いずれも菜種の一人当たり生産高が県平均以上で、逆に櫨実のそれは、御笠郡が県平均を上回るのを除いて軒並み県平均よりも低い。遠賀郡から宗像郡までの五郡、すなわち本章で「筑豊地域」としたところは、菜種の一人当たり生産量は県平均以下だが、逆に櫨実のそれは、遠賀郡がわずかに県平均を下回るのを除いて全体的に県平均よりも高い。「朝倉地域」は、菜種の一人当たり生産量で上座郡が県平均を若干下回るのを除いて、菜種・櫨実ともに県平均よりも高い。すなわち、さきに地形によって三つに分けた地域はそれぞれ、農産物生産においては、①（米以外に）菜種生産に特化した地域、②（米以外に）櫨実生産に特化した地域、③（米の生産が十分でないので）菜種・櫨実両方の生産に力を入れた地域ということになるのである。

次に、表4-5の農産加工品に目を移してみよう。「福岡県地理全誌」にみられる農産加工品の生産総額は七一万

表4－5　「福岡県地理全誌」にみる

郡	種油(石)(e)	種油(円)(e')	e／a	e'／a	生蠟(斤)(f)	生蠟(円)(f')	f／a	f'／a
那珂	1,114	17,093	0.018	0.28	260,400	21,699	4.29	0.36
席田	56	1,133	0.022	0.45	0	0	0.00	0.00
粕屋	312	8,345	0.008	0.23	65,984	5,345	1.78	0.14
宗像	207	1,713	0.006	0.05	54,260＋30 丸	5,323	1.45余	0.14
遠賀	311	7,828	0.007	0.16	97,241＋155丸	11,385	2.05余	0.24
鞍手	30	887	0.001	0.02	158,800	15,879	3.89	0.39
嘉麻	42	1,142	0.002	0.05	136,150	14,009	6.12	0.63
穂波	64	1,910	0.003	0.09	114,550	6,794	5.29	0.31
上座	73	1,901	0.003	0.07	112,620	12,594	4.44	0.50
下座	77	2,099	0.006	0.16	27,727	2,986	2.13	0.23
御笠	237	6,552	0.011	0.32	33,430	3,319	1.61	0.16
夜須	413	9,505	0.014	0.33	202,530	21,750	7.02	0.75
早良	150	3,560	0.004	0.09	40,000	4,300	1.05	0.11
志摩	96	2,414	0.004	0.10	7,000＋60 丸	1,252	0.30余	0.05
怡土	23	326	0.001	0.02	15,000	1,450	0.77	0.07
県全体	3,205	66,408	0.007	0.15	1,325,692＋245丸	128,085	3.03余	0.29

注）aは表4－4に同じ。

円余、内訳は、一位が酒で、一八万五千円余と、全体の約四分の一を占めた。二位は生蠟で、一三万円足らず、以下三位織物（約七万八千円）、四位種油（六万六千円余）と、ここまでで総額の三分の二にのぼる。ちなみに五位の醤油（生産額約五万円）まで含めれば、総額の七割ほどにもなる。ここではまず、前段をうけて、菜種・櫨実それぞれを原料とする加工品である種油と生蠟からみていこう。

　種油は、福岡・博多両大都市のある那珂郡の生産量が群を抜いて多い。当時菜種から種油を作る場合、歩留まり（原料の量に対する製品量の割合）は二一～二二％[3]であったので、那珂郡内の菜種（原料）生産量（四一六八石）だけでは足りなかったことになる。周辺郡からの移入があったものと思われる。例えば粕屋・席田・早良・御笠・怡土・志摩各郡の菜種生産量と種油生産量とを比べた場合、歩留まり率からすると、原料が余る計算になる。「筑豊地域」では遠賀郡の種油生産が多いが、自郡の菜種生産量だけでは足りない計算になり、原料を他郡から移入していたことが考えられる。周辺郡に目をやると、例えば鞍手・嘉麻両郡で原料が余っていた計算になる。遠賀川の下り荷として菜種が輸送されたことがこれまでの研究でわかっているが、[4]こういった、当時の農産加工業に対する原料の流通の問題は、今後深めていかねばならない。「朝倉地域」では、夜須郡の種油生産が大きい。計算上、若干原料不足になるので、種油生産に比して原料が余る計算になる上座・下座・御笠郡といった周辺諸郡から調達したのであろう。

次に、生蠟をみてみよう。生蠟の生産は、絶対量においても一人当たり生産量においても、「筑豊地域」の鞍手・穂波・嘉麻各郡と、「福岡平野地域」では福岡・博多を含む那珂郡、それに「朝倉地域」の夜須・上座両郡の数値が大きい。生蠟の場合、原料である櫨実からの歩留まり率は約一六％である。[5]それからすると、例えば那珂郡の場合、生蠟生産量に比して同郡内の櫨実生産量は少なく、周辺諸郡（逆に生蠟生産量に比して原料生産量の多い席田・御笠・怡土・志摩の各郡）が原料を供給したであろうことが想像できる。また「筑豊地域」についてみれば、五郡の櫨実生産量の合計が約三二五万斤であるのに対して、生蠟生産量の合計が約五六万斤であり、歩留まり率からみてほぼつり合う。先にみた菜種と種油との関係とは逆に、生蠟生産の盛んな遠賀川中・上流域の三郡で原料が不足、逆に下流域の遠賀郡や隣の宗像郡で数値上原料が余る計算になり、五郡全体としてつり合っていたという事実から、「筑豊地域」においては、遠賀川下流域で盛んであった種油生産に向けて上流から下流へ原料作物としての菜種が運ばれ、逆に上流域で盛んであった生蠟生産に向けて下流から上流へ原料作物である櫨実が運ばれるという、遠賀川を媒介としたいわば分業関係が成り立っていたことが窺えるのである。この点についても、詳細は今後究明されるべき課題であろう。「朝倉地域」に目を転じて、夜須郡については、計算上、原料が大幅に不足することになり、原料が余っていた計算になる周辺諸郡（御笠・上座・下座各郡）から移入したことが考えられる。

さて、当時の福岡県の農産加工品の中で最も産出額の多かった酒をみてみよう。地域的には、やはり福岡・博多を含む那珂郡・早良郡、それに遠賀郡、御笠郡、夜須郡などでの生産が、絶対量、一人当たり生産量ともに多かった。ただ、図4-2にみられるように、那珂・早良両郡での生産が福岡・博多に集中していたのに対して、御笠郡では宰

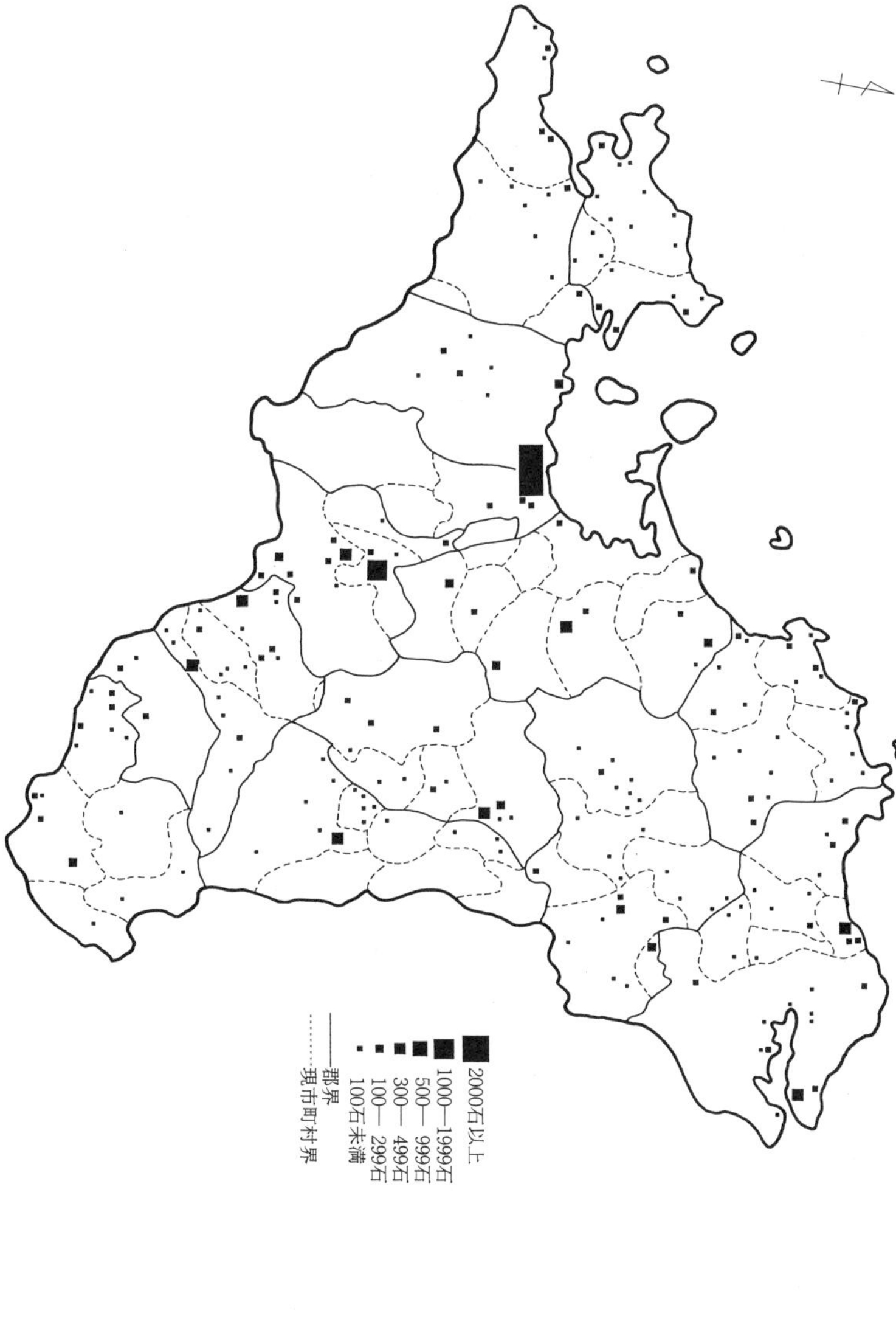

図４－２「福岡県地理全誌」にみる酒生産村（町）の分布

主要物産生産町村数・戸数・1戸平均生産高

全町村数／生産町村数				1戸平均生産高			
全町村数／k	全町村数／l	全町村数／m	全町村数／n	種油（石）	生蠟（斤）	酒（石）	醤油（石）
22.7	34.0	13.6	17.0	35.9	13,705	229.2	173.7
3.0	—	—	—	18.7	0	0.0	0.0
5.3	14.2	8.5	14.2	15.6	7,332	166.1	14.6
4.8	3.7	2.7	6.3	8.0	1,550余	72.7	51.1
5.8	4.0	3.3	3.9	8.6	2,372余	115.5	42.0
8.6	2.3	2.8	5.3	1.6	2,692	68.6	39.3
10.5	5.7	4.2	9.0	7.0	6,483	86.4	25.5
7.6	6.1	5.1	6.1	4.9	5,728	99.4	39.2
4.1	3.0	2.2	4.7	9.1	5,927	88.9	26.5
8.4	42.0	14.0	14.0	4.8	9,242	78.5	26.8
3.8	5.7	4.4	8.1	9.9	1,966	201.4	56.1
5.2	7.4	2.6	26.0	11.5	7,790	84.6	102.3
25.0	50.0	6.3	10.0	10.7	6,667	149.6	67.3
6.0	24.0	2.8	4.8	6.9	3,500	49.4	20.3
20.7	20.7	4.4	5.6	7.7	5,000	90.6	12.2
6.9	6.4	4.1	7.2	11.4	4,735余	115.9	55.0

府（太宰府天満宮の門前町）・二日市（宿場町）、夜須郡では甘木・秋月にやや集中の度合が高かったものの、全体的に、小規模業者が広く農村にまで分散して存在していた。「物産表」によれば、全国の酒類生産量は約三四三万石、一人平均生産量は約〇・一石となる。これに対して同史料にみる福岡県の生産量は約三万七千石、「地理全誌」でもほぼ同じような約三万九千石という数値で、一人当たり生産量は約〇・〇八石となり、全国水準を若干下回る。

織物は、ほとんど博多と甘木に集中していた。もちろん、商品としての生産がされていたところという限りにおいてである。

以上が「地理全誌」にみる明治初期段階の福岡県（旧筑前国）における四大農産加工品である。

ところで、のちの日本の工業化過程において主要なエネルギー源となった石炭については、「福岡県地理全誌」ではどのようにあらわれているだろうか。表4-5にあるごとく、「筑豊地域」の生産が圧倒的で、そのほか粕屋・早良・席田、それに上座郡でも生産はあったが、全国的にみれば、まださほどではなかった。明治一二年段階で三池を

表4－6　「福岡県地理全誌」にみる

郡	生産町村数（戸数）							
	菜種	種油 k（k'）	櫨実	生蠟 l（l'）	酒 m（m'）	醤油 n（n'）	織物 o（o'）	石炭
那　珂	67	3（31）	64	2（19）	5（39）	4（23）	2（39）	0
席　田	9	3（ 3）	8	0（ 0）	0（ 0）	0（ 0）	0（ 0）	3
粕　屋	81	16（20）	78	6（ 9）	10（16）	6（ 8）	0（ 0）	7
宗　像	53	13（26）	57	17（35）	23（31）	10（16）	0（ 0）	2
遠　賀	71	16（36）	67	23（41）	28（38）	24（37）	0（ 0）	8
鞍　手	56	8（19）	68	30（59）	25（33）	13（17）	1（ 1）	20
嘉　麻	62	6（ 9）	63	11（21）	15（19）	7（11）	0（ 0）	17
穂　波	59	8（13）	61	10（20）	12（20）	10（15）	0（ 0）	12
上　座	30	8（16）	32	11（19）	15（18）	7（10）	0（ 0）	1
下　座	42	5（16）	42	1（ 3）	3（ 4）	3（ 3）	0（ 0）	0
御　笠	57	15（24）	57	10（17）	13（19）	7（ 8）	0（ 0）	0
夜　須	52	10（36）	52	7（26）	20（33）	2（ 6）	1（ 8）	0
早　良	46	2（14）	46	1（ 6）	8（24）	5（10）	0（ 0）	2
志　摩	45	8（14）	44	2（ 2）	18（27）	10（14）	0（ 0）	0
怡　土	53	3（ 3）	56	3（ 3）	14（15）	11（14）	0（ 0）	0
県全体	783	124（280）	795	134（280）	209（336）	119（192）	4（48）	72

除く福岡県の出炭量の全国比は一八・五％にすぎず、当時は、現佐賀県域である東松浦郡を主産地とする長崎県の比率が五〇％以上を占めていた[6]。「筑豊炭田の本格的な発展は、水と輸送の問題が解決される明治二〇年代をまたねばならなかった[7]」のである。

最後に、主要原料作物及び農産加工品の生産町・村の分布状況、並びに一戸当たりの生産規模をみてみよう。表4－6にあるように、菜種・櫨実は、程度の差こそあれ県内のほとんどの村で生産されていた。菜種は米の裏作として、また櫨実は旧藩時代に奨励されていたこともあって、盛んに生産されたものと思われる。

一方、それらを原料とした農産加工業の展開のしかたは、地域により異なっていた。特に、表4－6の、各郡における各物産の生産村が何か村に一村存在したかを示す、（郡内）全町村数／生産町村数、及び（生産している家）一戸当たりの平均生産高を示す欄の数値のありかたは、まちまちである。例えば那珂郡・早良郡は、どの農産加工品についても、全町村数／生産町村数が大きく、しかも一戸平均生産高も大きい。このことは、それらの郡で、農産加工品生産がいかに福岡・博多両大都市に集中し、逆に他の町村での生産が少なかったかを示している。それとは対照的なのが「筑豊地域」である。いずれの農産加工品も生産町村数は多いが、一戸当たり生産量は少ない。つまり、小規模な生産町村が散在していたのである。こうしてみると、「福岡平野地域」においては、福岡・博多両大都市が農産加工品生産機能を有し、周辺諸郡がそこへ向けて原料生産をするという分業関係が成立し、一方、「筑豊地域」においては、核になるような都市がなく、農村地帯の中の都市的な町村（主要街道沿いの村や河岸場）などに広域的に農産加工業が存在していたごとくである。「朝倉地域」では、夜須郡と上座郡が、夜須郡の醤油を除いて全体として、数値的には比較的「筑豊地域」に似た傾向を示していると言えるかもしれない。ただ、「筑豊地域」との違いは、同じ「福岡県地理全誌」の「戸口」の項中の「職分」に関する記載を集計してみると、よくわかる。例えば鞍手郡の「農」の比率が六四・九％と、農民の比率が約八割と言われる当時の一般的状況に比べてかなり低いのに対し、上座郡のそれは九四・八％もある。図4-1にみられるように、鞍手郡は遠賀川の本・支流が方々に伸び、それに伴い河岸場も発達し、一方陸上に目をやると、長崎街道など主要街道があって、社会的分業が進んでいた。それが「雑業」二一・二％、「商」五・四％、「工」三・七％という数値ともなってあらわれていると思われる。また「雇人」の四・三％という数値も、他郡に比べて高い。一方、上座郡は、日田街道が貫いているものの、志波村以外にこれといった町場もなく、いわば純農村地帯に近い性格を有していた。つまり上座郡の農産加工業は、農村地帯の中で「農」が副業として担うというかたちで存在していたことがわかる。「雑業」層が「農」から分化して諸産業が発展した地域と、農家副業として諸産業が発展した地域という、対照的な両郡である。

小括

以上、「福岡県地理全誌」の物産データを用いて明治初期福岡県（旧筑前国）の経済に関する若干の考察を行ったが、前工業化時代における経済は自然的束縛を受けるとするスキナーの理論[8]の通り、明治初期の福岡県においても、地形的に分けられた三つの地域、すなわち①「福岡平野地域」、②「筑豊地域」、③「朝倉地域」の区分に従って、経済的にもそれぞれ、①大都市を中核として農産加工業が発達し、周辺部がそこに食料や原料作物を供給した地域、②河川交通路や陸上交通路沿いに「線」的に農産加工業が発達し、後背農村から食料や原料作物が供給された地域、③分業は進まず、農家が食料や原料作物に加えて、副業として農産加工品生産も行い、それがそれなりに発達していた地域と、三区分できるように思われる。

福岡藩の場合、江戸や大坂といった中央市場から遠く離れたところで五〇万石を超える大きな領国を形成し、しかも生蠟や鶏卵などの藩専売はあったとはいえ大して中央市場に出荷していたわけではなく、その意味で領域内で生産・流通が完結する度合の高い領国であったと言える。そういった中、福岡・博多といった「藩内での中央市場」を中心とする経済の発展もさることながら、「筑豊地域」のように、小規模な地域市場があちこちに成立し、そこを核とした生産・流通が行われていたことは、一九世紀日本の経済の発展を考える上で重要である。

注

（1）　原本は、巻首が北九州市立八幡図書館に、その他の一四三冊が東京大学史料編纂所に所蔵されているが、福岡県史が一九八八年以降六冊にわたって写真版で復刻した（『福岡県史』近代史料編「福岡県地理全誌」（一）～（六）、西日本文化協会、一九八八～一九九五年完結）ので、ほぼ原本に近いかたちで見ることができるようになった。

（2）　前掲（1）『福岡県史』近代史料編「福岡県地理全誌」（一）の「解説」参照。

（3）　本書第2章参照。

（4）　野口喜久雄「江戸時代の遠賀川の水運」（『史淵』九一号、一九六三年）。

（5）野口喜久雄『近世九州産業史の研究』（吉川弘文館、一九八七年）一五五頁。
（6）隅谷三喜男『日本石炭産業分析』（岩波書店、一九六八年）表Ⅱ-4。
（7）同前一四〇頁。
（8）岩橋勝「地方経済構造の地理学」（新保博・斎藤修編『日本経済史』2、岩波書店、一九八九年）参照。

第二部　農産加工業の発展と地域市場

第5章　関東の大規模醤油醸造家と地域市場――銚子・ヤマサ醤油の原料調達と製品販売――

はじめに

関東の醤油醸造業は、近世期において、江戸という大市場を前にして、また後背の関東ローム層の畑地を利した原料（大豆・小麦）生産を基礎として、同地域における最も特色的な産業として順調な発展を遂げ、今日の基礎が形作られたと言える。中でも野田と銚子がその代表的な生産地であることは言うまでもない。野田については、未だまとまった史料群が世に出されていないため、未知の部分が多いが、銚子については、ヤマサ醤油株式会社（旧広屋儀兵衛店）[1]や田中玄蕃家（現ヒゲタ醤油株式会社の前身）の膨大な史料群が明らかにされており、それらに基づいてある程度の研究の蓄積がなされている。[2]

本章では、銚子の、否、日本の代表的醤油醸造業者であるヤマサ醤油について、原料調達や製品販売を通して、同地の醤油醸造業発展の背景にどのような状況があったのかということを見てみたい。

図5-1　幕末期ヤマサ醤油主要取引先

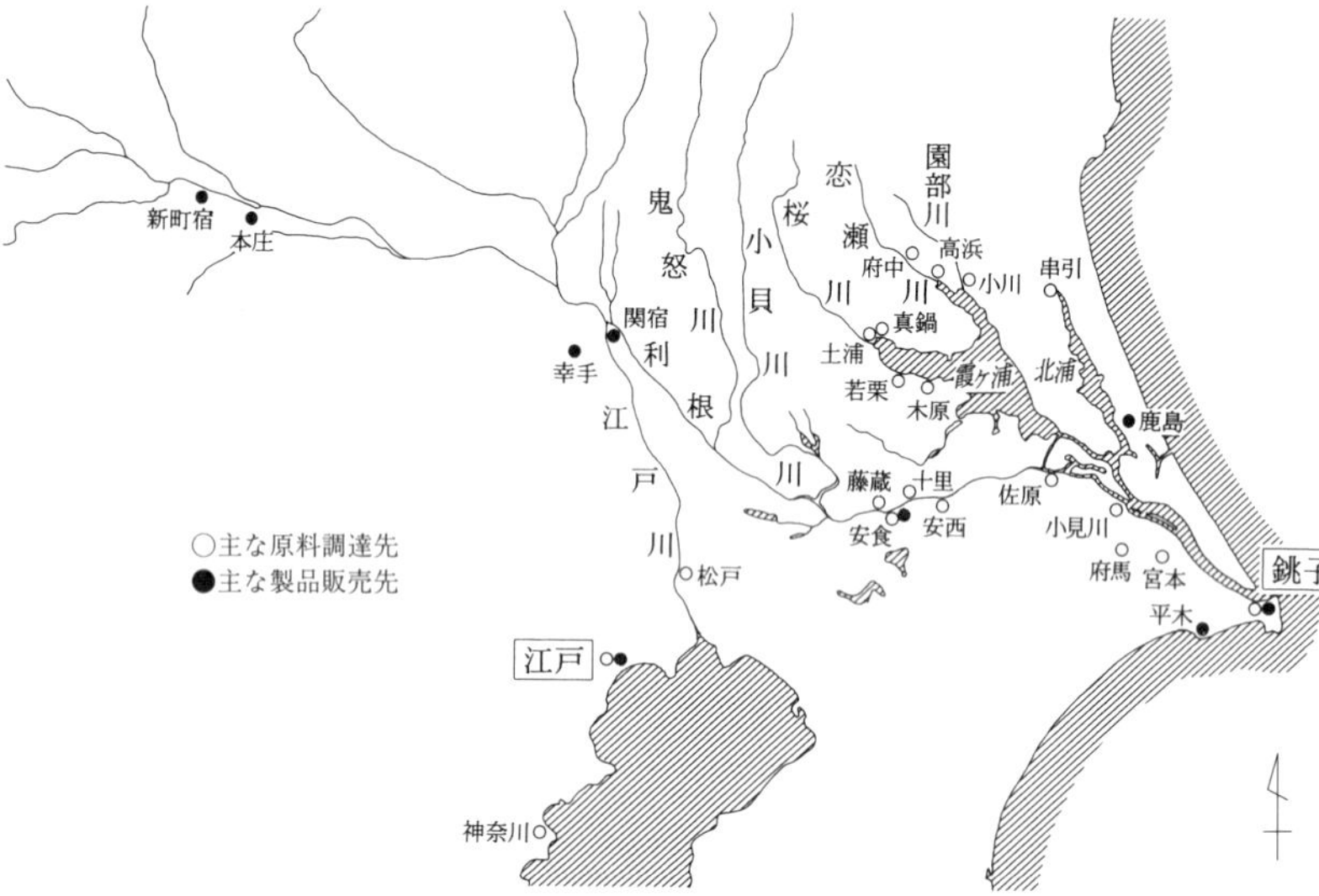

一　ヤマサ醤油における製品販売

ヤマサ醤油の醤油醸造の開始は、明確なことはわからないが、元禄頃であろうとされている(3)。造石高は連続的にはわからないが、宝暦年間（一七五一〜六四年）には七〇〇〜八〇〇石で銚子組中第三位であったこと、文化年間には二〇〇〇石台に乗っており、以後幕末の一時期の落ち込みを除いて二〇〇〇石台を保ち、明治一四（一八八一）年に三〇〇〇石台に乗ってからは急速に造石高を増やし、同二五年には四〇〇〇石、同三〇年代後半には一万石に至っていることがわかっている(4)。一八世紀後半から一九世紀初頭にかけての伸び（二倍以上）と、一九世紀後半以降の急速な伸びが特徴と言えよう。だがそれとともに、一九世紀初頭から後期に至るまでの停滞には注意を要する。

ところでヤマサ醤油の発展は、大局的にみれば主に江戸という一大中央市場をターゲットにしてのことと言えるが、近世後期における製品販売量と、大まかに分類した販路の変遷を詳細に辿ると、図5-2のごとくである。これによ

図5－2　ヤマサ醤油販路別出荷樽数の変化

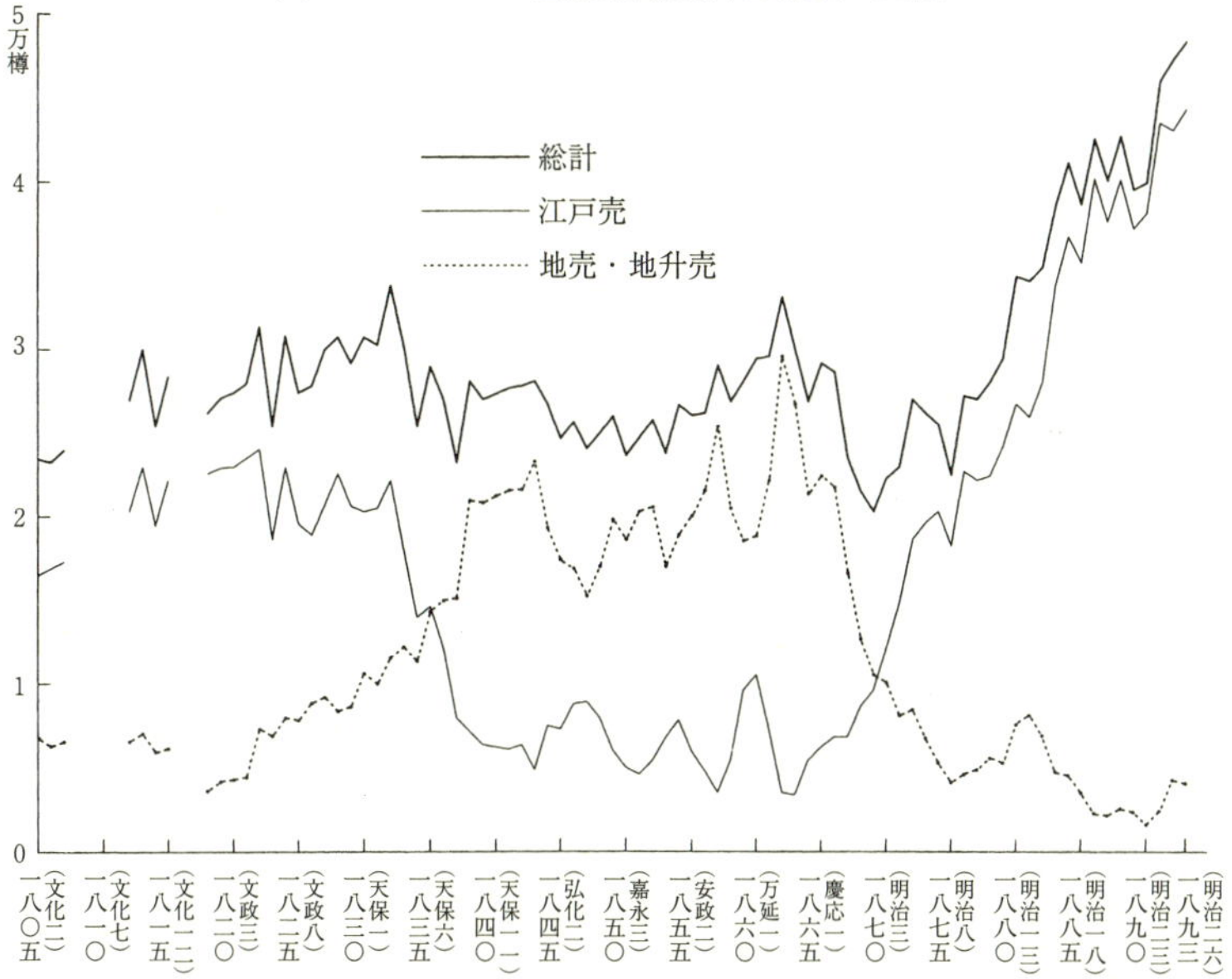

注）ヤマサ史料 A171・172「毎年上次垂口勘定帳」より作成。

ると、幕末のある一時期、特異ともいうべき状況があったことが知られる。すなわち、天保七（一八三六）年から明治二年までの約三〇年間は、江戸売よりも地域市場向けの「地売」と地元で升売りする「地升売」の和の方が大きくなっている（これ以降便宜上、「地売」と「地升売」をひっくるめて「地売」と呼ぶことにする）。このようなことは、史料でわかる範囲内では、ヤマサ醤油の歴史上、他にないことである。

同じデータでも篠田壽夫は私とは見方が違う。篠田は時期区分に際しては江戸積の量そのものの変化を指標として、それが低迷する天保四年から明治初年までを一つの段階と見[5]、独りヤマサのみならず銚子組全体として、量的には後退しても「上」製品を主体として利潤を確保する方針に転じた時期であったと捉えている[6]。また谷本雅之は、一九世紀初頭以降明治二〇年代前半までを大きく一つの時期に捉えるが、その中で明治初年までを（生産の）「停滞期」と捉えた上で、一九世紀初頭においてすでに資金力・技術的蓄積があったから、その間においても良好な利益率が維持できたとする(7)。要するに篠田の場合は製品の販売戦略の転換により、谷本の場合は資本蓄積の存在によりこの「低迷期」もしくは「停滞期」を切り抜けることができたと捉えているといえよう。

いま、この間の任意の年次（一八四〇・五〇・六〇年代それぞれの中頃）を取り上げて、具体的な販売先を見てみよう。

表5-1によると、天保一五年には総計二万六八一四樽（一樽＝九升）の売上のうち江戸売はわずか二八％の七五一六樽にすぎず、残り七二％にあたる一万九二九八樽は地売である。江戸売のうち九割方、全体の四分の一の六六八六樽は問屋広屋吉右衛門(8)へ宛ててのものであるが、地売の売先は分散的だが利根川筋に多く、関宿の小嶋忠左衛門、幸手の遠州屋伝八にそれぞれ全体の約一割にあたる二七四〇樽と二六〇四樽を売っているほかは、鹿島の山形屋清兵衛、銚子の高品太平次・岩瀬源兵衛・日高屋藤八にそれぞれ五〇〇樽余を送っているのが目につく（図5-1参照）。全体的に少量ずつを多数の者に売り、総体として地売が多くなっているわけである。

安政二年には、総計二万五九六四樽の売上のうち江戸売は二三％の五九三九樽、そのほとんどは広屋吉右衛門に売られた。地売は全体の七七％で、主な売先は関宿の小嶋忠左衛門（全体の九％）、幸手の藤田屋安右衛門（同八％）、安食の釜屋勘助（同五％）、鹿島の富田屋平左衛門（同二％）、銚子の日高屋藤八（同三％）、鹿島の山形屋清兵衛（同二％）（以上、売上五〇〇樽以上）といったところであった。やはり、利根川筋に沿って分散的である

（単位：樽　但し9升樽以下の樽で売ったものは9升樽での樽数に換算）

文久4（1864）年			
江戸売	5,326	地売・地升売	21,430
広屋吉右衛門	3,903	油屋藤吉（本庄）	2,450
鹿嶋利七	1,424	小嶋忠左衛門（関宿）	2,116
		藤田屋安右衛門（幸手）	1,055
		源次郎（銚子）	849
		釜屋勘助（安食）	605
		富田平左衛門（鹿島）	562
		高崎屋吉兵衛（新町宿）	410

表5－1　各年ヤマサ醤油主要販売先

天保15（1844）年				安政2（1855）年			
江戸売	7,516	地売・地升売	19,298	江戸売	5,939	地売・地升売	20,025
広屋吉右衛門	6,686	小嶋忠左衛門（関宿）	2,740	広屋吉右衛門	5,574	小嶋忠左衛門（関宿）	2,325
		遠州屋伝八（幸手）	2,604			藤田屋安右衛門（幸手）	1,980
		日高屋藤八（銚子）	597			釜屋勘助（安食）	1,232
		高品太平次（銚子）	577			富田平左衛門（鹿島）	795
		岩瀬源兵衛（銚子）	563			日高屋藤八（銚子）	743
		山形屋清兵衛（鹿島）	520			山形屋清兵衛（鹿島）	630
		富田平左衛門（鹿島）	484				
		長次郎（平木村＝近在）	466				

注）ヤマサ史料 A171・172「毎年上次垂口勘定帳」、及び各年大福帳（A128・139・148）より作成。

という特徴は変わっていない。

また文久四年には、江戸売の比率はさらに低く、全体の約二割で、広屋吉右衛門のほかに鹿嶋利七という商人にもある程度の量を売っている。地売の主要取引先としては、それまで名前の見られなかった本庄の油屋藤吉が全体の一割弱でトップに立っており、以下小嶋忠左衛門・藤田屋安右衛門・釜屋勘助・富田平左衛門といった、安政二年もしくはそれ以前から見られる名前もでてくるが、それぞれ量的には変動が大きく、不安定だし、全くの新顔も見られる。

このように、上記約三〇年の間に、地売の売先は関宿、幸手、鹿島、銚子というように共通してはいても、ある程度まとまった量を取引する相手は、関宿の小嶋・鹿島の富田を除けば、固定していない。なお安政二年・文久四年において取引量上位の安食・釜屋勘助は、のちにみるように、この時期における川通（利根川筋）の主要な原料仕入先でもあった。

さて、このようにこの時期ヤマサ醤油の江戸売が後退した外的な環境として、製品の流通面だけから見れば、関東一帯での醤油醸造業の拡大に伴う供給過剰、造家間の競合が一因となった問屋仲間の統制力低下、幕府の価格統制といったことがあげられるが[9]、次節にみるように、この時期がヤマサ醤油において同時に原料調達先の面でも特異な時期であったことから、この時期のヤマサ醤油の経営の内外両面で、また違った側面が見えてこよう。

二　ヤマサ醤油の原料調達

ヤマサ醤油の製品販売が上記の約三〇年間を除いて江戸（東京）中心であった以上に、原料仕入においては、明治後期までは一時期を除いて圧倒的に霞ヶ浦沿岸に依存していた。古い時期の原料仕入は手代に任せており、店の帳簿からは具体的な仕入先はわからないが[10]、一八世紀後半以降、次第に店として府中や土浦といった霞ヶ浦沿岸の穀商人を相手に取引するようになった[11]。例えば文化二年のヤマサの「大福帳」に見える大豆・小麦の仕入先は表5-2の通りである。

文政期以降は、「入目帳」が残存しており、原料仕入についてかなり明確に知ることができるようになる。いま、文政期以降の原料仕入先の概略を示せば、表5-3のごとくである。これは一〇年ずつを一区切りにして、仕入先を大きく霞ヶ浦沿岸・川通（利根川筋）・遠隔地に分け、それぞれの比率を示したものである。これによると、①比率において霞ヶ浦沿岸が圧倒的数値を示す天保八年までの時期、②川通の比率が霞ヶ浦沿岸のそれと拮抗する天保九～安政四年、③霞ヶ浦沿岸に比重が戻るが川通の比重もある程度残る安政五～慶応三年、④再び霞ヶ浦沿岸が圧倒的比重を占める明治元年以降、というように分けることが可能である。このうち③の時期の主要な部分を細かく見てみると、表5-4のごとくになり、特に大豆に関しては慶応元年までは川通の比重が霞ヶ浦沿岸と拮抗していたことがわかる。翌慶応二年から様相が一変して、再び大豆も小麦も圧倒的に霞ヶ浦沿岸と取引するようになったわけである。したがって、原料仕入についての時期区分は、霞ヶ浦沿岸との取引が圧倒的か、それとも少なくとも大豆・小麦のいずれか一方において川通の比重が霞ヶ浦沿岸と拮抗しているか、ということを指標にして考えると、Ⅰ天保八（一八三七）年まで、Ⅱ天保九（一八三八）年～慶応元（一八六五）年、Ⅲ慶応二（一八六六）年以降、に分けられること

表5－2　文化2（1805）年ヤマサ醤油「大福帳」にみる大豆・小麦仕入

口座・仕入先		前貸額	品目	代金	備考
水戸	伊勢屋弥兵衛	金23両	大豆		
四日市場[1]	仁兵衛		大豆1俵	金1分、銀3匁7分5厘	
府中	中村善右衛門	金100両			
	井坂左兵衛	金30両	小麦		
	額田屋与平次	金50両	小麦		山十[4]分の立替か
江戸崎[2]	塚本市郎右衛門	金14両	小麦		
土浦	伊勢屋宇兵衛	金210両、銭233貫			
	松浦次兵衛	金200両、銭639貫	小麦	金199両3分余	
	漆屋久兵衛	金15両	小麦		
取手[3]	銚子屋彦兵衛	金50両	小麦		
不明	遠州屋伝八		小麦75俵	金27両、銀5匁	

注）・数量はいずれも各口座より判明した年間の合計。
・(1) は下総国海上郡、(2) は常陸国信太郡、(3) は下総国相馬郡、他の地名については図5－1参照。
・(4) 銚子の醤油醸造業者。

表5－3　文政以降ヤマサ醤油原料仕入先別比率（10年ずつ一括）

年	河岸揚総量	霞ヶ浦沿岸[1]	川通[2]	遠隔地[3]	その他・不明
1818-1827	小麦23,247俵	70.7%	10.5%	14.1%	4.7%
（文政1－同10）	大豆22,369	85.9	2.2	0.9	11.0
1828-1837	小麦18,671（8年分）	87.5	1.9	6.8	3.8
（文政11－天保8）	大豆16,610（〃）	92.0	5.9	0.0	2.1
1838-1847	小麦19,752（8年分）	37.0	58.5	0.0	4.5
（天保9－弘化4）	大豆19,532（〃）	54.2	24.9	4.9	16.0
1848-1857	小麦6,596（3年分）	54.4	27.8	14.9	2.9
（嘉永1－安政4）	大豆6,380（〃）	35.2	64.8	0.0	0.0
1858-1867	小麦9,479（4年分）	71.7	10.4	1.2	16.7
（安政5－慶応3）	大豆9,278（〃）	68.4	25.9	0.0	5.7
1868-1877	小麦14,326（5年分）	78.5	1.1	3.6	16.8
（明治1－同10）	大豆10,668（〃）	85.2	4.5	0.0	10.3
1878-1887	小麦17,707（6年分）	79.8	0.2	0.0	20.0
（明治11－同20）	大豆18,273（〃）	63.8	2.0	0.0	34.2
1893	小麦6,341	87.9	0.0	0.0	12.1
（明治26）	大豆5,652	47.9	0.0	0.0	52.1

注）・各年「入目帳」による。
・(1) は土浦・真鍋・府中・高浜・小川・若栗・木原など、(2) は藤蔵・安食・十里・安西・佐原・小見川・銚子など、(3) は江戸・神奈川など。

になる。

表5-4　文久4～慶応3年ヤマサ醤油原料仕入先別比率

年	河岸揚総量	霞ヶ浦沿岸	川通	その他・不明
1864（文久4）	小麦3,030俵	61.0%	13.5%	25.5%
	大豆2,832	55.4	35.3	9.3
1865（慶応1）	小麦2,480	70.5	10.5	19.0
	大豆2,764	43.7	42.4	13.9
1866（慶応2）	小麦2,238	58.8	6.9	34.3
	大豆2,291	93.8	1.7	4.5
1867（慶応3）	小麦1,731	63.3	3.8	32.9
	大豆1,391	91.6	8.1	0.3

注）出典は表5-3に同じ。

表5-5は、いくつかの年代をピックアップして、主要な原料取引先上位数名を示したものである。Ⅰ期の取引相手を見ると、小麦では中村善右衛門・中村政司・長谷川平助といった府中商人と年間六〇〇～一〇〇〇俵の大口の取引をしているのが目につく。大豆では松浦治右衛門・伊勢屋宇兵衛といった土浦商人と、年によっては一〇〇〇俵を超す取引をしている。霞ヶ浦沿岸の少数の特定商人との大口の取引がこの期の特徴である。

Ⅱ期の取引の特徴は、各々とは小口であるが多数の川通商人と取引していることである。中には地名は記してあっても商人名を記していない場合がある。したがって、こういった表にはあらわれにくいが、その中では安食の釜屋勘助との取引が、年間数百俵程度ではあるが小麦・大豆とも目につく。とにかくこの時期の取引相手の存在状況は、小規模分散的である。なお霞ヶ浦沿岸商人のうち、府中では両中村（善右衛門・政司）、土浦では伊勢屋宇兵衛がこの時期の終わりに姿を消し、代わって、Ⅲ期において主要な取引相手となる岡村清兵衛（府中）・松浦儀兵衛（真鍋）が徐々に数量を増やしてくる。

Ⅲ期の特徴は、再び霞ヶ浦沿岸の少数の特定商人との大口の取引である。小麦では府中の岡村、大豆では土浦の松浦治右衛門・真鍋の松浦儀兵衛といったところに集中している。ただ、このうちⅠ期と共通するのは松浦治右衛門だけである。このように、Ⅰ期とⅢ期とでは、霞ヶ浦沿岸の府中・土浦・真鍋との取引が多いという意味で特徴は同じくするが、具体的な取引相手は異なっていた。

表5-5　文政以降ヤマサ醤油における大豆・小麦の主要仕入相手と仕入量

（単位：俵）

年	品目・仕入総量	主要仕入相手・仕入量
文政1（1818）	小麦2,490	中村善右衛門（府中）・長谷川平助（府中）（連名）600、長谷川平助170、松浦治右衛門（土浦）134
	大豆2,111	松浦治右衛門898、松浦治右衛門・伊勢屋宇兵衛（土浦）（連名）165、（小見川）158
文政7（1824）	小麦2,370	中村善右衛門667、（神奈川）399、松浦治右衛門267、（佐原）172
	大豆1,847	松浦治右衛門1277、（府馬）53
天保7（1836）	小麦2,842	中村政司（府中）1012、松浦治右衛門300、伊勢屋宇兵衛99
	大豆1,704	松浦治右衛門1298、（安西）152、伊勢屋宇兵衛60
嘉永1（1848）	小麦2,285	（安食）495、中村政司・大坂屋清吉（府中）（連名）379、扇店（江戸）308
	大豆2,380	盛岡屋権三郎（銚子）516、松浦治右衛門・伊勢屋宇兵衛（連名）307、釜屋勘助（安食）150
文久4（1864）	小麦3,030	岡村清兵衛（府中）627、松浦治右衛門505、釜屋勘助410、松浦儀兵衛（真鍋）339、大坂屋清吉308
	大豆2,832	伊勢屋宇兵衛732、松浦治右衛門448、釜屋勘助355、（飯塚）338、松浦儀兵衛178
明治4（1871）	小麦2,666	岡村清兵衛907、松浦儀兵衛595、柏屋利助（江戸）473、岡村清兵衛・松浦儀兵衛（連名）320
	大豆1,476	松浦儀兵衛921、岡村清兵衛478
明治13（1880）	小麦3,065	岡村清兵衛1124、玉井屋（居所不明）606、松浦儀兵衛465、松浦治右衛門365
	大豆3,510	松浦儀兵衛1523、松浦治右衛門605、岡村清兵衛・松浦儀兵衛（連名）549、岡村清兵衛528
明治17（1884）	小麦3,976	岡村清兵衛1115、米房（居所不明）600、松浦儀兵衛577、松浦治右衛門546
	大豆3,861	松浦儀兵衛1007、松浦儀兵衛・松浦治右衛門（連名）841、松浦治右衛門477

注）・ヤマサ史料、各年「入目帳」による。
・（　）内は所在地を示す（ただし再出の場合は省略）。
・仕入相手の記載がなく地名のみ記載の場合があり、その場合は（　）内に地名のみ記した。

川通の商人は、化政期頃から、自分たちの原料を売り込むためにしきりに銚子へ「見せ口」（見本品）を持参してきていたことが田中玄蕃家の日記に記されている。[12] この頃、この方面でしだいに大豆・小麦が商品的に生産されるようになってきていることが窺われる。さらに重要なことは、川通の原料は「川通の安物」と呼ばれ、安かったということである。[13] 例えば文久四（一八六四）年のヤマサ醤油「大福帳」[14]によると、この年八月六日に川通の釜屋勘助から購入した小麦四一〇俵の一俵当たりの値段は〇・五九七両、同じ日に霞ヶ浦沿岸・府中の大坂屋清吉から購入した小麦三〇八俵の一俵当たりの値段は〇・六〇六両で、約〇・一両の開きがある。すなわちⅡ期は、二千石台という生産量は維持しつつ、醤油醸造にかかる経費中最も大きな比重を占める原料費[15]をできるだけ抑えることにより、利潤をあげようとした時期であったとみることができよう。

小括

以上見てきたように、天保七（一八三六）年から明治二（一八六九）年までの約三〇年間は、製品販売において江戸売よりも主に利根川筋の地域市場売の方が多く、それとほぼ重なる天保九年から慶応元（一八六五）年までは、原料調達先は従来霞ヶ浦沿岸中心であったのに対して、価格の安い「川通」（利根川筋）が拮抗するほどの割合を占めるという、ヤマサの歴史上でもユニークな時期であった。この二つの事実がほぼ一致した時期にみられることは決して偶然とは思われず、その前後の時代との店の経営方針の違いを示していると考えるべきであろう。すなわち、ヤマサの「低迷期」もしくは「停滞期」を切り抜けることができた要因として、販売戦略や資本蓄積的視点のほかに、経費中最も大きな割合を占める原料調達面での節約という視点を加えることが可能であると思われる。

また、かかる経営史的観点とともに、この時期ヤマサ醤油の原料仕入先の選択肢の中に川通が入ってきたことの、関東経済史上の意義、すなわち利根川筋における生産力の上昇をも見落してはなるまい。もちろんこのことは同時に、ヤマサの「低迷」もしくは「停滞」をもたらした外的環境の一要素でもあった。すなわち利根川筋の生産力上昇は、利根川筋の他の醤油醸造業者の発展をももたらしたのである。

注

（1）「ヤマサ」の名は現在では社名になっているが、もともと広屋（浜口）儀兵衛店で生産する醤油の商標の一つであった。広屋儀兵衛店は、明治三九年までは個人商店であったが、大正三年合名会社、その後一時個人商店に戻った後、昭和三年から「ヤマサ醤油株式会社」になった。ここでは便宜上、企業形態や名称に関係なく、時代を超えて「ヤマサ醤油」と称することにする。

（2）荒居英次「銚子・野田の醤油醸造」（地方史研究協議会編『日本産業史大系』4「関東地方篇」、東京大学出版会、一九五九年）、同「醤油――銚子・野田を中心として――」（児玉幸多編『体系日本史叢書』11「産業史」Ⅱ、山川出版社、一九六五年）、篠田壽夫「銚子造醤油仲間の研究――江戸地廻り経済圏の一断面――」（『地方史研究』第一二九号、一九七四年、のち補筆修正して『醤油醸造業史の研究』（後掲）に収載）、油井宏子「銚子醤油醸造業における雇傭労働」（『論集きんせい』第四号、一九八〇年）、林玲子「醸造町銚子の発展」（『歴史公論』79、一九八二年）、油井宏子「醤油」（『講座・日本技術の社会史』1「農業・農産加工」、日本評論社、一九八三年）、林玲子「銚子醤油醸造業の市場構造」（山口和雄・石井寛治編『近代日本の商品流通』東京大学出版会、一九八六年）、林玲子編『醤油醸造業史の研究』（吉川弘文館、一九九〇年）、林玲子・天野雅敏編『東と西の醤油史』（吉川弘文館、一九九九年）など。なお銚子以外をも含めた醤油醸造業史全般の研究史が、『東と西の醤油史』の中で長谷川彰によってまとめられている（同書第一章）。

（3）林玲子「銚子醤油醸造業の開始と展開」（前掲『醤油醸造業史の研究』第一章）三頁。

（4）拙稿「醤油原料の仕入先及び取引方法の変遷」（同前第三章）九七～一〇一頁。

（5）篠田壽夫「江戸地廻り経済圏とヤマサ醤油」（同前第二章）六〇頁。

（6）同前八六頁。

（7）谷本雅之「銚子醤油醸造業の経営動向――在来産業と地方資産家――」（同前第六章）二五一～二七〇頁。
（8）銚子の醤油造家広屋儀兵衛家と江戸の醤油問屋広屋吉右衛門家とはもともと親戚筋であったが、このころはすでに一族としての分業関係は脱していた（篠田、前掲（5）六四頁）。
（9）同前、八五頁。
（10）拙稿、前掲（4）一〇一～一〇六頁。
（11）詳しくは拙稿、前掲（4）一〇六～一一三頁参照。
（12）同前一一七頁。
（13）荒居、前掲（2）「銚子・野田の醤油醸造」一〇七頁。
（14）ヤマサ史料Ａ１４８。
（15）拙稿、前掲（4）九三～九六頁。

第6章　関東の小規模醤油醸造家と地域——上総君津郡・宮家の事例を中心に——

はじめに

現在、日本国内には約二〇〇〇の醤油醸造業者が存在しているが、そのほとんどは中小規模である。このことは、在来産業の脆弱さとともに、根強さを表わしているとも言えよう。ではそれら中小規模業者は、いかなる基盤の上に今日まで成り立ってきたのであろうか。私は現在、この問題を、一つには地方による嗜好ないし食文化の微妙な違いに基づく各地醤油醸造業者の「棲み分け」の問題として考えている。生産の多い地方も少ない地方も、大手メーカーも中小メーカーも、基本的にはそれぞれの存在する地方（ブロック）と、せいぜいその周辺を市場としているといった状況、言い換えれば他地方への参入は容易ではない状況、つまり「地産地消」が今日においてさえ見られるのは、この要因が大きいであろう[1](表6-1参照)。

だが、同じような嗜好ないし食文化をもつ同一地方においても、大規模業者も中小業者も存在してきた状況は、どのように考えればよいであろうか。この問題を解くには、輸送機関や問屋・仲買商など流通ルートの問題を考えなければならないであろう。そこで本章では、近代日本において醤油醸造業が最も盛んであり日本を代表する大メーカー

表6－1　醤油の地域別需給表

出荷元＼出荷先	北海	東北	関甲	北陸	東海	近畿	中国	四国	九州	合計
北海道	33									33
東北		69								69
関東甲信越	13	27	408	1	26	8	2	4		489
北陸				21	2					23
東海			11	14	86	8				119
近畿			7	8	26	133	20	16	15	225
中国							37		1	38
四国			3		5	28		23	7	66
九州			2			1	4	1	128	136
合計	46	96	431	44	145	178	63	44	151	1,198

注）・『図説・日本の食品工業』（株式会社光琳、1990年）による。
・単位：1000kl。1000kl 未満は切り捨て。

が複数存在する一方で、数多くの中小メーカーも同時に存在してきた房総地方を対象として、輸送機関が船から鉄道へと転換していく過程で大手メーカーがどのような市場開拓を見せたか、一方で当該地の中小業者はいかなる動向を見せたか、といったことを見てみたい。順序として、まず現在業界第二位のシェア（約一〇％）をもつ銚子・ヤマサ醤油（旧「広屋（浜口）儀兵衛商店」）の動向を見、然るのちに内房地域の中小業者・宮家を取り上げる。すなわち、輸送機関が変化する過程でヤマサが新たな市場開拓を行い、しだいに内房の醤油醸造家の市場と競合ないし彼らを圧迫する状況と、それと対比して内房の造家の動向を見ようとするものである。

一　銚子・ヤマサ醤油における輸送機関と販路

明治三〇（一八九七）年に鉄道が銚子まで敷かれる以前、ヤマサは製品輸送に、眼前の利根川の水運を利用していた。輸送機関は和船から、明治一〇年代に入ると汽船も用いるようになった[2]。販路としては、主に利根川を関宿まで遡って江戸川を下り、江戸・小網町の問屋に送るか（「江戸売」）、その途中の利根川水系（霞ヶ浦沿岸を含む）の地域市場の核となっていた諸河岸に送るか（「地売」）であった。そのほか、「地升売」と称する周辺地域への小商いもあった[3]（図5-1・5-2参照）。江戸（東京）問屋は江戸期の文化年間には約七〇軒、明治二〇年には一八軒、大正から昭和のはじめにかけては二〇軒であった。江戸（東京）に送るときは問屋以外には出荷しないことが不文律となっていたとのことである。[4]この時期は総じて江戸売が主ではあったが、幕末の天保七（一八三六）年から明治二年までの約三〇年間は、地売が江戸売を上回るというユニークな時期であった。[5]

江戸（東京）までの所要日数は、和船では数日ないし二〇日で、江戸までの距離が長い上、関宿付近が難所で到着日が特定できず、銚子物が江戸市場に届かないときは醤油が品薄になって価格が高騰し、江戸に近いライバル野田の造家が利を得ることになり、逆に銚子物が到着すると価格が下がるという、銚子の造家にとっては常に不利な状況にあったとのことである。[6]明治二三年、利根運河開通により航路が短縮されても、明治二九年、ヤマサが別家の者の斡旋で汽船〝翁丸〟を建造し、運航日数がさらに短縮されても、一昼夜で江戸に出荷できる野田に比べての不利さは解消しきれなかったが、そうこうするうちに、銚子に鉄道が通ることとなった。なおこの頃になると、東京売は九割程度と、圧倒的になっていた。[7]

明治三〇年六月一日、総武鉄道が銚子まで達し、東京（本所）―銚子間が鉄路で一本に結ばれることになると（現総武本線）、ヤマサ醤油の輸送機関は和船、汽船、鉄道の三本立てとなった。当時のそれぞれの東京送り運賃を比較すると、和船が九升入一樽当たり二銭五厘、汽船が二銭七厘五毛であったの

図６－１　房総地域地図

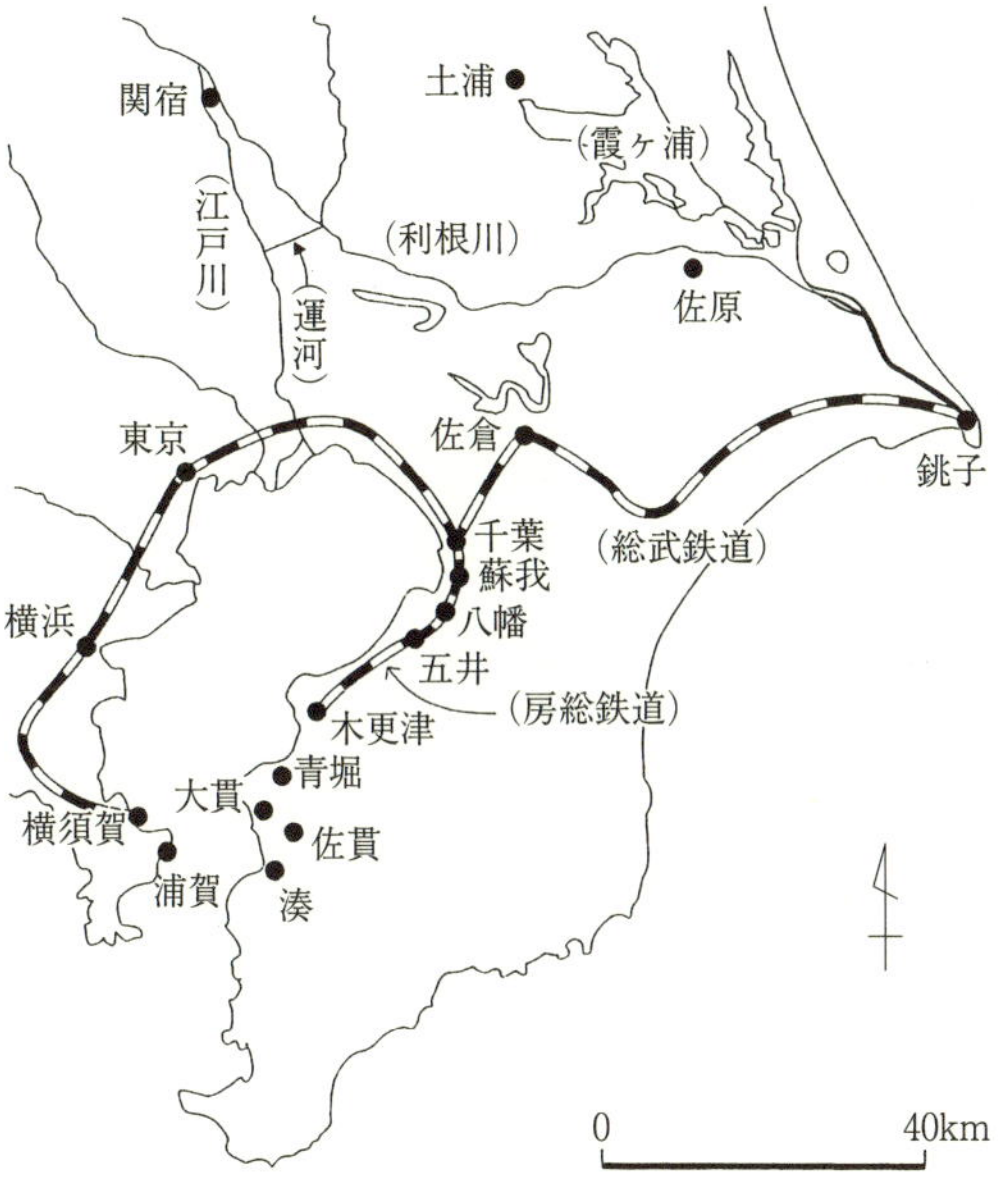

注）鉄道は本稿に関連する部分のみで、1912年８月現在。

に対し鉄道は三銭四厘二毛で、鉄道が高かった。総武鉄道はヤマサに鉄道利用を勧めたが、ヤマサは鉄道よりも運賃が安い汽船が利用できることを理由に簡単には応じず、鉄道運賃の値下げを交渉し、同年八月には汽船よりわずかながら安い二銭四厘九毛という運賃を引き出すことに成功、以後は運賃は徐々に下がって、翌年九月には一銭九厘五毛にまで下がった。その後運賃は逆に徐々に上昇するが、和船や汽船よりも安い状況は長く続いた[8]。

さて、鉄道を利用するようになって、迅速かつ予定を立てての輸送ができるようになり、銚子は鉄道の通っていなかった野田よりもむしろ有利な立場に立ったという[9]。東京問屋への出荷量はどんどん増えていったが、全体の生産量が増える中でその比重は徐々に下がり、明治末〜昭和初年までの間には六〇%台にまで下がった。代わって地方売や外国輸出の比率が増えた[10]。

ここで注目すべきは、一九世紀末という時期に鉄道を利用するようになって、従来の利根川水運のみによっていた時代には送荷していなかった地域に新たに醤油を販売するように徐々になっていったことである。そして世紀が変わって、明治四〇年頃になると、その状況はますます顕著になる。具体的には、総武鉄道沿線の佐倉、千葉、蘇我、津田沼、及びそれらを中継点としてさらにその先、さらには遠方の横浜、横須賀、大阪、仙台、函館などであった[11]。このことは、従来それらの地域を市場としていた業者と競合する可能性があったことを示している。特に本章のこれからの行論との関係で言えば、君津郡の醤油醸造業者が市場としていた、隣接する市原郡域、対岸の横須賀・横浜にヤマサが新たに市場開拓をしたことが重要である。ちょうど明治三〇年代は、ヤマサの経営史の上では、積極的・革新的経営で知られる一〇代目店主・浜口梧洞の時代であった[12]。表6-2は、総武鉄道全通以降のヤマサからこれら地域への送荷状況を示したものである。この中には粕も多く見られるが、これは二番搾りの「番醤油」の原料となったものと思われる[13]。こういったかたちでの販売を含め、これら地域への送荷が少しずつ量を増していくようすが知られる。ヤマサにとってみれば、全送荷量の中でのこれら地域への送荷の比重は小さいが、中小業者の多かったこれら地域の

表6－2　ヤマサより総武鉄道経由千葉郡・市原郡、及び横浜・横須賀方面への醤油送荷

《年》	《送荷先》	《品名》	《数量》	《備考》
【明治31】	なし			
(1898)				
【明治32】	千葉町・柴田仁兵衛	新粕	91俵	6トン1車
(1899)	〃・石橋茂三	ヤマサ	10樽	
	辺田村・星野太郎左衛門	新粕	6俵	
【明治33】	千葉町・石橋茂三	ヤマサ上	10樽	
(1900)	〃	壜詰	2ダース	
	横浜市戸部・小倉錦太	ヤマサ上	1樽	
【明治36】	市原郡八幡町・田山留吉	上粕	35俵	千葉次キ
(1903)	〃	新粕	15俵	
	〃	粕	15俵	
	市原郡五井町・浜田六平	上粕	50俵	蘇我停車場上げ
	市原郡・立野林蔵	上粕	30俵	ソガ○ツ上
	〃	新粕	100俵	蘇我○ツ運送店［揚欠ヵ］ケ
	横浜市福富町・関口栄吉	ヤマサ上	1樽	
	〃・開通合名会社	ヤマサ	50樽	紐育行
	〃・航路標識管理所官舎草間時福	壜詰	1打	
	〃・航路標識管理所官舎矢部宗平分	壜	1打	
【明治37】	千葉町・柴田商店	上粕	192俵	
(1904)	千葉農工銀行・宇佐美敬三郎	ヤマサ	20樽	
	市原郡八幡町・田山留吉	上粕	90俵	
	〃	新粕	25俵	
	市原郡・立野林蔵	ヤマサ上壜詰	10タース	
	横浜市・航路標識管理所官舎草間時福	壜	12本	
	横須賀・飯田清九郎	ヤマサ	450樽	内200樽「納め分」・100樽「海軍納」
【明治38】	千葉県農工銀行・宇佐美敬三郎	ヤマサ九入	20樽	「美しキ樽積入ノ事」
(1905)	市原郡五井町・濱田六兵衛	上粕	20俵	
	横浜市・航路標識管理所官舎矢部宗平	上壜詰	1打	
	横浜市西戸部町・長谷川善次郎	上壜詰	半打	
	横須賀・飯田清九郎	ヤマサ九入	100樽	
【明治40】	千葉町南道場・稲坂善治郎	中粕	20俵	
(1907)	千葉町・柴田商店	上粕	1車	「七噸ニテモ六噸ニテモヨシダニヤ」
	千葉町・裁判所裏官舎山本錚之助	ヤマサ九入	1樽	
	千葉郡蘇我町・前田為三郎	上粕	8俵	
	〃	中粕	3俵	
	千葉郡蘇我町・古山林造	ヤマサ九升	18樽	蘇我駅前両総運送店揚
	〃	上粕	10俵	〃
	千葉郡・伊藤庄八	上粕	1俵	千葉揚
	市原郡五井町・岡田元三郎	上粕	240俵	曾我駅両総運送店扱い
	〃	中粕	20俵	蘇我駅止メ
	市原郡茂原町・伊藤七五郎	上粕	9俵	
	横須賀町・飯田清九郎	ヤマサ九入	3,300樽	
	〃	ヤマサ半入	500樽	

注）・ヤマサ醤油株式会社所蔵、各年「注文帳」より作成。
　・文字は原史料通り。

造家側から見れば、何らかの少なからぬ影響を蒙ったものと思われる。すなわち、醤油の需要が高まる中で、ヤマサとしては粕という下級品市場を新たに見出し、そのことは地元の小規模業者にとっては半ば原料移入として補完の役割を持ったと同時に、「補完」されない業者にとっては、大規模業者による市場への参入として圧力を感じたことであろう。

　またこの表の中で、横須賀の飯田清九郎が、明治三七（一九〇四）年以降しだいにヤマサの得意先になっていくようすがわかる。この表のもとになった「注文帳」からは彼についての詳細はわからないが、ヤマサには別に飯田屋からの書簡・はがき類が数多く残っており、それらによると、飯田屋は横須賀海軍工廠のすぐ近く、旭町在の「米・酒・醤油・味噌・洋酒・食料品・缶詰商」で、明治三一・四〇・四一各年「商工人名録」にもその名は登場する。同店からさらに横須賀海軍衣糧庫、呉工廠、佐世保水交社、舞鶴水交社[14]といった軍関係の機関にヤマサの醤油が送られている。ただすべてがそういったところへ送られていたわけではなく、横須賀はそれ自体が大きなマーケットであり[15]、しかも明治末から大正初期の同市統計によると同市に醤油醸造業者は存在しておらず[16]、ここに、地理的に近い対岸の君津郡造家や、地理的には遠いが大手のヤマサなどが進出してくる余地があったと思われる。大正元（一九一二）年の同市の醤油移入量は一万三〇〇〇樽、仕出地は東京・横浜・上総・下総となっている[17]。このうち東京・横浜から送られてくる醤油は、野田など各地の醤油醸造業者から問屋を経て送られてきたものである。上総は主として君津郡、下総は主としてヤマサである[18]。また旧『横須賀市史』によると、「海軍工廠勤めの一一、〇〇〇余の市民の家計は決して上等のものではなかった[19]」とのことで、一般職工と比べて低めの賃金水準が紹介されており、横須賀市場自体は概して高級品市場ではなかったと思われる。したがって、ヤマサから送られてくる上等な醤油は軍関係各機関に納品されたり、横須賀市内でも上層の家庭に買われ、一方君津郡あたりの品質の劣る醤油は横須賀市内の一般的な家庭で買われるといった状況があったのではないかと思われる。

二　君津郡における小規模醸造家の動向――佐貫町・宮荘七家の事例を中心に――

さて、ヤマサがこのような動きを見せていた時期を、内房・君津郡の醤油醸造家はどのように捉えていただろうか。ここでは君津郡佐貫町の小醸造家・宮荘七家（当該期で造石高約二〇〇石規模）の史料を見てみよう。次の史料は、同家が毎年作成していた決算帳簿「見世資産」のうち、明治四〇年のものに記されている「付言」である[20]。

本年店卸之義、曩キニ予期セシ稲作ノ減収并ビニ海浜不漁ナリシニ比シ商ヒ高ハ相当ニ有之候モ、醤油如キハ原料高ニ反シ価格幾分カ下落シ、持合セ民製煙草ノ下落損失等ニ際会シ、且ツ政府戦後ノ経営ハ諸税ノ重加ヲ免カレズ国民一般之負担ハ層（ママ）加スルモ撃滅ヲ許サズ、益々支出ノ多キニ比シ商況ノ機運ハ逐年競争ノ度ヲ増シ、従ッテ薄利ニ甘ンセザルヲ得ザル時世故、利益ノ点モ当年ハ甚ダ尠少ニ有之候、尚ホ内之人数モ増加候ノミナラズ、平素諸費等ハ年増シニ嵩ミ候事故、純益之尠ナキニ比シ諸費ハ反比例ニ追々重加候ハ免カレサル義ニ付キ、卅七年三月店卸ヨリ本店買物ハ奥ヨリ支出、卅九年三月店卸ヨリ小供小遣分略算ノ上ヘ奥ヨリ支出致候、爾後右ニ鑑ミ一層大奮発、商法向キニ熱心、機敏ニ無油断且ツ経済向キニ能ク注意倹約ヲ守ル可キ者ナリ（傍線引用者、以下の史料でも同様）

この史料では、自家がマーケットとしていたと思われる周辺農漁村の景況を気にしつつ、商い高は相当あるものの醤油の原料高・価格の下落・日露戦後の増税などとともに、この年初めて「逐年競争ノ度ヲ増シ」という表現をもっ

表6－3　宮家所得金内訳

	【明治34（1901）年】	【明治44（1911）年】	【大正10（1921）年】
醤油製造	258.510円（198.940石）	170.000円（109.450石）	800.000円（130.000石）
販売業	109.090	145.000	500.000
田畑	404.090	455.000	1,400.000
貸家			48.000
貸金利子	562.410	324.000	
銀行給料	18.000	36.000	162.000
配当			3,052.000 （日本興業銀行、第三銀行、佐貫銀行、佐貫醤油会社、第一銀行、明治商業銀行、日本勧業銀行、日本人造肥料）
合計	1,352.100	1,130.000	5,962.000

注）富津市佐貫町・宮正蔵家所蔵、各年「所得金高（額）申告（書）」より作成。

て、先に述べたような同業者間の競争を（他の史料にはっきりと「同業者競争」という表現が出ている）「薄利ニ甘ンセサルヲ得」なかった理由としてあげ、対策として「奥」よりの支出、商売への奮起、倹約等をあげている。

宮家は、近世期は本家が佐貫藩主阿部家の御用呉服商で伊勢商人の系譜を持ち、名字帯刀を許されており、近代においては県議会議員を二代にわたって務めた。荘七家は天保五（一八三四）年荒物商を創業、醤油醸造業の創業は明治五（一八七二）年である。その他貸金業も営んでいた。代々戸長、町長、町会議員などを務め、また佐貫銀行頭取、千葉貯蓄銀行取締役になるなどしている。[21] 表6－3にあるように明治三四年の所得金申告額は合計一三五二円余、うち貸金利子が最も多く、次いで田畑からの所得と続く。醤油はその次で、さらに販売業（荒物）収入がそれに続いた。大正一〇年になると、合計約六〇〇〇円の所得のうち、配当収入が半分以上を占め、次いで田畑の貸付収入、醤油製造による所得となっている。全体の資産が膨らんでいく中で、同家にとって醤油醸造業の占める比重は徐々に小さくなっていったのだが、それでも今日まで醤油醸造業を保ち続けていることが重要である。[22] 現当主宮正蔵氏によれば、同家では醤油醸造業を「家業」として重視しており、また次の史料に見られるように、周囲もそのような目をもって宮家を見ていた。

【昭和一六（一九四一）年四月一三日、佐貫町長三平良より四代目宮荘七への弔辞[23]】

…氏ハ先代宮荘七氏ノ嫡男ニシテ、明治九年四月六日ヲ以テ佐貫町…ニ生ル、幼児ヨリ学ヲ好ミ武ヲ練リ、長ジテ父祖ノ業ヲ継ギ、醸造販売ノ業ニ従事セラル、明治三十七年四月一日、本町々会議員ニ当選セラレ、続テ同四十年四月一日再選、尚四十三年及ビ大正六年ノ四回当選、十有余年間本町自治ノ為ニ尽瘁セラレ、曩ニ本町自治功労者トシテ表彰ヲ受ケラル

氏ハ元佐貫銀行頭取、…所得税調査委員、相続税調査委員ト為リ、現ニ千葉貯蓄銀行取締役トシテ地方経済界ノ為メ尽力…近隣ニ信望篤シ…（…は引用者による省略。以下同様）

【平成四（一九九二）年八月二五日、富津市長黒坂正則より五代目宮荘七への弔辞[24]】

富津市名誉市民、元佐貫町長宮荘七先生の葬儀にあたり、…宮荘七先生は明治三十五年十月二十七日に醤油製造業の名門宮家に誕生され、若くして家業を継がれ、その優れた事業経営の才能と卓越した経営能力により、家業の繁栄をもたらしたのであります。またすぐれた御見識、温厚篤実なお人柄は広く人望を集められ、昭和十七年五月佐貫町議会議員、昭和十八年九月に佐貫町長に当選、…又その他に警防団長、消防団長、農協会長、漁業会長各職を兼職、…地域の振興に御尽力、…さらに君津郡町村会長、千葉県町村会副会長の要職を歴任…

このように、周囲も宮家の醤油醸造業を「父祖の業」と見、「醤油製造業の名門宮家」との意識を持っていた。またこれは昭和に入ってからの史料であるが、同七年のヤマサ作成「千葉県内醤油醸造業者名簿」の「信用」の項の中で、宮荘七は、「稍厚」・「普通」・空欄の三通りの評価のうち「稍厚」の評価がなされている。このような、醤油醸造

表6-4　千葉県郡別醤油生産高

郡＼年	【明治30年】	【明治34年】		【明治37年】		【明治38年】		【明治40年】		【明治44年】	
安房郡	9,072石	8,578石	63戸	8,355石	73戸	8,139石	73戸	8,282石	74戸	9,160石	76戸
夷隅郡	4,918	5,318	35	4,134	31	3,733	30	3,923	29	4,406	29
君津郡	**16,703**	**15,742**	**82**	**18,323**	**73**	**19,038**	**73**	**20,684**	**74**	**23,679**	**67**
長生郡	3,272	3,289	49	3,426	45	3,159	42	3,289	42	3,936	49
山武郡	4,869	4,660	73	3,747	68	4,059	63	4,333	62	4,786	64
市原郡	3,067	3,340	30	3,529	29	3,320	29	10,222	55	4,921	27
千葉郡	6,473	5,830	19	5,060	22	5,597	22			6,479	31
東葛飾郡	92,252	21,572?	43	115,119	47	142,534	46	154,389	50	183,847	48
印旛郡	5,994	6,773	61	5,074	65	5,424	67	4,839	64	4,836	58
香取郡	16,566	16,374	48	16,225	43	15,366	47	17,045	42	18,438	33
海上郡	35,119	42,660	42	37,692	36	46,998	46	66,302	78	72,452	37
匝瑳郡	4,045	4,055	35	3,174	30	3,579	30			4,115	28

注）各年『千葉県統計書』より作成。

業というものに対する同家の意識の高さ、世間の同家に対する信用の高さが、細々ながらも今日まで同家の醤油醸造業を持続させた一因であったことは疑いない。最近の花井俊介の研究では、茨城県真壁町の小醸造家田崎家の事例を紹介し、「家業意識」が小規模ながらも醤油醸造業を持続させた要因であるとしているが(25)、それに通ずるものがあるように思われる。

だが、当該期君津郡の状況を見る限り、このような醤油醸造家を持続させた要因は他にもあったように思われる。

表6-4は、明治三〇年以降明治末年に至る千葉県下各郡の醤油生産状況である。この表によると君津郡は、明治後期において野田のある東葛飾郡、銚子のある海上郡に次ぐ生産をあげているが、醸造戸数も多く、明治四〇年まではトップで、表6-5にあるごとく、五〇〇〇石以上の業者は七〇〇〇石の飯野村鳥海家（カギサ醤油）のみで、他は小規模な業者が数多く存在していたのであった。東葛飾郡や海上郡に大規模業者が数多く存在していたのと対照的である。

君津郡全体としての主要販売先が判明する年は限定されるが、表6-6にあるように、明治三七年時点での主要販売先は東京・横須賀・浦賀であった。もちろん、地元への販売はあったと思われるが、市場の大きさからして、量的にはむしろ東京・横須賀方面が主であったという

表6－5　醤油製造場数石高区分

年	郡	《5000石～》	《1000石～》	《500石～》	《100石～》	《～100石》	《休造》
【明治35年度】	安房郡			5	38	23	8
(1902)	夷隅郡				17	16	3
	君津郡	**1**	**3**	**6**	**38**	**29**	**1**
	長生郡				10	32	8
	山武郡			1	13	47	12
	市原郡			1	10	17	2
	千葉郡		1	1	10	8	0
	東葛飾郡	11	11	3	12	11	5
	印旛郡			3	14	40	12
	香取郡		5	5	10	26	3
	海上郡	3	3	9	9	16	6
	匝瑳郡			1	12	17	7
【明治40年】	安房郡			1	24	35	16
(1907)	夷隅郡			1	17	10	2
(12月末)	**君津郡**	**1**	**4**	**7**	**29**	**23**	**12**
	長生郡				13	25	4
	山武郡			1	12	45	6
	市原郡 千葉郡		1	3	25	25	1
	東葛飾郡	14	9	2	13	9	3
	印旛郡				20	31	16
	香取郡		6	2	8	19	7
	海上郡 匝瑳郡	4	6	7	25	23	13
【明治44年】	安房郡		1	1	33	24	17
(1911)	夷隅郡			1	19	6	3
(12月末)	**君津郡**	**1**	**5**	**5**	**24**	**23**	**9**
	長生郡				12	27	10
	山武郡			2	11	43	8
	市原郡			2	14	9	2
	千葉郡		1	3	12	11	4
	東葛飾郡	18	9	4	10	4	4
	印旛郡			1	14	31	12
	香取郡		8	2	9	12	2
	海上郡	6	3	6	13	6	3
	匝瑳郡		1		13	13	1

注）各年『千葉県統計書』より作成。

ことであろう。このことは、時代はやや下るが、大正一二（一九二三）年のヤマサによる調査時点でも変わっていない。

【大正一二（一九二三）年七月、ヤマサ・外岡松五郎による「房総醤醸地視察報告」[26]（部分、要約）】

・**市原郡**

（造石高）主な醸造業者は蘇我町・八幡町・市西村・戸田村に計六軒（各七〇〇〜一五〇〇石）、他は五〇〇〜六〇〇石以下。

（醸造状況）番物・生揚げは半々くらい。

（販路）「東京を主たる得意地とし問屋に委託するもの大部分…運送は舟を利用し河岸上迄五六銭、汽車は七八銭を要すと言ふ…地元の需要は極めて少量にて問題にするに足らざるが故に東京出荷の外其の道なし…千葉市は附近の大消費地なれども同市に直接送荷する工場は甚だ少なきが如く大部分は東京の商人の手を経て売買せらるる模様なり」

・**君津郡**

（醸造状況）「仕込年月は十二ヶ月乃至十五ヶ月…之れを超ゆる時は…品質を劣等ならしむる虞あり…製成歩合は九分五厘といふことなるが故に三分の一の番物を産すとみるべし」

（販路）「東京送りを主眼とする事は各工場に共通なれども対岸の横浜横須賀方面にも相当の数量を送る者あり郡内販売は極めて少量なり木更津には野田銚子物を見ること少なからず運送は全部舟便により汽車を利用する者なし運賃河岸迄六七銭にして手船にて運搬するものは四銭乃至五銭位なり…鳥海夏目両工場の如きは千樽積の発動汽船を所有す」

表6－6　明治37（1904）年千葉県郡別醤油移出入高

郡＼移出入	【移出】			【移入】		
	《数量》	《価額》	《仕向先》	《数量》	《価額》	《仕出元》
安房郡	12石	204円	東京府下	1,944石	42,768円	東京府下
夷隅郡	20	300	長生郡・東京府下	35	805	長生郡・東京府下
君津郡	**6,207**	**83,794**	**東京府下・横須賀・浦賀**	**91**	**2,022**	**東京府下**
長生郡	50	650	？	300	6,000	東葛飾郡・海上郡
山武郡	650	10,764	東京府下	50	828	海上郡・東葛飾郡
市原郡	3,000	81,000	東京府下	50	1,500	東京府下
千葉郡	4,500	121,500	東京府下	300	9,000	東京府下
東葛飾郡	105,000	2,625,000	？	50	1,400	海上郡銚子町
印旛郡	177	3,894	東京府下・茨城県・千葉郡	—	—	—
香取郡	5,680	142,000	東京府下・茨城県	—	—	—
海上郡	33,903	864,527	東京府下	—	—	—
匝瑳郡	1,209	29,016	東京府下	—	—	—

注）同年『千葉県統計書』より作成。

（概評）「君津郡は海路の便よく古来東京との交通頻繁…其の刺戟を受くる所大なり此の地方に醤油醸造の創始せらるゝ特異の事情ありしにあらず…其の沿革も比較的新しきに不拘如斯急速の発展…一工場の造石高は多く二三千石に止まり個々の勢力微弱にして…組合としての連絡も商品としての協約もなく…市場にその力を延ぶること能はず…東京仲買小売品評会に於て君津郡に入賞せる者…天下に活歩せる亀甲萬を凌駕して優賞を受けたる工場(ママ)の如きは之れを以て好季とし…仲買有力者を青堀温泉に紹待して大に気を挙げ最上品に対する平素の不満を噴掲し…二三流醤油の団結を宣伝…問屋を以て暴慢とし其の態度に倦き足らざる一派の仲買業者は問屋を圏外に駆逐して直接造家に結ばんとする希望あり茲に両者の利害は一致…一層密ならんとする形成…唯だ鳥海会社は是等群小造家に超然たるが如く…最上品を気取らんとする」

（鳥海合名会社に就きて）「其の造石高に於ても其の規模に於ても県下銚子に次ぐの大工場なり…天保頃の創業…『カギサ』の商標は登録以前夙に早くより使用すと称すれども真偽審かならず…我『ヤマサ』を目標とし品質も容器も広告

図6-2　ヤマサ、宮荘七家、鳥海合名商標

（ヤマサ）　（タマサ）　（カギサ）

も経営も『ヤマサ』に倣はんとする傾向著しく『ヤマサ』の仕込方法の如き前銚子税務署長内山氏を経て之れを承知する由にて其他社員は昨年より洋服とし『ブローチ』をも帯用せるが如き苦笑を禁じ得ざるものあり…浜口を店請として東京出荷をなせしが現今は国分を以て大手筋とす…輸送は手船発動機により…」

東京・横浜・横須賀を主たる販売先としていたことは、先に紹介した宮荘七家も例外ではなかった。ちなみに地元の人の話によると、この地域と対岸の横須賀・横浜とのつながりは、婚姻関係など、今でも強いとのことである。

また前掲、ヤマサの外岡松五郎の報告の中で、鳥海合名がヤマサの商標に類似した「カギサ」という商標を使用したり、その他何かにつけヤマサを模倣する傾向が強かったこと、また省略したが、市原郡の高山工場も「ヤマサ」に類似した商標を使用していたことが記されており、さらに宮荘七家も明治四〇（一九〇七）年頃より、やはり「ヤマサ」に類似した「タマサ」という商標を使用している[27]（図6-2）。明治四〇年という時期を考えると、これもヤマサがこの地域に進出してきたことに対する一つの対応として注目される。

一方、醤油価格の面では、表6-7にあるように、同郡に出回っていた醤油は上級品と下級品の差が大きかった。これもデータが得られる年が限定されるが、例えば明治四〇年の数値で見ると、上級品は一石当たり三七円余で県内最高であったのに対し、下級品は一二円五〇銭で、その間二五円もの開きがあった。これは東京問屋から送られてくる野田・銚子の上級品などと地の番醤油などとの差を示していると思われる。時代は下るが、大正一四（一九二五）年のヤマサの「千葉県・茨城県醤油販売店訪問記[28]」によると、木更津において「最上品ハ町方ガ大部分ニシテ付近農

家ハ地廻ノ安物ヲ使用ス」とある。大正末でさえこのような状況だったのである。

また、データのある年は限られているが、醤油関係商人の多かったこともこの郡の大きな特色である（表6-8）。数値に疑問のある例えば明治三〇年長生郡の仲買商・印旛郡の卸売商の数を除けば、明治三〇年君津郡の醤油仲買商・卸売商、同三四年の問屋・仲買・卸売商（「醤油味醂」も含む）の数は他郡に比して多い。表6-6にあったように、同郡の醤油の移出入を比べれば、移入はごくわずかで、移出の方が圧倒的に多いから、これらの商人はほぼ同郡内の群小醤油醸造家の荷を受けて他へ移出する役割を担っていたと考えてよかろう。同郡の群小醸造家と仲買商の関係については、やや時代は下るが、先に見たヤマサ・外岡松五郎の報告の中に興味深い記述が見られる。この史料には、東京の品評会でキッコーマンを抑えて「優賞」を受けた造家が仲買人を青堀温泉に招待して気勢を上げ、最上

表6-7　千葉県内醤油平均相場（1石につき）（各年12月調）

<table>
<tr><th>郡＼年</th><th>【明治37年】</th><th>【明治40年】</th><th>【明治44年】</th></tr>
<tr><td>安房郡</td><td>17.000</td><td>上22.000
中16.500
下13.200</td><td>上35.740
中30.180
下25.550</td></tr>
<tr><td>夷隅郡</td><td>13.000</td><td>上25.664
中18.069
下10.522</td><td>上25.000
中20.000
下17.000</td></tr>
<tr><td>**君津郡**</td><td>**17.000**</td><td>**上37.250
中24.083
下12.500**</td><td>**上37.167
中24.000
下15.000**</td></tr>
<tr><td>長生郡</td><td>11.700</td><td>上24.000
中18.000
下13.000</td><td>上27.000
中22.000
下18.000</td></tr>
<tr><td>山武郡</td><td>16.560</td><td>上22.000
中20.000
下10.000</td><td>上30.000
中22.000
下17.000</td></tr>
<tr><td>市原郡</td><td>26.000</td><td rowspan="2">上24.066
中15.433
下12.1?0</td><td>上20.110
中11.240
下 9.770</td></tr>
<tr><td>千葉郡</td><td>26.000</td><td>上20.110
中11.240
下 9.770</td></tr>
<tr><td>東葛飾郡</td><td>25.000</td><td>上36.667
中30.333
下18.667</td><td>上35.000
中30.000
下25.000</td></tr>
<tr><td>印旛郡</td><td>22.500</td><td>上25.000
中19.000
下12.000</td><td>上32.333
中30.667
下14.333</td></tr>
<tr><td>香取郡</td><td>20.000</td><td>上35.000
中17.333
下13.000</td><td>上25.000
中20.000
下10.000</td></tr>
<tr><td>海上郡</td><td>25.000</td><td rowspan="2">上25.620
中18.120
下14.800</td><td>上23.250
中19.660
下16.770</td></tr>
<tr><td>匝瑳郡</td><td>22.000</td><td>上22.500
中17.833
下16.000</td></tr>
</table>

注）各年『千葉県統計書』より作成。

表6－8　千葉県内各郡醤油関係商人数

郡＼年・商人	【明治30（1897）年】						【明治34（1901）年】					
	《醤油》			《醤油味噌》			《醤油》			《醤油味醂》		
	問屋	仲買	卸売	問屋	仲買	卸売	問屋	仲買	卸売	問屋	仲買	卸売
安房郡	—	7	30	—	—	3	3	1	34	—	—	3
夷隅郡	—	2	30	—	42	53	—	12	29	—	—	6
君津郡	**2**	**13**	**48**	—	—	**1**	**11**	**19**	**56**	**3**	**15**	**10**
長生郡	1	229	34	—	112	3	—	40	39	—	1	4
山武郡	6	—	39	1	—	13	4	17	22	—	—	14
市原郡	1	1	24	—	—	—	—	8	16	—	3	9
千葉郡	2	—	18	—	—	14	5	—	12	—	—	2
東葛飾郡	3	15	45	1	13	7	—	12	45	—	2	20
印旛郡	17	38	143	2	10	18	—	8	46	—	—	9
香取郡	—	—	24	—	—	1	—	10	35	—	—	—
海上郡	—	—	24	—	—	2	5	—	29	—	—	5
匝瑳郡	5	—	14	—	—	—	—	3	17	—	—	—

注）各年『千葉県統計書』より作成。

品に対する反発と二、三流醤油の団結を示し、問屋を通さず仲買業者とのつながりを一層密にする動きを示したことが記されている。ここに出てくる仲買業者が地元君津郡の者とは必ずしも限定できず、東京の者である可能性もあるが、いずれにしても、同郡の群小醸造家は問屋を通す「太いルート」よりも、仲買商と結ぶ「細いルート」を志向していたことがわかる。ちなみに宮荘七家は、東京では新川・牧原仁兵衛商店に送荷していた[29]。なお牧原は、先に述べた一八人ないし二〇人の問屋の中には入っていない。また宮家は、東京の日用品店から品物を仕入れる代わりに醤油を卸したりもしていたそうである。ちなみに、隣の市原郡は問屋ルートに乗っていた[30]。また地元の人の話によると、このあたりの人は、外から入ってくるものを受け付けない、また独自のものを守ろうとする気質、すなわち排他性が強いとのことであるが[31]、こういったことは程度の差こそあれ、日本の社会では一般的なことであったろう。

ところで、当該期君津郡の輸送機関であるが、同郡では鉄道の敷設は遅く、大正期を待たなければならない。蘇我から内房方面への房総鉄道は、ようやく明治四五年三月に市原郡姉ヶ崎まで開通し、同年（大正元年）八月、君津郡木更津まで延び、さらに大

表6－9　千葉県郡別船舶数

【明治44（1911）年（年度末現在）】

郡＼船	西洋形船			日本形商船	
	蒸気	風帆船（5t～）	同（～5t）	50～500石	～50石
安房郡	2	35	2	79	33
夷隅郡	—	10	—	1	2
君津郡	—	—	—	**168**	**57**
長生郡	—	—	—	—	—
山武郡	—	—	—	—	—
市原郡	—	—	—	94	—
千葉郡	—	13	—	338	333
東葛飾郡	—	—	—	206	71
印旛郡	—	—	—	—	18
香取郡	—	—	—	—	—
海上郡	7	6	—	82	132
匝瑳郡	—	—	—	—	—

【大正5（1916）年】

郡＼船	西洋形船（いずれも50石積以上）			日本形船	
	蒸気	発動機付帆船	帆船（5t～）	50～500石	～50石
安房郡	2	1	34	69	32
夷隅郡	—	—	1	7	4
君津郡	—	—	—	**168**	**153（うち動力を有するもの3）**
長生郡	—	—	—	—	—
山武郡	—	—	—	—	—
市原郡	—	—	—	83	—
千葉郡	—	—	3	222	—
東葛飾郡	1	—	—	69	201
印旛郡	—	—	—	—	—
香取郡	—	—	—	7	34
海上郡	7（客船）	—	9	72	71
匝瑳郡	—	—	—	—	—

注）各年『千葉県統計書』より作成。

正四（一九一五）年一月、同郡湊まで延びた（図6－1参照）。したがって主要なマーケットである東京・横須賀への醤油の輸送も、明治いっぱいまでは船を用いていたのは当然としても（横須賀は対岸なので、鉄道ができても船で渡った方が速いが）、先に紹介した外岡松五郎の報告にあるように、同郡造家が鉄道開通後も長く鉄道は利用せず専ら船を用いていたことは注意を要する。鉄道の輸送に限界があったにせよ、旧来の輸送機関に依っていたことは、隣接の市原郡の造家がこの頃すでに鉄道をも利用していたのとは対照的である。表6-9にあるように、鉄道が通った後の大正五（一九一六）年段階においてさえ、君津郡は千葉県内でも数多くの船が存在する郡であった。しかも西洋形の船は一つもなく、専ら伝統的な日本形の、しかも小規模な船であった。同郡の造家が輸送に利用していた船は、このような船だったのである。ちなみに、宮荘七家でも戦前ずっと船を利用していた。大震災で佐貫の港が使えなくなっても、以後隣の大貫の港の大正丸という船を利用したという(32)。

小括

明治三〇（一八九七）年の総武鉄道全通は、当時の経営者の経営方針と相俟って、ヤマサの醤油流通に少なからぬ影響をもたらした。従来の、基本的に利根川水系経由で江戸（東京）その他へ送り出していた状況から、総武鉄道経由で東京その他へ送り出すという経路に変わっていったその過程で新たに市場を開拓し、そこでその地の造家と何らかの利害関係が生じた。本章ではその状況の一端を、君津郡を例に取り上げたわけである。君津郡の醤油醸造家は大部分が小規模であったが、ある者は家業意識を持ち、周囲からも信用されつつ、小規模ながらも醤油醸造業を今日まで保ち続け、また一般的な傾向として同郡造家は、他産地商品に対する地元需要者の排他的気質に支えられ、一方、問屋ルートを避けて直接仲買商と結ぶ道を選び、輸送機関としては、鉄道が敷かれても伝統的・小規模な和船を利用し続けるという、旧来の関係を保つことにより、その命脈を保ったのであった。もちろん、大前提として、醤油市場全体の拡がりないし深化があったことを忘れてはならない。

注

（1） 本書第7章参照。

（2）林玲子「銚子醤油醸造業の市場構造」（山口和雄・石井寛治編『近代日本の商品流通』東京大学出版会、一九八六年）。

（3）本書第5章参照。

（4）ヤマサ史料、川島豊吉述「ヤマサ醤油に関する思ひ出話」。

（5）本書第5章参照。

（6）（4）に同じ。

（7）本書第5章及び長妻廣至「明治期銚子醤油醸造業をめぐる流通過程」（『千葉史学』第四号、一九八四年）参照。

（8）ヤマサ史料、「明治参拾年以降東京送醤油運賃調」。

（9）（4）に同じ。

（10）長妻、前掲（7）。

（11）ヤマサ史料、各年「注文帳」。

（12）『ヤマサ醤油店史』（ヤマサ醤油株式会社、一九七七年）、谷本雅之「銚子醤油醸造業の経営動向」（林玲子編『醤油醸造業史の研究』吉川弘文館、一九九〇年、第六章）参照。

（13）醤油粕には他に肥料・飼料としての用途もあるが、ここに出ている粕の送荷先の中には柴田仁兵衛（柴田商店）や田山留吉など醤油醸造業者や醤油小売商と確認できる者が多く、また後掲、ヤマサ・外岡松五郎の調査報告の中に、大正期においてさえ市原郡において番醤油が少なからず造られていることが記されていることからも、ここでの「粕」は番醤油用であったと思われる。

（14）各地の「水交社」は、海軍士官の親睦団体である。

（15）横須賀市の人口は明治四〇年六万余、大正元年七万ちょうどぐらいで全国二一位、関東で第三位であった。このうち海軍工廠の職工が一万人以上いた（『第一回横須賀市統計書』、大正四年九月九日発行）。

（16）前掲（15）『第一回横須賀市統計書』。

（17）同前。

（18）同年のヤマサから飯田屋への醤油送荷だけでも約一五〇〇樽に及ぶ（ヤマサ、同年「注文帳」）。ちなみに明治四〇年のヤマサから飯田屋への送荷量は三〇〇〇樽を超えていた（表6-1参照）。

(19) 旧『横須賀市史』六五九頁。
(20) 宮荘七家では、毎年の決算帳簿の末尾には必ずその年を振り返ってのコメントを記していた。
(21) 『千葉縣議会史　議員名鑑』（千葉県議会史編さん委員会、一九六五年）七七四〜七七五頁、後掲史料、及び現当主宮正蔵氏談。
(22) 戦後造石高を増やして、今現在の造石高は約二〇〇〇石である。
(23) 宮荘七家所蔵史料。
(24) 同前。
(25) 花井俊介「転換期の在来産業経営」（林玲子・天野雅敏編『東と西の醤油史』所収、吉川弘文館、一九九九年）。
(26) ヤマサ醤油株式会社所蔵史料。
(27) 宮正蔵氏談。
(28) ヤマサ醤油株式会社所蔵史料。
(29) 宮正蔵氏談。
(30) 前掲、外岡松五郎報告。
(31) 今でもこのあたりで使っている醤油は、キッコーマンやヤマサよりも地元の醤油だという。
(32) 宮正蔵氏談。

第7章　地方醤油醸造業の展開と市場——福岡・松村家を素材として——

はじめに

これまでの醤油醸造業史研究は関東・近畿を中心として行われ、今日まで一定の成果が蓄積されている。[1] しかるに現在の日本の醤油醸造業界の状況を見ると、前章でも述べた如く約二〇〇〇の醤油醸造業者があり、そのうち関東・近畿を基盤とする六大会社（野田・キッコーマン、銚子・ヤマサ醤油、龍野・ヒガシマル醤油、銚子・ヒゲタ醤油、館林・正田醤油、小豆島・マルキン忠勇）[2] が約半分のシェアを占める一方、残りの半分のシェアの中に二〇〇〇近くの会社がひしめき合うという状況になっている。[3] しかも例えばキッコーマン・ヤマサ・ヒゲタのような大メーカーを擁する千葉県の醤油でさえ販売先が圧倒的に関東及び周辺県に偏っている事実（図7-1）からもわかるように、醤油というものは、地域性、多様性をもつ、別の言い方をすれば、なかなか他地域へは浸透しにくいもののようである。キッコーマン・ヤマサ・ヒゲタのシェアが大きいのは、近隣に巨大な人口を抱える首都圏の存在があるからであって、決して広範な地域に浸透したためではない。関西のヒガシマル・マルキンについても同様に、そのシェアの大きさの背景として、大きな人口を抱える京阪神市場が近隣に存在することを指摘することができる。[4] 逆にその他の地域の醤

図7-1　千葉県からの醤油出荷

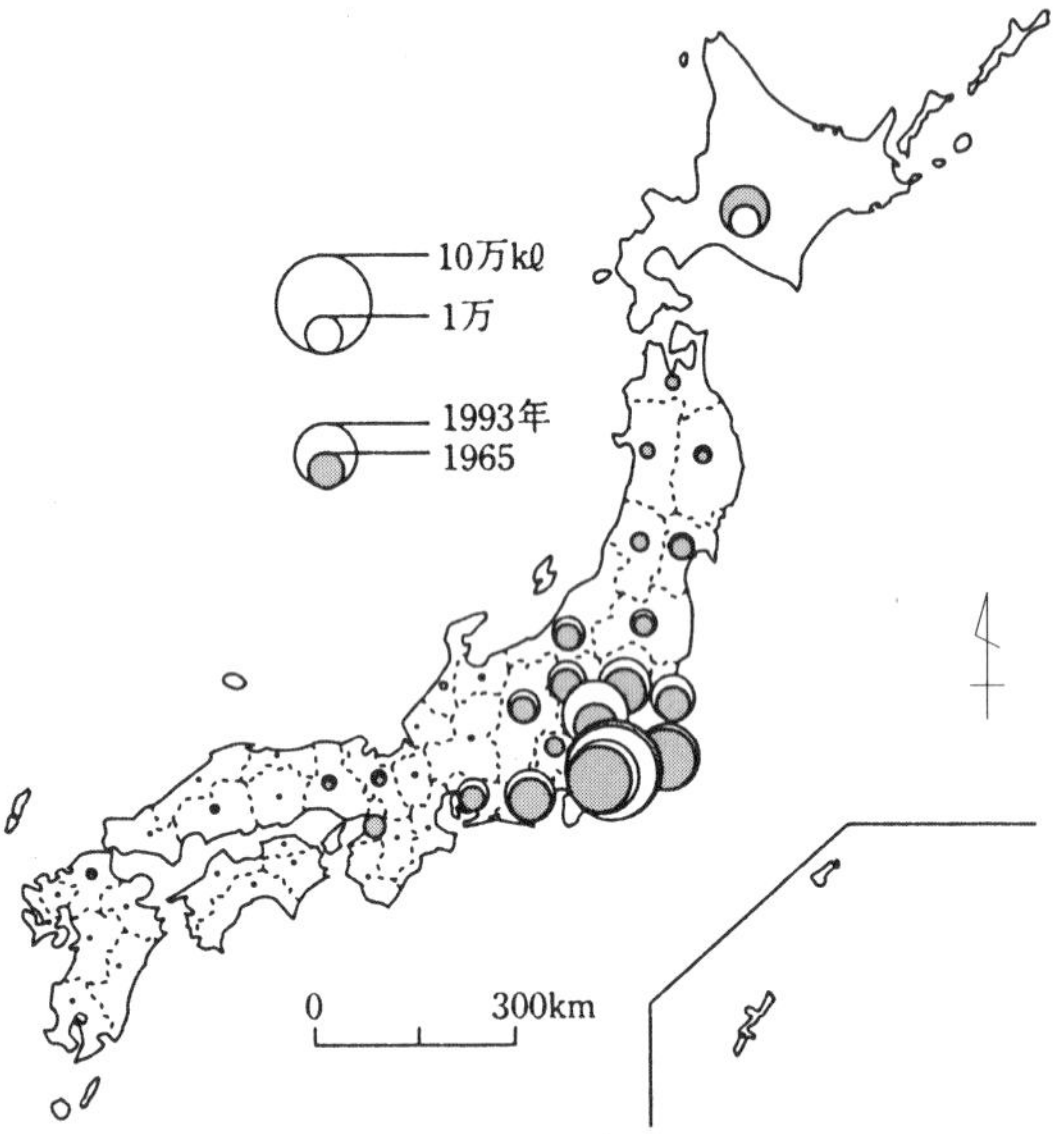

注）『千葉県の歴史』別編「地誌」1「総論」306頁より。

油醸造業は、少ない人口を基盤としながらも、それぞれそれなりに存在し続けることができている理由があるはずである（表6-1参照）。

そこで本章では、このような醤油の地域性、多様性に注目し、近代日本の経済発展の中で、地方の醤油醸造業がどのような展開を見せていったかを、代表的な地方醤油産地である福岡県を例にとって見ていこうとするものである。対象時期としては、史料上の制約もあって、明治初期から第一次大戦直前ぐらいの、ほぼ明治期全般を中心とする。その際、関東地方の研究の中から出されてきた「二層構造論」[5]と、石井寛治の、第一次大戦を経るまでは農村での（販売用醤油の）利用は一般化しなかったとする説[6]、及び自家醸造の問題などを念頭に置きつつ見ていきたい。

一　近代福岡県における醤油醸造業発展の概要と特質

まず、明治初期福岡県の醤油生産状況から見ていこう。明治七（一八七四）年「物産表」[7]によると、福岡県の醤油生産高は一万三一四六石で、六〇余の府県中二五番目となっており、大した地位にはない。もっとも、この当時の福

表７－１「福岡県地理全誌」にみる明治初期各郡の醤油生産

郡名	村数 (a)	醸造村数 (b)	醸造石高 (c)	産出額（円） (d)	醸造戸数 (e)	a／b	c／e	人口 (f)	d／f
遠賀	93	24	②1,553.20	8,773.95	①37	3.9	41.98	47,526	0.18
鞍手	69	13	⑤　668.00	2,204.75	③17	5.3	39.29	40,819	0.05
穂波	61	10	587.50	1,809.55	⑤15	6.1	39.17	21,657	0.08
嘉麻	63	7	280.55	802.50	11	9.0	25.50	22,260	0.04
宗像	63	10	③　818.00	2,172.00	④16	6.3	⑤ 51.13	37,409	0.06
粕屋	85	6	117.00	554.00	8	14.2	14.63	36,969	0.01
席田	9	0	0	0	0	－	－	2,504	0.00
那珂	68	4	①3,995.98	22,311.25	②23	17.0	①173.74	60,630	0.37
早良	50	5	④　672.50	3,409.50	10	10.0	③ 67.25	37,950	0.09
怡土	62	11	170.70	962.48	14	5.6	12.19	19,455	0.05
志摩	48	10	284.79	1,079.06	14	4.8	20.34	23,015	0.05
御笠	57	7	448.70	1,525.02	8	8.1	④ 56.09	20,742	0.07
夜須	52	2	613.75	2,311.68	6	26.0	②102.29	28,865	0.08
下座	42	3	80.43	399.44	3	14.0	26.81	12,995	0.03
上座	33	7	265.00	1,123.78	10	4.7	26.50	25,392	0.04
計	855	119	10,556.10	49,438.96	192	7.2	54.98	438,188	0.11

注）○の中の数字は順位（５位まで）を示す。

表７－２　明治初年・大正末年福岡県（但し旧筑前国部分）醤油醸造業者階層表

石　高	明治初年	大正末年	系譜のつながるもの		うち明治初年において兼業が確認できないもの（専業か）
			明治初年	大正末年	
2001～		10		4	
1001～2000		14		3	
501～1000	1	33		2	
201～ 500	11	73	4	11	1
101～ 200	4	46		6	
51～ 100	12	19	4	2	1
～ 50	105	11	25	3	15
不　明	59	61	9	11	8
計	192	267	42	42	25

注）明治初年は「福岡県地理全誌」、大正末年は『大日本酒醤油業名家』（東京酒醤油新聞社、1925年）による。

表7-3　「福岡県地理全誌」にみる醤油醸造業と他業との兼業

郡名	醤油醸造業者数	うち兼業者数	酒造	酢造	味噌造	その他	うち非兼業者数
遠賀	37	6	2	2		3	31
鞍手	17	4	1	2		3	13
穂波	15	0					15
嘉麻	11	1	1				10
宗像	16	5		4		1	11
粕屋	8	5	2	3			3
席田	0	0					0
那珂	23	18	1	16	6		5
早良	10	4		4			6
怡土	14	5	2	4			9
志摩	14	4	1	3			10
御笠	8	1	1				7
夜須	6	1				1	5
下座	3	0					3
上座	10	3	1	3			7
計	192	57	12	41	6	8	135

注）・「福岡県地理全誌」による。
・「兼業者数」とその内訳の各業種の合計とが合わないのは、多業種にわたって兼業する者がいたため。

岡県は旧筑前国部分にすぎないので、これに小倉県・三瀦県を加えた、ほぼ今日の福岡県域では、約二万八五〇〇石余となり、第一〇位に相当するが、それでもなお、のちの福岡県の醤油醸造業の地位を考えた場合、この時期の地位はさほどではなかったと言ってよかろう。

この当時の福岡県内の醤油生産の特徴を、「福岡県地理全誌」[8]によって少しく立ち入って見てみよう。表7‐1は、同県の郡別及び県全体の醤油生産状況を示したものである。この表で造家一戸当たりの造石高（c／e）に注目してみると、福岡・博多という両大都市を含む那珂郡ですら一七三石余にすぎず、あとは夜須郡で辛うじて一〇〇石を超えているほかは、軒並み一〇〇石未満、しかも表7‐2にみられるように、その大部分が五〇石未満と、全体としての零細さを第一の特徴としてあげることができる。[9] 次に、表7‐3に見られるように、県下全一九二業者中、五七軒が酢造、酒造、味噌造などを兼営している。つまり、一〇軒に三軒は兼業をしていたわけで、この数値は、多いと見てよかろう。特に那珂郡・粕屋郡といった都市部で兼業の比率が高いことが特色である。このように、兼業が多いことも、この期の福岡県の醤油醸造業の特色としてあげられよう。

図7-2　北部九州各県の醤油生産高の推移

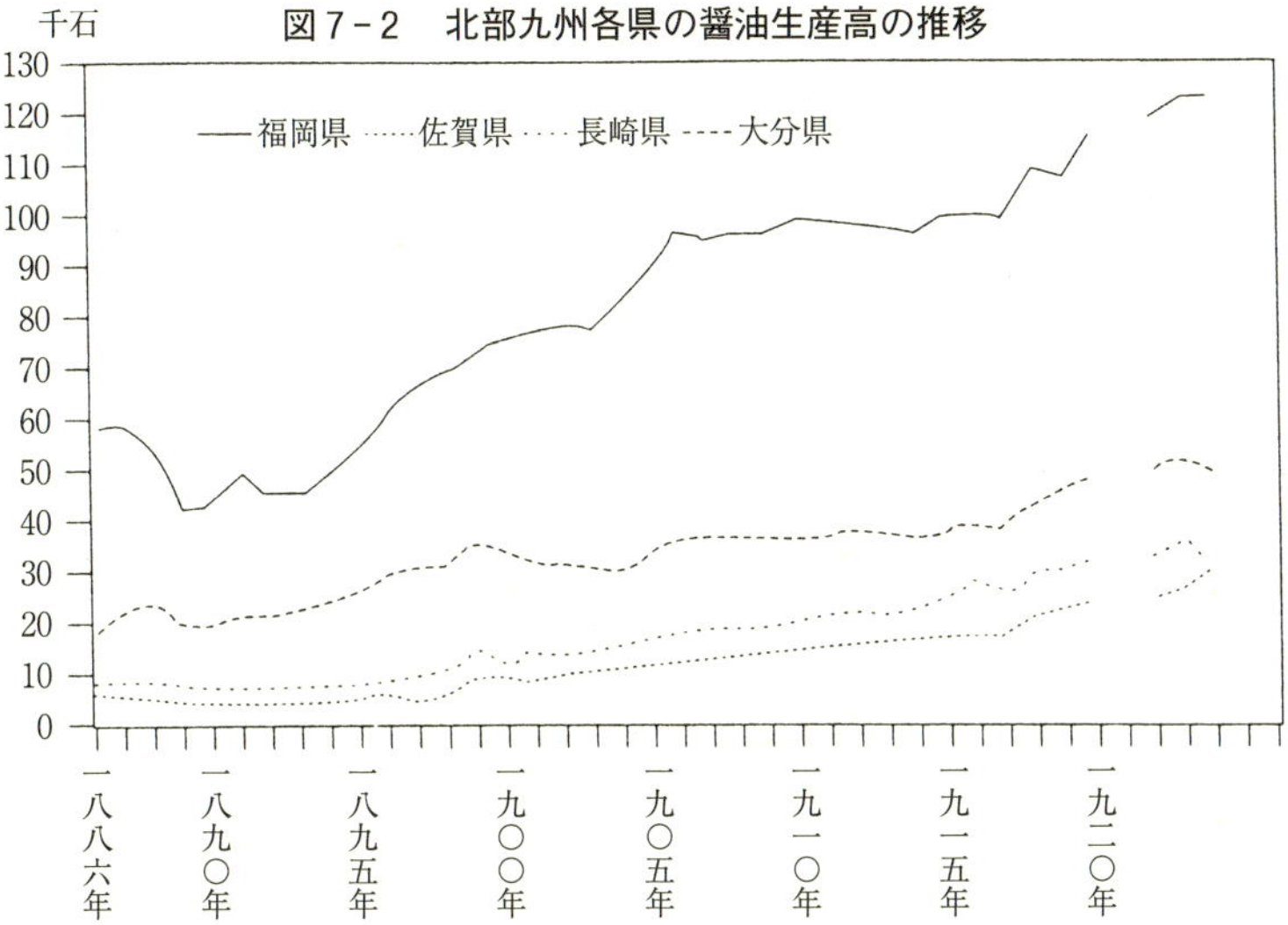

出所）各年『日本帝国統計年鑑』。

なお、当時の同県の醤油の産出額五万円足らずは、県内の工産物の中では酒（約一八万五〇〇〇円）、生蠟（一三万円弱）、織物（八万円弱）、種油（約六万六〇〇〇円）に次いで第五位であった[10]。

しかしその後、福岡県の醤油醸造業は順調な発展を見せたごとくで、「物産表」の次に全国的データのとれる明治一八（一八八五）年以降、本章で対象とする時期においては、生産量で常に全国第五位ぐらいのところにあり、大正に入ってから一〇万石を超えた[11]。日本有数の醤油産地に発展したと言えよう。その生産量の推移は、図7-2のごとくである。

また、輸出入データを見てみると（表7-4）、明治一〇年段階では県外輸出量七〇〇石足らず（一挺を四斗として換算）に対し輸入量一七〇〇石足らずと、輸入が輸出を圧倒的に上回っていたのに対し、明治一五年には輸出が輸入を量でわずかながら上回り、明治一七年には、輸出五〇〇〇石足らずに対し輸入わずか七〇〇石余と、輸出が輸入を圧倒するに至った。以後、福岡県の醤油の輸出入に関するデータはしばらく途絶えるが、明治三〇年代以降明治末期にかけても、輸出が輸入を圧倒するという構図は変わっていない。なお、輸

表7－4　各年福岡県における醤油の輸出入

【輸出】

年	輸出量	輸出額	輸出先
明治10（1877）	1,665挺＋25石	1,004.5	
15（1882）	1,197.1	6,529.95	熊本、**長崎**、大阪
17（1884）	4,867.567	19,438.600	**長崎**、肥后、**対州**、**佐賀**ほか
18（1885）			朝鮮（49.115）、その他不詳
19（1886）			朝鮮（16.850）、その他不詳
20（1887）			朝鮮（43.190）、その他不詳
34（1901）	4,281	39,941	露西亜、**大分**、**佐賀**、**長崎**、**山口**、鹿児島
	諸味 3,497	13,641	**長崎**、**大分**、**佐賀**
35（1902）	6,791	65,005	**佐賀**、**大分**、三重、**長崎**、大阪、台湾
36（1903）		54,658	
37（1904）	8,660	86,402	**長崎**（39,536）、**佐賀**（17,667）、**山口**（14,615）、**大分**（8,672）、熊本（1,658）、清国（1,500）、韓国（1,476）、大阪（151）、島根（135）、その他不詳
38（1905）		381,773	
39（1906）	17,381	173,808	**長崎**（111,450）、**佐賀**（22,754）、**山口**（13,651）、**大分**（12,896）、韓国（5,272）、清国（3,345）、広島（1,240）、鹿児島（616）、熊本（524）、兵庫（125）、「各府県」（1,028）、「外国」（903）

【輸入】

年	輸入量	輸入額	輸入先
明治10（1877）	1,692	7,248	
15（1882）	1,040	8,820.7	馬関、小豆島
17（1884）	743.350	3,522.640	馬関、備前、中津
34（1901）	1,750	16,115	熊本、大阪、鳥取、長崎、大分、山口
35（1902）	2,274	12,114	熊本、佐賀、大分、山口
36（1903）		18,768	
37（1904）	7,431	43,206	香川（22,750）、熊本（11,416）、山口（4,511）、愛媛（3,332）、大分（1,197）
38（1905）		17,973	
39（1906）	4,431	35,449	熊本（15,520）、大阪（9,300）、兵庫（3,500）、大分（3,270）、山口（3,004）、香川（550）、愛媛（180）、佐賀（82）、広島（43）

注）・明治20年までの分は『福岡県勧業年報』、明治34年以降分は『福岡県統計書』により作成。
・「輸出」「輸入」の語は、国内外を問わず、史料に記載されている通りに用いた。
・輸出入量の単位は、特に断らない限り「石」。輸出入額の単位は「円」。
・地名の後の（　）内は金額。
・明治38・39年の輸出入額は小票調査に基づくものであり、特に明治38年の数値には疑問がある。

出先は、主として大分・佐賀・長崎といった北部九州から山口県にかけての範囲であった。

図7-2にみられるように、福岡県における醤油生産の伸びに比して、北部九州他県の伸びは鈍い。ちなみに明治一九年の全国の一人当たり醤油生産量が二升九合であるのに対し、大分県のそれは二升四合と若干下回る程度であったが、佐賀県は一升、長崎県も一升と大きく下回り、一方、福岡県のそれは四升九合と、逆に大きく上回っていた。また明治三九年においても、全国平均四升三合に対し、大分県四升三合、佐賀県一升七合、長崎県一升七合、福岡県六升一合と、それぞれ数値は伸びているが相対的な関係は変わらなかった[12]。この頃醤油の海外輸出は極めて少ないから、醤油の人口一人当たり生産量は一人当たり消費量とほぼ等しいと見なすことができる。そうすると、その量が全国平均を下回る周辺諸県の不足分を、全国平均を大きく上回っていた福岡県が補う役割を果たしたものと考えることができよう。そのことは表7-4からも裏づけられる。ちなみに、現代においては、例えば平成一三（二〇〇一）年の日本における醤油の年間生産量は約一〇三万キロリットル、そのうち国内消費量は約一〇二万キロリットル、一人当たりの年間消費量は、大人から子供まで平均して約八リットル、すなわち約四升四合）である[13]。

ところで、明治初期の「福岡県地理全誌」に次いで県内の個別の醤油醸造業者の生産量が俯瞰できるのは、約五〇年後の大正一四（一九二五）年刊『大日本酒醤油業名家』である。それによると、上位に嘉穂（旧嘉麻・穂波両郡）・鞍手・遠賀・田川各郡といった、産炭地、製鉄業地が入っているのが目につく（表7-5）。近代福岡県を代表する産業と言えば、鉄と石炭、すなわち八幡の製鉄業と筑豊の石炭業が代表のごとく言われている。しかし、そのような地域での醤油醸造業の発達は、在来産業と近代産業とが共生しつつ発展していったことを物語っている。すなわち、それらの地域における近代産業の発達による人口と所得の増加は、醤油に対する需要を増大させ、この産業の発達を促したと考えられるのである。

また先に掲げた表7-2は、明治初期と大正末年とで旧筑前国部分の醤油醸造業者の階層を比較したものであるが、

表７－５　大正末期福岡県郡市別醤油醸造石高・業者数

郡・市	醸造石高（a）	業者数（b）	a／b
福岡市	①21,873	23	①951
早良郡	1,760	7	251.4
筑紫郡	⑨ 8,543	18	②474.6
糟屋郡	③11,161	⑤28	④398.6
宗像郡	4,385	⑦26	168.7
遠賀郡	⑥ 8,884	③34	⑩261.3
八幡市	－	6	－
若松市	⑩ 6,869	22	⑧312.2
鞍手郡	⑤ 9,737	⑨25	⑤389.5
嘉穂郡	②19,443	①50	⑥388.9
朝倉郡	3,759	19	197.8
糸島郡	1,803	9	200.3
旧筑前国計	98,217	267	367.9
田川郡	⑦ 8,781	⑦26	⑦337.7
小倉市	664	4	166
門司市	670	6	111.7
企救郡	1,518	16	94.9
京都郡	4,521	⑥27	167.4
築上郡	4,947	④33	149.9
旧豊前国計	21,101	112	188.4
久留米市	3,882	15	258.8
三井郡	2,133	7	⑨304.7
浮羽郡	3,665	19	192.9
三潴郡	⑧ 8,581	②38	225.8
八女郡	4,364	20	218.2
大牟田市	1,758	13	135.2
三池郡	541	7	77.3
山門郡	④10,259	⑨25	③410.4
旧筑後国計	35,183	144	244.3
総計	154,501	523	295.4

注）・『大日本酒醤油業名家』（前掲）による。
・醸造石高の判明しない業者もある。〇の中の数字は順位（上位10位まで）。

それによると、両者の間で系譜のつながるのは四二軒、すなわち明治初期に存在した醤油醸造業者一九二軒のうち大正末年まで連続するのはほぼ五軒に一軒にすぎず、また大正末年に存在した醤油醸造業者二六七軒のうち明治初期からの系譜を引くものはほぼ六軒に一軒にすぎなかったことがわかる。すなわち五〇年間での連続性は希薄であったと言えよう。ただ、それら四二軒のうち二五軒までは明治初年において兼業が確認できない。すなわち専業と思われ、規模の大小よりもむしろ専業か否かが、長く存続する要件であったと言えよう。また大正末段階で造石高の最高は、糟屋郡席内村の日本調味料醸造株式会社（現ニビシ醤油株式会社）の四一一八石、それに次ぐのは二〇〇〇石台となっており、福岡県の醤油醸造業の発達が、多くの中小業者によって支えられ続けていたことがわかる。[14]

次に、これは福岡県のみならず、九州全体の特質であるが、自家用醤油製造者の多さを指摘することができる。表

7－6は、明治四二（一九〇九）年時点での自家用醤油製造者数を示したものであるが、上位一〇県は岐阜以西の西日本諸県、その中でも西寄りの地域、すなわち鹿児島・熊本・福岡をはじめとする九州～西中国・四国にかけての地域に集中していることがわかる。さらに、それらの数値を各県の戸数で割ってみると、佐賀の六五・一％を筆頭に、宮崎四九・四％、鹿児島四七・三％、長崎四七・三％、熊本四七・一％と、上位を九州各県が占める。佐賀では三軒に二軒、その他ではほぼ二軒に一軒という多さである。しかもこれらの数値は、自家用醤油製造があまり行われていなかったと思われる都市部の戸数をも含む全戸数で割ったものであることを考えると、農村部での比率はもっと高くなるものと思われる。九州地方での自家用醤油製造は、東日本などで一般的に味噌が自家で作られていたのとアナロジー的に考えることができるのではなかろうか。なお福岡は二八・八％と、上記の諸県と比べると比率は低いが、こ

表7－6　明治42年道府県別自家用醤油製造者数及び全戸数に対する比率

道府県	戸　数	自家用醤油人員	比率（%）
北海道	277,454	7,313	2.6
青　森	106,819	444	0.4
岩　手	116,344	1,178	1.0
秋　田	129,831	7,205	5.5
山　形	128,321	20,752	16.2
宮　城	137,678	6,898	5.0
福　島	173,333	7,797	4.5
群　馬	147,189	2,757	1.9
栃　木	144,155	1,243	0.9
茨　城	208,625	15,467	7.4
千　葉	225,844	34,619	15.3
埼　玉	199,742	14,343	7.2
東　京	701,204	4,097	0.6
神奈川	193,725	26,616	13.7
山　梨	91,686	21,505	23.5
長　野	250,044	40,274	16.1
新　潟	298,293	16,486	5.5
富　山	135,310	9,638	7.1
石　川	141,980	4,231	3.0
福　井	114,020	38,273	33.6
静　岡	227,103	31,733	14.0
愛　知	366,612	54,522	14.9
岐　阜	189,505	⑤ 77,372	⑦40.8
三　重	188,668	41,946	22.2
滋　賀	132,072	5,727	4.3
京　都	215,627	31,124	14.4
奈　良	92,839	15,941	17.2
大　阪	438,785	8,414	1.9
兵　庫	387,166	⑧ 70,094	18.1
和歌山	132,199	25,129	19.0
岡　山	238,559	25,909	10.9
広　島	315,056	46,634	14.8
鳥　取	79,718	27,536	⑩34.5
島　根	147,970	45,745	30.9
山　口	211,812	⑨ 61,079	28.8
香　川	137,021	12,389	9.0
徳　島	127,543	⑩ 54,681	⑥42.9
愛　媛	196,817	⑥ 71,655	⑨36.4
高　知	124,450	50,309	⑧40.4
福　岡	307,882	③ 88,725	28.8
佐　賀	108,985	⑦ 70,909	①65.1
長　崎	178,789	④ 84,518	④47.3
熊　本	215,393	②101,365	⑤47.1
大　分	154,025	43,013	27.9
宮　崎	93,255	46,053	②49.4
鹿児島	223,873	①105,867	③47.3
沖　縄	97,113	データなし	—
計	9,153,321	1,579,525	17.3

注）・自家用醤油製造者数はヤマサ史料A436「全国正油醸造統計」、戸数は大正元年十二月刊行『日本帝国第三十一統計年鑑』34－35頁の明治41年12月31日時点のデータによる。
・合計欄は、沖縄を除いた数値。
・○の中の数字は順位（10位まで）。

れは都市部が多いためであり、それを含めてもなお四軒に一軒以上は自家醸造を行っていたわけである。これに対し、東京の〇・六％、栃木の〇・九％、群馬の一・九％をはじめ、元来醤油醸造業の盛んな関東各県は、千葉と神奈川を除いていずれも一〇％未満で、九州と好対照をなしている。すなわち九州では小生産者の乱立、関東では一部の大生産者への集中という特質を窺うことができる[15]。

なお谷本雅之は、『防長風土注進案』の記述を根拠に、醤油の自家醸造は一般的に明治期以前から広範に展開していたごとく述べているが[16]、表7-6にあるように、山口県は日本でも有数の、自家醸造の多かった地域であり、その事例をもって一般化するのは疑問である。その意味で、長妻廣至の「西日本地域では自家醸造と零細規模の営業醸造の間に連続性がみられ、おそらくそれは近世以来の発展の線上にあったものと思われる。これに対して東日本地域は両者の間は分断的で、おそらく醤油が消費されるようになる当初から、ある程度の商品生産として醤油生産が開始されたといえるであろう[17]」との見解は示唆的である。とにかく、自家醸造は地域的に相当な偏差があったと思われ、特にこれに関する統計の整う明治三七（一九〇四）年以前の状況については、一か所や二か所の事例をもって議論するのでは不十分で、今後きめ細かい調査が必要となろう。

最後に、味については次節で詳述するが、福岡県の醤油は濃く、甘めの味を特色としており、特に「再仕込醤油」（別名「甘露醤油」）は同県から山口県にかけての独特のものである。それ以外の醤油も含め、総じて関東の醤油と比べても関西の醤油とも比べても、異質である。

以上、近代福岡県における醤油醸造業の発展の概要を述べてきたが、次に、その中での一醸造家、松村家を例にとって、その動向をみてみよう。

二　松村家（現株式会社ジョーキュウ）の醤油醸造業の展開と特質

松村家は現在、売上高において福岡県内で第三位の醤油会社（株式会社ジョーキュウ）になっている。現在、資本金九二〇〇万円、従業員七五名、売り上げ約一五億円（平成一五年度）である。[18] 場所は福岡市の中心部、中央区大名（旧紺屋町）で、博多港に近く、博多駅にも車で約一〇分と、そう遠くない。

同家は、享保期（一七一六〜一七三五年）にはすでに質屋、酒造、味噌造、古手・木綿商いなどを行っていた古くからの商家であるが、醤油店としての創業は安政二（一八五五）年である。[19] 当初の造石高は二〇〇石程度と思われ、[20] その後、明治八年には四七九石四斗となっており、[21] 明治三七年には諸味査定高八四二石で県内第二一位、[22] 同四〇年には同一〇〇〇石を超えて第一九位、[23] 大正七（一九一八）年には同一四一九石で第一一位、[24] 同一四年には二四一一石で第三位[25]と、順調に順位を上げ、昭和一〇（一九三五）年には出荷高七〇〇〇石を記録した。[26]

会社形態の推移を追うと、大正一五年、それまでの個人商店から合名会社（松村久商店）となり、平成元年、株式会社（ジョーキュウ）となっている。また、大正元年より、商標としての「上久」を用いるようになった。[27]

残存史料は多くはないが、創業期の店卸や、明治三八年から大正二年、すなわち日露戦後から第一次大戦前までの間の四冊の帳簿などが残っている。

ジョーキュウの醤油は現在、「再仕込醤油」[28]を看板商品としているが、もともと味が濃く、甘めの醤油を造っていたようである。昭和一六年にヤマサの浜口儀兵衛一行が西日本各地の醤油醸造業者を視察した際、この松村家の工場をも訪れて、「諸味一石カラ一石三斗―一石四斗ノ醤油ガトレル（一等級ヲ多ク造ル）」と評価している。[29] 味の濃さ、甘さは福岡県の醤油、ひいては九州の醤油に共通の特徴で、福岡県や熊本県では、そういった特色を出すために、昭

表7－7　松村家醤油販売先地名と販売相手数

【県内】

地　名	明治38 (1905)	明治43 (1910)	大正2 (1913)
福岡市内	10	8	6
粕屋郡新原			1
雑餉隈			1
二日市			1
糸島郡前原			1
糸島郡宮浦		1	
若松		1	1
八幡	2	1	1
水巻	1	1	
中間	1		
直方	1	1	
小竹	3	1	1
宮田			1
頴田村明治炭坑	1		
後藤寺			1
田川郡豊国炭坑	1		
田川郡香春			1
川崎			1
上山田	2		
小倉	1	2	1
門司	2	4	
企救郡曽根		1	
京都郡苅田	2	2	1
京都郡延永	2		
京都郡蓑嶋	1		
鐘紡久留米		1	1
大牟田	2		
熊本紡績三池	1		
三池紡績	1		

【県外】

地　名	明治38 (1905)	明治43 (1910)	大正2 (1913)
《佐賀県》			
鳥栖			1
佐賀市	1	1	1
東松浦郡山本	1	1	
東松浦郡相知		1	
東松浦郡	2		
三菱炭坑田代	3		
岩屋		1	
伊万里		1	1
《長崎県》			
壱岐			2
対馬	2		
生月	2	61	93
早岐			1
佐世保	1		1
北高来郡船津		1	
大村	5		
長崎		1	
平戸			1
西彼杵郡高島		1	
北松浦郡小値賀		1	
《その他》			
大分県中津紡績	1		
大分県下毛郡豊田・鐘紡中津		1	
熊本県熊本紡績	1		
山口県馬関		1	
鹿児島市		1	1
韓国（朝鮮）	2	2	
中国		1	

注）ジョーキュウ史料、明治38・43年「醤油注文控帳」、大正2年「醤油注文取引帳」より作成。

和初期以降、アミノ酸を用いたりしている業者もある[30]。ちなみに、南九州の醤油には、黒砂糖を配合しているものもあり、さらに甘い。

　では、松村家の醤油販売状況から見ていこう。同家の醤油販売は、店先の小売と、各地からの注文に応じての販売とに大別できる[31]。前者については、史料が残っていないので不明であるが、後者については、先にも述べた、明治三八（一九〇五）年、四三年、四五年、大正二（一九一三）年

表7-8　明治38（1905）年松村家醤油主要販売先（販売額順）

販売先		販売量（石）	販売額（円）	単　価
福岡県京都郡苅田村	永野弁吉	143.125	1,381.870	9.655
福岡県門司市	鹿島泰平	68.236	868.336	12.725
福岡市内ヵ	吉次善六	58.437	525.068	8.985
福岡市内ヵ	江上ミネ	50.153	505.140	10.072
長崎県佐世保市	倉光円造	35.972	447.176	12.431
福岡県遠賀郡八幡町	江藤利吉	25.036	339.970	13.579
福岡県鞍手郡直方町	安部（阿部）八十吉	26.877	339.279	12.623
福岡市内ヵ	峰重五郎	42.482	319.280	7.516
福岡県鞍手郡小竹町	坂田徳郎	22.599	243.490	10.774
福岡市内ヵ	児玉善平	12.970	150.468	11.601
注文販売総量		622.500	6,482.574	10.414

注）ジョーキュウ史料、同年「醤油注文控帳」より作成。

の、計四冊の帳簿があるので、限られた期間ではあるが、それらから販売の実態を窺うことができる。ここでは、大正二年と年が連続している明治四五年を除き、それ以外の年を対象として分析していくこととしよう。

まず、明治三八年であるが、表7-7によりこの年の同家の醤油販売先をみると、福岡市内の一〇名を筆頭に、県内各地、佐賀県、長崎県、大分県、熊本県の北部九州五県、さらには韓国と、かなり広範囲に及んでいる。また表7-8により、取引相手の上位一〇名を見てみると、市内と思われる者が四名いるほかは、苅田、門司、佐世保、八幡、直方、小竹といった、県外、または県内でも遠方の地が含まれている（例えば福岡—門司間は、福岡—佐世保間と直線距離でほぼ同じ八〇kmほどである）。苅田は、のちに港湾が整備されて、北九州工業地帯の外港としての地位を確立するが、この時期にこれほど販売が多い理由は、今のところわからない。他はいずれも都市部で、八幡は言うまでもなく製鉄都市、直方・小竹は産炭地、佐世保は軍事都市である。また門司は北部九州の代表的な港湾都市であり、ここからさらに船で他地域へ運ばれた可能性もある。また上位一〇位までには入っていないが、三池や熊本の紡績会社へも販売しており、軍との関係では長崎県大村・鶏知といったところへも販売しており、総じて製鉄・石炭・紡績といった近代産業や軍との絡みが濃厚であると言える。また、これらの中には海沿いの地域が多く、この時期の輸送手段として船舶が重要な役割を果たしていたことが窺える（図7-3）。

図7-3　松村家醤油主要販売先

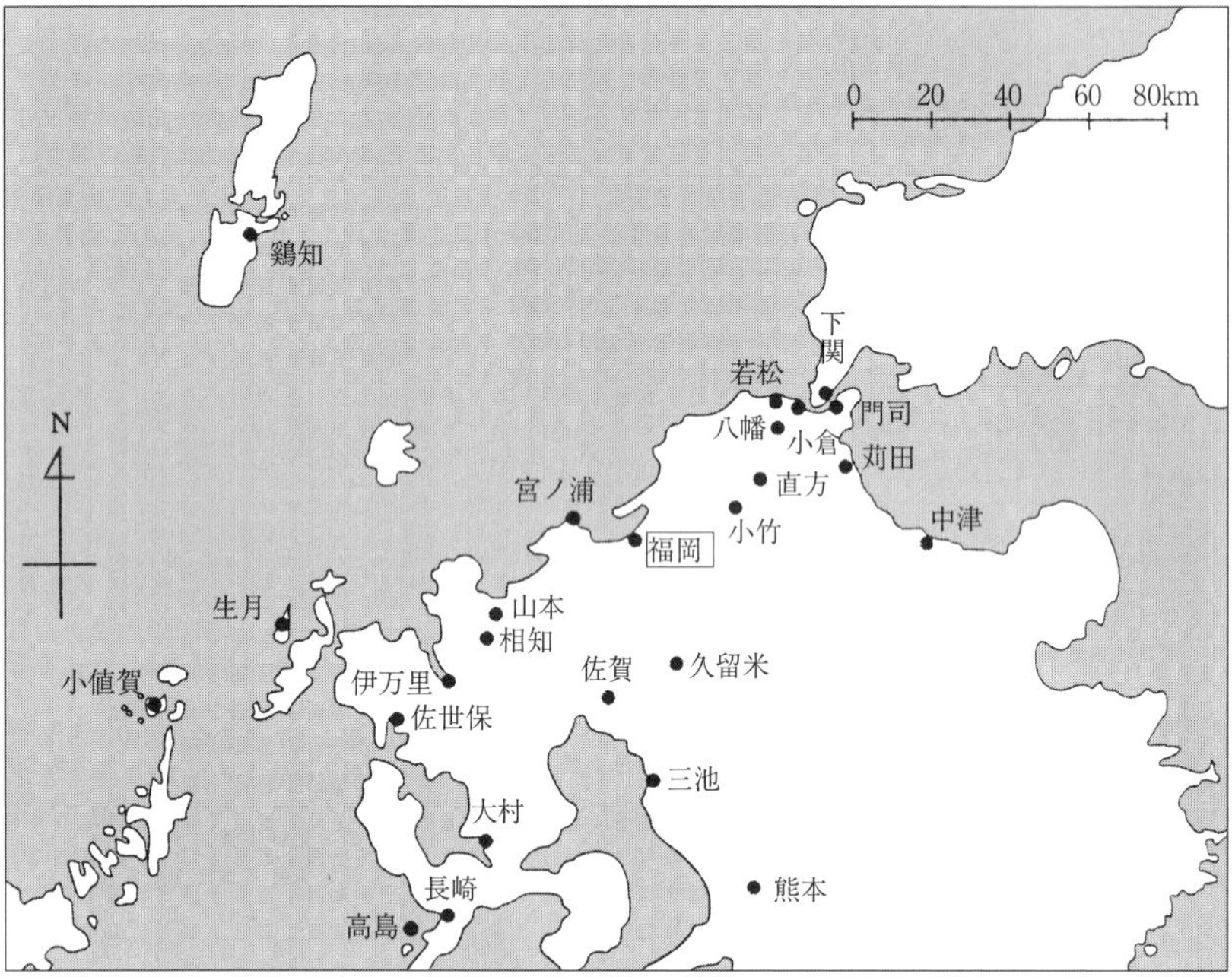

注）この図の範囲外では、鹿児島・韓国（朝鮮）・中国といった所へ販売している。

次に明治三八（一九〇五）年の、販売価格面での特徴を探ってみよう。この時期の松村家の帳簿には、「徳用」、「薄色」、「上薄色」、「並醤油」など、品質ないし等級を表わしていると思われる語も出てくるが、大部分は単に「醤油」と書かれ、しかも単価（一石当たり値段）がまちまちである。おそらくさほど厳密には品質・等級の別を書き留めなかったのであろう。そこで、ここでは取引相手ごとに一石当たりの平均醤油価格を算出し（販売総額を販売総量で割った）、上位と下位を掲げた（表7-9）。同じ等級の商品でも、大量購入により他の購入者に比べ割安になるケースなども考えられ、単価が必ずしも正確に等級の差を示すとは限らないが、ここでの数値は、各購入者にどの程度の醤油を売っていたかをほぼ示すものと考えてよいだろう。

さて、表7-9によると、高価な醤油の上位には軍や警察のあった大村や、炭鉱のあった勢

表７－９　明治38年松村家醤油販売単価上位者（１石当たり15円以上）・下位者（同９円未満）

販売先		販売量（石）	販売額（円）	単　価
福岡県嘉穂郡頴田村勢田明治炭坑	岡本彦馬	0.045	0.820	18.222
長崎県東彼杵郡大村	田辺民次郎	0.430	7.525	17.500
長崎県東彼杵郡大村警察署内	天野右馬祐	1.203	19.248	16.000
福岡県京都郡延長村	吉武儀七	0.421	6.736	16.000
長崎県東彼杵郡大村	篠崎茂平	0.090	1.440	16.000
福岡県鞍手郡小竹町	帆足豊吉	1.360	20.400	15.000
福岡県遠賀郡八幡町	大庭吉蔵	0.416	6.240	15.000
福岡県鞍手郡小竹町	水田倭文麿	0.430	6.450	15.000
福岡市内ヵ	吉次善六	58.437	525.068	8.985
福岡県三池郡三池町	三池紡績会社	7.573	67.400	8.900
福岡県京都郡蓑嶋	松本辰吉	2.016	17.892	8.875
長崎県北松浦郡生月村館浦	外山常五郎	6.515	56.424	8.661
長崎県下県郡鶏知村	児玉源三郎	8.843	75.414	8.528
福岡県小倉市鋳物師町	奥村太三郎	2.452	20.441	8.336
大分県下毛郡中津町	中津紡績会社	18.066	143.480	7.942
長崎県北松浦郡生月村	客人	1.182	8.946	7.569
福岡県京都郡延永村	蔵本佐市（一）	2.763	20.886	7.559
福岡市内ヵ	峰重五郎	42.482	319.280	7.516
佐賀県東松浦郡高串村	吉田弥助	3.906	27.342	7.000
佐賀県東松浦郡打上村	熊本甚左衛門	1.616	11.312	7.000
福岡市内ヵ	山本久助	0.373	2.611	7.000
熊本市	熊本紡績会社	3.648	22.500	6.168

注）出典は表７－８に同じ。

田や小竹、さらに製鉄所のあった八幡への販売が目につく。これらは、量からみても、一般の鉱夫や従業員の食事に使用されたというよりは、管理職の食事や客人の接待等に使用されたのではなかろうか。逆に安価な醤油の販売先の中には、熊本紡績・中津紡績・三池紡績など紡績会社が目につく。これらは、量も多く、一般の従業員の食事に使用されたのではないかと思われる。かつて紡績会社の中には、会社で白い米が食べられるということを謳い文句にして女工を募集したところがあると聞くが、同様に、醤油が味わえるということを謳い文句にして女工を募集したようなこともあったのかもしれない。

次に明治四三年の主要販売先をみると、相変わらず苅田村の永野弁吉がトップで、以下、長崎、門司、久留米、馬関（下関）といった都市部、高島、直方、相知、伊万

表7-10　明治43（1910）年松村家醤油主要販売先（販売額順）

販売先		販売量（石）	販売額（円）	単価
福岡県京都郡苅田村	永野弁吉	84.996	879.500	10.348
長崎市萬歳町	岡貞次郎	38.479	531.476	13.812
長崎県西彼杵郡高島村	山田庸策	24.824	378.676	15.254
福岡県門司市清見町	財部八百吉	15.270	211.100	13.824
福岡県久留米市	鐘渕紡績株式会社久留米支店	13.769	174.790	12.694
山口県馬関入江町	西村梅吉	8.456	164.309	19.431
福岡県鞍手郡直方東町一丁目	安（阿）部八十吉	13.928	160.198	11.502
佐賀県東松浦郡相知村相知活版処内	矢野利弌（市／一）	9.724	100.415	10.327
佐賀県西松浦郡伊万里二里村大里	牧瀬源造（蔵）	7.080	85.535	12.081
長崎県北松浦郡生月村館浦	金子源（原）作	9.178	82.602	9.000
長崎県北松浦郡生月村市部	畳屋熊太郎	7.388	80.855	10.944
注文販売総量		345.651 他	4,098.029	11.856

注）・ジョーキュウ史料、同年「醤油注文控帳」より作成。
・販売総量欄の「他」とは、「石」以外の単位で記されたもの若干をさしている。

里といった産炭地が上位を占める。具体的な販売先は変わっても、都市部や炭鉱に多く販売しているという傾向は、基本的に明治三八（一九〇五）年と変わっていない（表7-10）。ただ四三年には、新たな傾向として、遠洋漁業基地である生月島への販売が急増していることがあげられる（表7-7）。生月島は、もともと捕鯨業で知られたところであるが、それは明治二〇～三〇年代に衰退し、代わって明治三四年の遠洋漁業奨励法を機に、遠洋漁業の基地へと徐々に転換を遂げていった島であった。この明治四三年という年は、遠洋漁業奨励法から約一〇年が経過し、遠洋漁業の基地としての性格が定着してきた頃と考えられ、松村家はそういったところに目をつけ、遠洋漁業の仕込用醤油の市場開拓をしたものと思われる[32]。

次に明治四三年の、販売価格面での特徴をみてみよう。同年の取引相手別醤油一石当たり平均価格の上位・下位は、表7-11のごとくであり、ここでは安価なものは漁業基地である生月、その他炭鉱、紡績会社といったところに集中していることがわかる。逆に高価な商品の販売先にも産炭地（福岡県小竹、長崎県高島村）が入っている。この違いは、先に明治三八年についても考察したように、片や従業員向け、片や接待用もしくは管理職用では

表７-11　明治43年松村家醤油販売単価上位者（１石当たり15円以上）・下位者（同９円以下）

販売先		販売量（石）	販売額（円）	単価
山口県馬関入江町	西村梅吉	8.456	164.309	19.431
（不明）	濱本房次郎	0.760	14.440	19.000
中国・大連市第四波止場大連組	岩本敬四郎	1.530	27.500	17.974
福岡県門司市清滝町	濱本房吉	1.115	18.215	16.336
福岡県若松市西本町一丁目	河野一	0.775	12.020	15.510
福岡県鞍手郡小竹	水田倭文麿	0.190	2.945	15.500
長崎県西彼杵郡高島村	山田庸策	24.824	378.676	15.254
福岡県小倉市大門町	高橋市五郎	0.844	12.660	15.000
長崎県北松浦郡生月村	中村回漕店客人	0.380	5.700	15.000
鹿児島市小川町駅前隆盛舎運送店内	結城外吉	1.140	17.100	15.000
長崎県北松浦郡生月村ヵ	大丸館	0.390	5.850	15.000
長崎県北松浦郡生月村	村田	0.090	0.810	9.000
長崎県北松浦郡生月村館浦	松本喜作	0.380	3.420	9.000
長崎県東松浦郡山本	三菱牟田部第二坑田代第二支店	4.067	36.603	9.000
長崎県北松浦郡生月村館浦	大畑貞四郎	3.059	27.531	9.000
長崎県北松浦郡生月村館浦	貝屋貞次郎	0.380	3.420	9.000
長崎県北松浦郡生月村館浦	金子源（原）作	9.178	82.602	9.000
長崎県北松浦郡生月村市部	坂口惣太郎	0.390	3.510	9.000
長崎県北松浦郡生月村館浦	田中峰作	0.370	3.330	9.000
長崎県北松浦郡生月村館浦	戸田市五郎	1.170	10.530	9.000
長崎県北松浦郡生月村館浦	外山常五郎	6.219	55.971	9.000
長崎県北高来郡有喜村字船津	菖蒲長市	0.390	3.510	9.000
長崎県北松浦郡生月村市部	松川栄吉	6.982	59.806	8.769
大分県下毛郡豊田村	鐘渕紡績株式会社中津支店	3.761	32.400	8.615
長崎県北松浦郡生月村市部	大川文之助	1.510	12.840	8.503
長崎県北松浦郡生月村	尾崎良作	0.380	3.040	8.000
長崎県北松浦郡生月村	黒谷金太郎	0.744	5.952	8.000
長崎県北松浦郡生月村館浦	墨谷金太郎	0.735	5.880	8.000
長崎県北松浦郡生月村館浦	田頭市作	0.388	3.104	8.000
長崎県北松浦郡生月村館浦	戸田市造	1.563	12.504	8.000

注）出典は表７-10に同じ。

なかったかと思われる。

なお、この年の注文販売の総量は約三五〇石である。先に触れたように、この頃の松村家の諸味査定高は約一〇〇〇石であるから、それに比して少なすぎるように思われる。この年の店先の小売量がどの程度かわからないので何とも言えないが、先に紹介した昭和一六（一九四一）年の浜口儀兵衛の報告書にあった、店先の小売が三割から三割五分との比率以上に小売が多かったのか、あるいは諸味査定高に比して醤油を絞る量が少なかったの

表7-12　大正2（1913）年松村家製品主要販売先（販売額順）

販売先		品　目	販売量	販売額（円）	単価（円）
福岡市内カ	柴田福次郎	諸　味	104.916	1,647.177	15.700
福岡市内カ	阿武嘉蔵	醤　油	77.371	894.801	11.565
福岡県小倉市	二十四聯隊	醤　油	65.000	494.000	7.600
福岡県田川郡後藤寺町大字奈良	松本作次	総　計		461.021	
		（醤　油）	（　0.375　）	（　5.625）	15.000
		（諸　味）	（　27.355　）	（443.881）	16.227
		（　酢　）	（　1.645　）	（　11.515）	7.000
福岡県門司市カ	大坪寅松	総　計		347.687	
		（諸　味）	（　17.818　）	（280.540）	15.745
		（エキス）	（　5.75貫）	（　5.750）	1.000
		（味　噌）	（1272.3　斤）	（　61.397）	0.048
福岡県二日市	木村傳三郎	諸　味	19.322	296.950	15.368
福岡県京都郡苅田村	永野弁吉	醤　油	18.549	212.885	11.477
長崎県北松浦郡生月村カ	大丸館	醤　油	9.554	182.257	19.077
福岡県久留米市	鐘渕紡績株式会社久留米支店	醤　油	8.634	128.640	14.899
長崎県北松浦郡生月村市部	舛屋又太郎	醤　油	9.598	107.103	11.159
注文販売総額				6,270.596	

注）・ジョーキュウ史料、同年「醤油取引帳」より作成。
・販売量の単位は、ことわらない限り「石」。

か、正確なところはわからない。その点、先に見た明治三八年の注文販売高六二二石五斗は、まず妥当なところと言って良いだろう。

最後に、大正二（一九一三）年であるが、同年の帳簿には、まとまった量の諸味を販売するケースが目につくようになる。例えば表7-12に見られるように、販売額トップの柴田福次郎へは、諸味のみ販売している。柴田は松村家から購入した諸味から醤油を絞って販売していたのであろう。諸味で約一〇五石というと、先に紹介した浜口儀兵衛の報告書の数値で計算すれば、醤油が一四〇〜一五〇石ぐらいとれるということになるが、おそらくそれだけにとどまらず、水増しして番醤油なども造っていたのではないだろうか。同様に、量的には少ないが、同表の松本作次、大坪寅松、木村傳三郎も、諸味のかたちで購入しており、結局同年の注文販売は醤油約三〇〇石（三三〇〇円余）、諸味約一八〇石（三〇〇〇円足らず）、その他味噌約一六四六斤（約八〇円）などとなっている。諸味約一八〇石は、松村家で醤油を絞ったとすると、二三〇〜二五〇

表７-13　大正２年松村家醤油販売単価上位者（１石当たり16円以上）・下位者（同10円未満）

販売先		販売量（石）	販売額（円）	単価（円）
長崎県肥前平戸港	木山旅館	2.340	51.480	22.000
長崎県北松浦郡生月村ヵ	大丸館	9.554	182.257	19.077
朝鮮全羅北道金堤郡	桝富農場	1.955	35.190	18.000
佐賀市馬責馬場	西山病院	0.900	15.830	17.589
福岡県若松西本町一丁目	河野一	1.530	26.010	17.000
福岡県糸島郡前原町大宮	野田嘉質	0.100	1.700	17.000
福岡県鞍手郡小竹	水田倭文麿	0.400	6.800	17.000
長崎県佐世保市海兵団下士卒集会所調理部	谷乙吉	0.362	6.150	16.989
福岡県糸島郡前原町	由比泰助	4.596	76.465	16.637
福岡市雑餉隈	松尾大吉	1.302	21.636	16.618
長崎県北松浦郡生月村館浦	大福幸三郎	2.811	28.020	9.968
長崎県北松浦郡生月村市部	松川栄吉	4.975	49.365	9.923
長崎県北松浦郡生月村館浦	山口為次	1.595	15.560	9.755
長崎県北松浦郡生月村館浦	墨谷加藤次／黒谷加藤次	2.270	21.715	9.566
長崎県北松浦郡生月村館浦	近藤回漕店	0.825	7.560	9.164
長崎県北松浦郡生月村市部	大川文之助	1.160	10.520	9.069
長崎県北松浦郡生月村館浦	大川重吉	0.360	3.240	9.000
長崎県北松浦郡生月村	坂本夘市	0.045	0.405	9.000
長崎県北松浦郡生月村市部堺目	末永益太郎	0.425	3.825	9.000
長崎県北松浦郡生月村	戸田栄作	0.090	0.810	9.000
長崎県北松浦郡生月村館浦	西沢フク（小松屋店内）	1.147	10.323	9.000
長崎県北松浦郡生月村館浦	元川松太郎	0.360	3.240	9.000
長崎県北松浦郡生月村	小山	0.370	3.230	8.730
福岡県小倉市	二十四聯隊	65.000	494.000	7.600
醤油注文販売総計		298.599	3,317.147	11.109

注）・出典は表７-12に同じ。
・この表では醤油のみを対象とした。諸味などは入っていない。

石に相当すると思われ、「醤油」として販売されたものと併せて、実質的に五五〇石ぐらいの醤油が、注文に応じて販売されたことになる。大正期に入ってからの醤油需要の伸びが、（自家で諸味を作らず）他から諸味を購入して醤油を絞る業者を生み、また従来からの業者は製品にする（醤油を絞る）以前に諸味を売るという商売を成り立たせるようになったと思われる。また三位に小倉の二十四聯隊があるのも目につく。軍隊への販売がますます多くなっているのである。また旅館と思われる大丸館や、紡績会社への販売も目につく。

次に大正二年の販売価格面での特徴だが、販売価格の上位二つは旅館であるのが特徴的で、朝鮮の日本人農場や軍も上位に顔を出している。逆に安価なものは、やはり生月島への販売が圧倒的に多い（表7-13）。

以上、明治三八年、四三年及び大正二年について、松村家の取引先をみてみた。各年に共通して言えることは、いずれも例えば「商工人名録」などに載るような大きな商人はいないということである。取引方法はほとんどの場合、買い取りであり、運賃は松村家が負担していた場合が多い。福岡県にはこの時期、東京のように醤油専門の問屋は存在せず、どのような商人が醤油の流通を担っていたかは今後の課題となるが、種々の商品を扱う食品問屋や、雑貨商のような者が扱っていたのかもしれない。また、同家の取引先は一定していないが、表7-7でみたように、販売域は広い。これらのことは、当時の販売用醤油の浸透度の低さを物語っているとも言えよう。つまり、この時期販売用醤油は、広く浅くしか浸透できなかったのである。

また第一節でみたような、味ないし品質の点や、産炭地や製鉄業地への販売が目につき、近代産業との共生がみられるという点において、松村家醤油の販売面での特質は、当該期福岡県の醤油醸造業の特質を凝縮したようでもある。また、近隣農村などよりもむしろ、少し離れた都市部（軍隊、石炭産業、紡績業、製鉄業、漁業基地などが立地）との関係が深かったことは、当該地域での自家用醤油普及が販売用醤油製造業者にとって障壁になっていたことを想起させる。石井も指摘したごとく、第一次大戦前のこの時期にあっては、当該地農村部では、自家用醤油の発達とは裏腹に、販売用醤油は普及していなかったことが窺える。

小括

冒頭で述べたように、これまで醤油醸造業史の研究は関東と近畿を中心として行われ、そういった中で「二層構造」論が出された。その成立時期については見解がまちまちであるが、いずれにせよ「二層構造」が見られるのは関東や近畿といった大消費市場の周辺であって、地方に目を転ずれば、そういったシェーマでは語れない状況が展開していたのである。すなわち、福岡県の場合、当該期において千葉県や香川県、兵庫県には及ばないにせよ、それに次ぐ醤油産地であったが、そもそも大醸造家と呼べるような醸造家は存在しなかったと言ってもよいくらいだし、松村家のような、明治末に至ってようやく一〇〇〇石を超えた程度の醸造家でも、島嶼部も含めて北部九州全体を包み込むぐらいの、相当広い範囲を販売域としていたのである。

同じ中小規模醸造家でも、関東と九州とで販売域の広さが違うことは、大消費市場が存在するか否かということと、自家用醤油の普及度に関係がありそうである。すなわち関東のように、首都圏という大消費市場がありかつ自家用醤油が一般的でないという状況であれば、大消費市場をターゲットとする大醸造家と、大醸造家のターゲットから洩れる周辺地域をターゲットとする中小醸造家、という棲み分けができるであろうが、九州のように、大消費市場が存在しない、かつ自家醸造が普及しているという状況下では、醸造業者は自家醸造の間隙を縫って、「点」的に販売域を広げざるを得ないし、醸造家の生産規模拡大にも限度が生じるだろう。また、それぞれの地方にはそれぞれ独特の味というものがあって、他地方からなかなか参入できるものではない。福岡県の醤油は佐賀県や長崎県の補完ができるが、関東の醤油がそれらの地方の補完物にはなりにくい。醤油は基本的にはそれぞれの地方の産物であり、それぞれの地方で生産されたものがそれぞれの地方で消費されるのである（表6-1参照）。

以上のような意味で、「二層構造論」は、もちろん数量的な面からだけなら醸造家を二層に分類することは可能だが、それに地域の問題を絡めると無理があるように思われる。すなわち「都市向け大醸造家と周辺市場向けの中小醸造家」といったような分類は、関東ではできても、どこにでも当てはめることのできる、普遍的なシェーマたり得ない。

また、時代との関係で考えれば、本章で対象とした大正初年以前の段階においては、販売用醤油は、紡績・石炭・

製鉄といった都市部の近代産業や軍隊との関わりが見られ、農村部にまでは浸透していないことが窺われた。しかし大正初年には諸味を購入して醤油を絞る業者があらわれるなど、醤油の需要の増大に対応しているかのような動きも見られるようになった。

以上、近代の福岡県を対象として、地方醤油醸造業のあり方を市場との関係で見てきたが、地方醤油の研究はまだこれからである。本章では、醸造家の事例として松村家を取り上げたが、今後、こういった業者間の関係など、解決すべき課題は多い。

注

(1) 個々の成果については、林玲子・天野雅敏編『東と西の醤油史』(吉川弘文館、一九九九年)第一章、長谷川彰「醤油醸造業史研究の新たな動向について」参照。

(2) マルキン忠勇以外はいずれも本社が関東または近畿所在である。マルキン忠勇も地理的には近畿に近く、京阪市場を基盤として成長した。

(3) 『日本マーケットシェア事典　二〇〇四年版』(矢野経済研究所、二〇〇四年)一一九一頁。

(4) こうした状況は石井寛治が「国内市場の形成と展開」(山口和雄・石井寛治編『近代日本の商品流通』第一章、東京大学出版会、一九八六年)において指摘した、第一次大戦前後の状況(同書三二～三四頁)と基本的には変っていない。

(5) 「二層構造論」とは、林玲子が出したシェーマで、近世～近代の醤油醸造家は都市向け大醸造家と周辺市場向けの中小醸造家の二層構造を成していたとするもので(「銚子醤油醸造業の市場構造」二三八頁、山口和雄・石井寛治編、前掲(4)所収)、それを受けて谷本雅之は、遅くとも幕末期には二層構造ができたとし(「銚子醤油醸造業の経営動向――在来産業と地方資産家――」二三九頁、林玲子編『醤油醸造業史の研究』所収、吉川弘文館、一九九〇年)、それは大正期においても依然として存続したとした(同論文二四四頁)。それに対し鈴木ゆり子は、「中小規模の醸造家といえども、その立地条件などにより必ずしも周辺市場向けと識別することは難しいと思われる」としてこの説を批判し、また渡辺嘉之は、二層構造の成立時期を大正期であるとした(「中小醤油醸造家の経営動向――千葉県東葛飾郡田中村吉田家を事例として――」一七五頁、

『野田市史研究』第五号、一九九四年）。

（6）石井、前掲（4）三五頁。

（7）明治文献資料刊行会編『明治前期産業発達史資料』第一集（1）・（2）（明治文献資料刊行会、一九五九年）。

（8）本書第４章参照。

（9）この時期福岡県内に、造石高一〇〇〇石を超える造家はなかった。ちなみに、同時期の銚子・ヤマサ醤油の造石高は、二〇〇〇～三〇〇〇石に達していた（ヤマサ史料Ａ－177「年々醤油仕込石高帳」）。

（10）本書第４章参照。

（11）内閣統計局編纂、各年『日本帝国統計年鑑』。

（12）同前。

（13）醤油のデータは日本醤油協会ホームページ、人口データは総務省統計局ホームページによる。

（14）ちなみに、同年の野田醤油株式会社（現キッコーマン）の造石高は四二万石、銚子・ヤマサ醤油は一八万石、同・ヒゲタ醤油は八万石にも及んでいた（前掲『大日本酒醤油業名家』）。

（15）佐賀県の自家用醤油については、神山恒雄が「七代宮島傳兵衛　宮島醤油の創業者（後編）」（『新郷土』五〇五号、一九九一年）において言及している。

（16）谷本、前掲（5）二三七頁。

（17）長妻廣至「近代醤油醸造業と農村」（林編、前掲（5）所収）四三一～四三二頁。

（18）『城下町の商人から――ジョーキュウ一五〇年の歩み――』（株式会社ジョーキュウ、二〇〇五年）二四一頁、二七六頁。

（19）『会社案内』（株式会社ジョーキュウ、一九九一年）、同前一九頁。

（20）創業時に近い安政四（一八五七）年「棚卸帳」（株式会社ジョーキュウ所蔵史料、以下「ジョーキュウ史料」と略す）によると、この年、三石三斗桶入の室（諸）味が五九本、三石九斗桶入の室味が二本あった。合せて二〇二石五斗となる。また「福岡県地理全誌」の「紺屋町」の項には、松村半次郎と和田和平合わせて二五一石余と記されている。

（21）前掲（19）『会社案内』。

（22）ジョーキュウ史料、明治三七年度「県内組合ニテ五百石以上ノ諸味査定受ケ人名」。

（23）同前、明治四〇年度「県内査定高五百石以上ノ人名順」。
（24）同前、大正七年度「五百石以上査定シタル人名書」。
（25）前掲『大日本酒醤油業名家』。
（26）前掲（19）『会社案内』、前掲（18）二六七頁。
（27）前掲（19）『会社案内』。
（28）「再仕込醤油」とは、丸大豆と小麦を混ぜ合わせた麹を一番しぼりのもろみ醤油の中に入れて、再度熟成させた醤油（『しょうゆ　みそ　伝統の味』、株式会社ジョーキュウ）のことで、いわば贅沢な造り方をしている。別名「甘露醤油」ともいい、主として山口県から福岡県にかけて製造されている。
（29）ヤマサ史料ＡＳ16-218、昭和一六年四月「関西地方業界視察記録」。
（30）同前。
（31）この状況は今日でも変わっておらず、工場に隣接して「小売館」がある。また、本章で対象とする年代とは隔たるが、前掲（29）には、「（松村家の——引用者）製品ハ三割カラ三割五分程度ヲ小売シ残リヲ卸シテ居ル」とある。
（32）鳥巣京一氏談。

第三部　地域的流通の展開

第8章　干鰯・〆粕産地市場における商人の存在形態

――下総国海上郡足川村の小買商人鈴木家の事例を通して――

はじめに

本章では干鰯を例にとり、主産地九十九里浜から江戸・浦賀の、幕藩制下での特権問屋を経て大坂の問屋に送られる幕藩制的流通が、幕末期に至ってどのような変容を見せるか、すなわちそのようなルート以外の流通が、幕末～維新期の関東での地域市場の成長に伴ってどのような展開を見せたかを、生産地の「小買商人」の史料を手がかりに見ていく。

ここでいう「小買商人」とは、九十九里地曳網漁業において、網主に付属（一網に一〇～四〇人ぐらい）し、網主の漁獲鰯を魚肥に加工、販売した者のことで、「網付商人」、「付属商人」、「付棒手」などの語と同義の語として、史料に出てくる。「小買商人」の存在は、早くから九十九里地曳網漁業史の諸研究において紹介されていたが、ほとんどの場合、地曳網漁業そのものに研究の主体が置かれる中で付随的に紹介された程度であった[1]。これは一つには、九十九里地域の小買商人関係史料の残存状況が極めて悪いことによる。そうした中で唯一中井信彦が、九十九里中央部・上総国山辺郡片貝村を対象として、小買商人を正面から取り上げ、もともと地曳網主の「隷農」の系譜をもつ彼

図8-1　本章に関連する地名

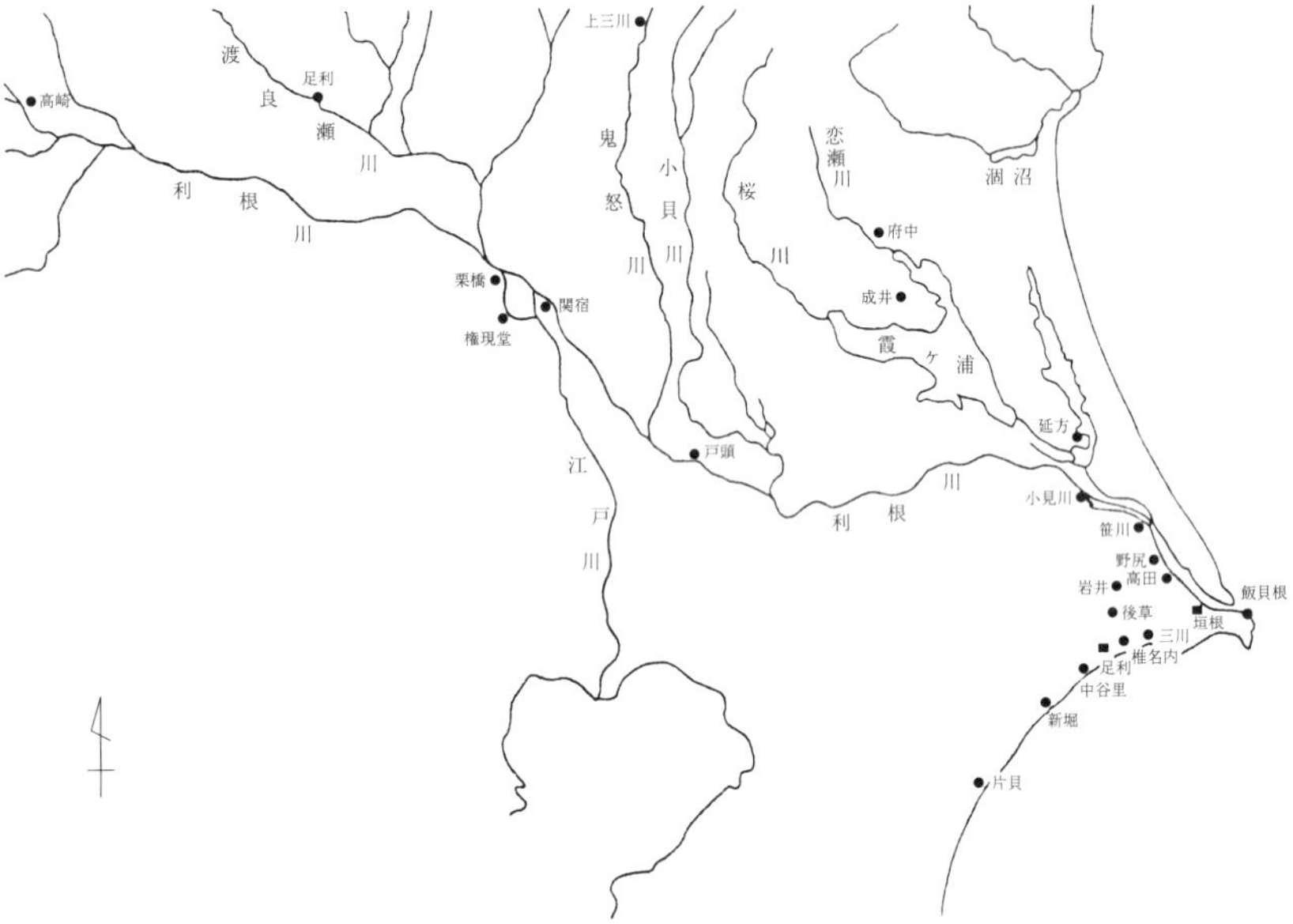

らが幕末に至って技術面・経営面において近代性・合理性を持つ「改良揚繰網」漁業経営者に成長し、しだいに「伝統的」な地曳網を凌駕していくという過程を主として実証した(2)。しかし、彼らの「本業」である干鰯商としての経営についての個別事例の研究は、本研究以外にほとんどないと言っても過言ではない。

一　村の中での小買商人

本節ではまず、小買商人が村の中でどのような位置にあったのかを、九十九里北部の下総国海上郡足川村(図8-1参照)を例に見てゆく(3)。

足川村の近世における支配は、初期においては天領、大名領など目まぐるしく変遷したが、元禄一一年以降は旗本の与力給知となった。村高は、近世を通じて四〇〇石台である。

さて足川村の村落構造は、近世初〜中期の自立小農中心の農業構造、共同体的経営の漁業構造から、寛政期までに地曳網主岩井家が経済的に突出し、政治的にも「知行所改役」[4]として幕藩権力の末端に位置するという構造に変質した。同家は天明~寛政期（一七八一~一八〇一年）に土地集積を行い、文化元（一八〇四）年段階で持高三〇石台で村内第一位、また漁業面でも、宝暦頃には大地曳網経営を果たしたものと思われ、文化六年に至ると村内の他網を統合して足川村唯一の網となった。

しかし寛政期を嚆矢として、特に天保期以降幕末期に至ると、大地曳網漁業の経営を脅かす諸現象[5]が見られるようになる。まず第一に、網主に対する小買商人の水鰯押買及び代金滞りがあげられる。第二に、「地かわ」（網をこぼれた鰯をすくい取ること）及び盗鰯をあげることができる。こういった行為は、当初主として小買商人たちが単独で行っていたものであるが、地曳網水主たちも、自分たち本来の仕事よりも割の良いことに気づくやそれを行うようになり、さらにエスカレートして、水主やその家族が得た鰯を小買商人が買い受けるという連携まで成り立つようになった。地曳網主にしてみれば、自己の漁獲が減少するばかりか、水主不足に悩まされることにもなったのである。第三に、水主が鰯加工業に走ったり他村の地曳網、専業漁民による小漁船に移乗したことによる水主不足があげられる。第四に、地曳網漁業に対する小漁船その他による妨害があげられる。そのほか、所属の異なる水主同士の喧嘩、口論などの問題も目立ってくる。

これらの現象に対し、地曳網主は地頭や関東取締出役に訴える一方、種々の対策を講じたが、容易に解決するものではなかった。

以上、寛政期以降の地曳網を脅かす一連の諸現象は、従来の流通システムの崩壊、網主収入の減少、労働力の減少という具合に抽象化できるわけであるが、これらの現象を見ればわかるように、その背後の存在として、小買商人ないしその経営する鰯加工業があったのである。言い換えれば、各村で頂点にあったともいうべき地曳網主の地位を小買商人が蝕んでいくという局面が、寛政期以降見られるようになったわけである。さらに幕末に近づくと、小買商人が網主から漁獲物や網を抵当にとって金を貸す例さえ見られる（後述）。

図8－2　足川村小買商人の持高推移

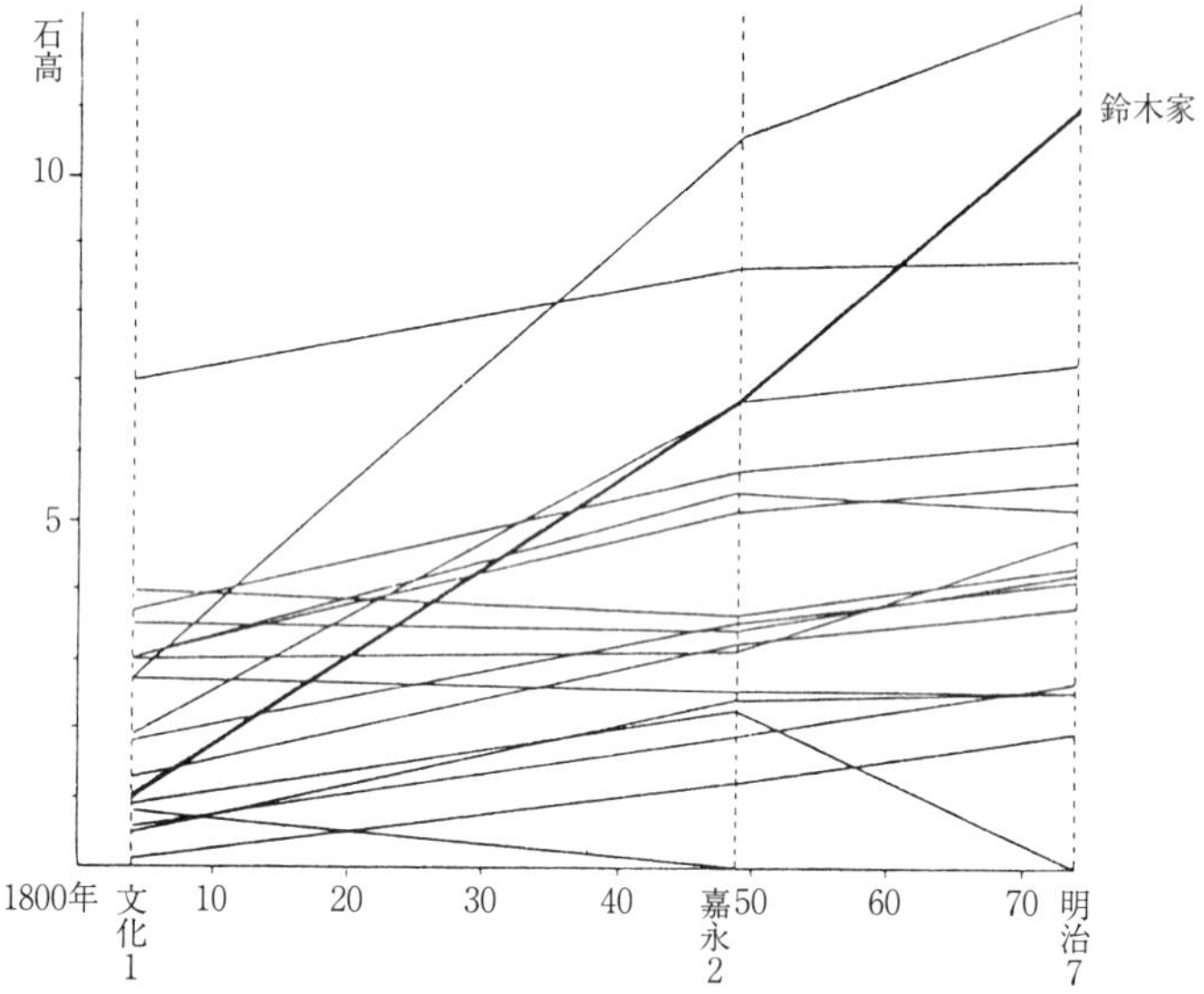

注）明治4年1月段階で確認できる小買商人[6] 24名のうち、文化元年名寄帳[7] 嘉永2年名寄帳[8]、及びその張紙によって石高のわかるもの18名について、明治7年までの各年の持高を示したもの。

ここで、小買商人台頭過程における持高推移を、足川村を例に見てみよう。図8－2の通り、もともと地曳網主の隷属農民の出で、文化元（一八〇四）年段階で揃って村内最下層にいた小買商人たちが、嘉永二（一八四九）年には足川村の中では中層にまで上昇している。そしてその後も上昇を続けるとともに、小買商人間で持高に格差ができている。(9) なおこの間、網主岩井家は三〇石台のままである。

ところで、化政期頃までの足川村では、図式的に言えば、大地曳網主岩井家及び農業専従者の一部上層の者のもとに半農半漁の水主、小買商人、あるいは農業専従者のうちの下層の者が質地・小作関係で結合するという社会関係になっていた(10)（図8－3）。岩井家と水主の関係について、多数残存する証文の中から一例を掲げておく。

借用申金子手形之事(11)

一、金壱両三朱也　但し通用金也

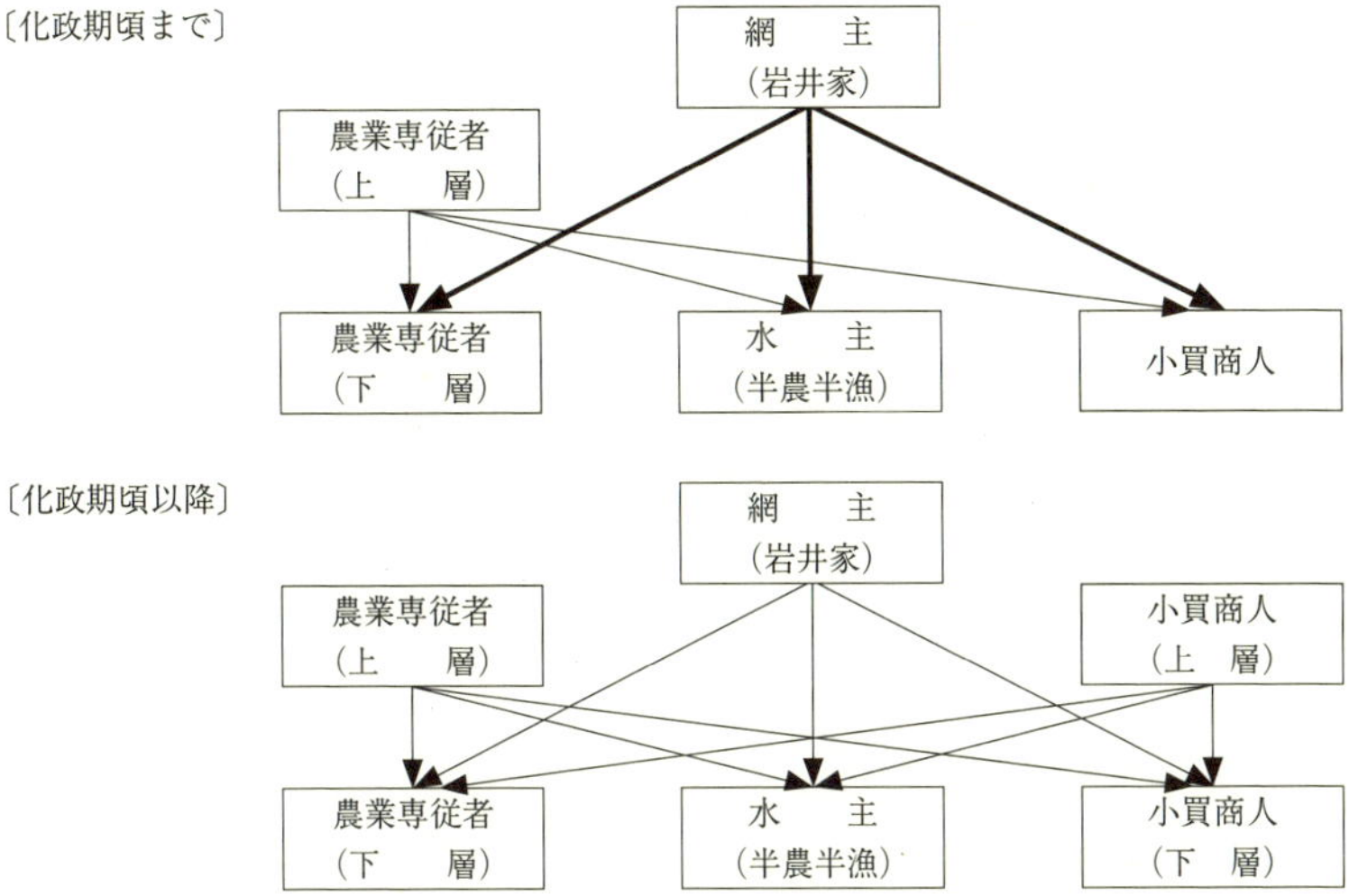

図８－３　足川村質地・小作関係図

注）太線は、強い関係を示す

此書入　新田半左衛門向　苗代壱枚
　浜通ニ而五升蒔　畑壱枚但し西東堀合附
右者当未之御年貢上納ニ差詰り、貴殿江達而御
無心申、右之金子請人立合慥ニ受取御蔵江上納
申候処実正明白也、然上者永々貴殿水主ニ罷成、
万事御下意ニ随ひ、魚漁稼出情仕、引揚を以御
恩借返済可仕候、若亦外漁船江乗組候カ又者他
稼奉公等ニ罷候節者書面之金子元利共ニ急度返
金仕、貴殿へ少茂御損毛相掛申間敷候、為後日
請人加判依而如件
　寛政十一年未十一月二日
　　　　　金子借用人　佐五右衛門印
　　　　　請 人 親 類　新右衛門　印
　　重兵衛殿

　ところが、既述のごとく、化政期以降小買商人の持高増加が見られるようになるのだが、それは主として岩井家網水主の土地の獲得によってであり[12]、逆に網主と水主の結合が相対的に弱まって、図８－３

（化政期頃以降）に示した関係に「編成替え」されていったものと思われる。

以上、足川村の村落構造の推移とその中での小買商人を見てきたわけであるが、各時代を簡単に特徴づけるとすれば、近世初期は共同体的時代、中期以降は大地曳網主岩井家発展の時代、そして後期以降は、小買商人台頭の時代と言えよう。

二　小買商人台頭の要因

では、小買商人台頭の要因は何だったのであろうか。それはまず、先述の、網主の経営基盤を揺るがした諸現象の中に見出すことができる。すなわち水鰯押買・代金滞り、「地かわ」・盗鰯を通じて直接的・間接的に自らの蓄積を行い得たということである。ここで、代金滞りについて若干の説明を加えておく。小買商人は網主から、引き揚げた鰯を買い受け、干鰯・〆粕を製造、販売したのであるが、網主に対する代金支払は、干鰯・〆粕の販売代金が入った後でよいということになっていた。これはそもそも、小買商人の経済的脆弱さゆえにできあがったルールと思われるが、小買商人たちは逆にこのルールを利用し、種々の口実をもって代金支払を引き延ばし、その裏で蓄積を行っていたわけである。

その次の段階として、土地集積、金融があげられる。これらについては、後述する鈴木家の事例の中で具体的に触れるし、前者のうち村内の土地の集積については図8-2からもおおよその傾向が知られるが、それ以外に村外の土地をも集積していた。特に後背の広大な椿新田へは、九十九里臨海村からも名請し出作する者が多かったことが知られているが[13]、足川村小買商人も例外ではなく、文政以降計九名が確認できる[14]。

以上のような経緯をたどりつつ、小買商人は魚肥製造・販売を行い、経済力をつけていったものと思われる。

しかしさらにその背景、すなわち小買商人台頭のもっと根本的な条件があったのではあるまいか。以下、節を改めて、小買商人の具体的経営事例を通して、このことを考察してみよう。

三　小買商人の経営事例――足川村・鈴木家の場合――

前述のごとく、旧小買商人家で史料の残存が確認されている家は九十九里全体を見渡してもほとんどなく、その意味で、旧足川村・鈴木家の史料群は極めて貴重である。ただ量的には決して多くはなく、大福帳など家としてのトータルな経営を記した帳簿類がない。したがって、ある一定期間内での経営の全貌を知ることはできないが、経営内容について可能な限りの考察をしてみたい。

㈠　魚肥・魚油生産と流通

鈴木家は屋号を「藤蔵」と言い、近世中後期に他村より足川村に移り住んだようで、幕末期までは代々「平次兵衛」の名を継いでいる[15]。文化元年名寄帳において、その持高はわずか一石ほどであった（図8－2参照）。また文政六年に市郎右衛門網が潰れるまでは同網の水主であった[16]が、潰れたその年のうちに、村内唯一の網となった岩井市右衛門網（先述）へ移っている。

水主舗金之事[17]

一金壱両弐分者　当通用金也

右者私儀是迄当村市郎右衛門網江乗組居候処、右網当春より潰網ニ相成漁業渡世難相成、殊ニ右網方ニ舗金借用有之ニ付貴殿江達而相願、書面之金子借用いたし、右金返済仕候処実正也、然ル上者已来永ク貴殿水主ニ罷成り、万事御差図ニ随イ漁業出精可仕、外漁船乗組者勿論、他稼奉公等ニハ一切罷出申間舗候、水主ニ罷出候間者無利足ニ而此金貸居被置候事故、若水主御暇等被下候節者何時ニ而も無滞返済可仕候、右之外其年々差支候節者、身ノ代ロ前借用無印形ニ而借用仕候義ニ付、此儀者用立被下次第其後之漁事引揚当リヲ以返済可仕候、依之敷金証文為後証如件

文政六未年十一月

水主ニ罷出候
平次兵衛印
受人親類
次右衛門印

村方
市右衛門殿

その後平次兵衛がいつまで市右衛門網で水主を務めたか、史料的に確認はできないが、嘉永二（一八四九）年時点では納屋を所有して鰯加工業を行っている。

差入一札之事(18)

一　我等浜納屋ニ罷在候新蔵・同人女房共私共生村より能存慥成者故、納屋貸遣し住居為致置候、然ル上者以後当人共身之上ニ付何様之義出来候共決而御難渋相懸ケ不申候、為後証親類加判一札依而如件

嘉永二酉年
六月　日
納屋主
平次兵衛
親類
治右衛門
村方
御役人衆中

右の史料で「納屋主」と肩書されているように、平次兵衛はこの段階で明らかに納屋[19]という生産手段を所有する鰯加工業者となっており、労働者として雇用したと思われる者の身元を証明しているのである。

この後、嘉永三年以降幕末期の奉公人請状が七通残存しており、それらと併せ考えれば、平次兵衛は嘉永期には鰯加工業・魚肥流通を自立して行うようになっていたと考えられる。

鈴木家の魚肥及びその副産物である魚油取引に関しては、まとまった史料がなく、書簡及びそれらを集成したもの[20]、仕切状等から知るほかないが、大きく分けて①利根川筋の河岸との取引、②自村及びその周辺との取引に分けることができ、②はさらに、⑴自村の者への売却、⑵内陸側農村への売却、⑶九十九里の他の浜との原料（水鰯）・製品（魚肥・魚油）の売買に分けることができる。それらは表8-1にまとめておいた。

まず①は、垣根村三河屋治助・野尻村滑川藤兵衛（図8-1参照）が相手である。中でも三河屋とは親戚でもあり[21]、鈴木家との取引は親密なものであった。取引の内容は、両者の間に交わされた仕切状[22]・書簡等により知ることができる。例として、安政六（一八五九）年九月一八日から二九日までの間の四通の一連の書簡を取り上げてみよう。まず九月一八日付三河屋より鈴木宛の書簡を見てみると、

（前略）然者此度〆粕ス五俵御附送り被下、難有仕合奉存候、早速見計り売捌キ差上可申候、佐（ママ）ニ御承引可被下
候、相場之義者佐之通り
〆粕銚子為升立
両ニ五盃五合見当
魚油拾五両見当
米五斗六升
五斗運替
大豆八斗六升
右之通り相場取引相成候得共、不残品不足有之候、さりながら〆粕田印ニ而者壱俵八分見当ニ御座候、魚油之義
者一切買人無之、御地居払拾五両迄茂売捌相成候ハヽ、地払江可被成候、左様相成不申候得者、見送り可被成候
様、拙者方ニ茂未タ三十本飯岡物極上品当地売捌キ申度存知候へ共、拾五両一分二分ならてハ売捌キ兼、右之次
第御座候、尤も漁事無之候得者来ル十一月より拾八両之相場出来相成可申哉、承知致有候なれ共、浜次第ニ御座
候、左様ニ御承引可被成候（後略）(23)

〆粕・魚油・米・大豆の銚子相場を記し、魚油について、銚子で買い手がないので「御地居払」値段で一〇本につき(24)一五両にまで上がれば地払、そうでなければ売却を見送るよう助言している。これに対して鈴木藤蔵は九月二六日付の返書(25)の中で、「治兵衛方ニ而居払十四両ニ引受可申与申」してきたことを伝え、売るべきか否か、意見を伺っている。また同じ書簡の中で、次兵衛が〆粕を一両につき七盃三合という、足川の他の釜場よりも高い値段で買い請

表8－1　鈴木家魚肥・魚油取引表

分類	年月日	売主	買主	品目・数量	代金、その他
	安政5（1858）. 4.11	鈴木　藤蔵	三河屋治助（垣根村）	〆粕13俵	代金10両・銀9.37匁
	〃 〃 〃	〃	〃	〃 13〃	〃 11両・銭1.045貫
	〃 6.10	〃	〃	〃 5 〃	〃 4両・〃1.132貫
	安政6（1859）. 5.26	〃	〃	〆粕62俵 うろこ49〃	4～5月売仕切。〆粕は1両に付1俵6分～1俵7分2厘割。うろこ代銭13.086貫。
	〃 9.27	〃	〃	〆粕5俵	代金2.875両・銀3.97匁・銭0.429貫
①	文久1（1861）. 3.18	〃	〃	〃 38〃	三河屋はこれを「通売」にて売却。
	文久2（1862）. 1.15	〃	〃	魚油4樽	代金20.375両
	巳 6	〃	滑川藤兵衛（野尻河岸）	〆粕 63俵	〃 31.9375両・銀2.51匁
	戌 5.29	〃	三河屋治助	〃 142〃	〃 99両・銀0.8匁
	年不詳 3.27	〃	〃	〃 40〃	〃 27.875両・銀4.91匁
	〃 5.27	〃	〃	〃 64〃	1両に付1俵6分～1俵7分2厘割
	〃 12.25	三河屋治助	鈴木　藤蔵	ぬき莚80枚	
② (1)	安政4（1857）閏 5.17	鈴木　藤蔵	岩井重兵衛	〆粕150俵	代金50両（前払）
	子 10.29	〃	岩井市右衛門	〃 50〃	1両に4俵替。内金15両（前払）。
	寅 3.27	〃	〃	〃 100〃	〃 。〃 20両（〃）。
	午 4.9	〃	小嶋作兵衛	〃 93盃8合	代金60両・銭5.159貫
	〃 〃.10	〃	〃	〆粕132盃 新粕 43〃	〃 85両・〃1.612貫 〃 28.5両・〃1.664貫
② (2)	文久2（1862）. 4.6	鈴木　藤蔵	儀兵衛・太郎左衛門（後草村）	干鰯20俵	「田植仕付こやしに差支」借用（代金4両）
	明治3（1870）. 5.2	〃	治左衛門（岩井村）	〃 12〃	「苗代肥ニ差支」借用（代金8.875両・銭0.137貫）
② (3)	安政6（1859）. 9.28	鈴木　藤蔵	伊藤市郎兵衛（新堀村）	〆粕12俵 魚油2本	代金7両・銭0.39貫 〃 3両
	〃 10.16	小林彦右衛門（中谷里村）	鈴木藤蔵	鰯　51盃 大鰯3〃	〃 4.875両・銭1.575貫 〃 0.375両・〃0.340貫
	辰 7.10	勘兵衛（中谷里村）	〃	魚油40樽	10樽に10.25両替。内金20両（前払）。
	〃 12.晦	〃	〃	〃 30〃	内金22両
不明	寅 5.13	鈴木　藤蔵	欠	〆粕100俵	1両に4俵半替。内金18両（前払）。

注）・①のはじめの11点は仕切状による。その年月日・代金は、三河屋あるいは滑川が鈴木家から仕入れた品を他へ売った時点のものである。
・「分類」については、本文参照。

表8－2　三河屋治助の取引相手

	国名	郡名	地名	商人名	取引方法など
利根川水系	上野	群馬	高崎	不記	干鰯・〆粕通売
	下野	足利	足利	〃	来銚（銚子へ来る）
	〃	河内	上三川	〃	〃（干鰯買入）
	武蔵	葛飾	栗橋	川原屋半兵衛	干鰯・〆粕送荷
	〃	〃	〃	不記	干鰯・〆粕・魚油通売
	〃	〃	権現堂	〃	〃
	下総	葛飾	関宿	〃	〃
	〃	相馬	戸頭	甚五兵衛	〆粕送荷
	〃	〃	〃	前野次郎左衛門	〃
	常陸	新治	成井	蔵次	来銚（〆粕買入）
	〃	〃	府中	不記	〃（魚油買入）
	〃	不記	不記	〃	干鰯仕入
	〃	行方	延方	〃	〆粕送荷
	下総	香取	小見川	〃	米取引
	〃	〃	笹川	〃	通売
	〃	海上	野尻	滑川藤兵衛	干鰯・〆粕送荷
	〃	〃	〃	磯屋源七	〃
	〃	〃	高田	不記	
周辺村	下総	海上	飯貝根	不記	魚油仕入
	〃	〃	西浦倉川	〃	来銚（〆粕買入）
	〃	〃	三川	新左衛門	
	〃	〃	〃	常盤屋要助	金談
	〃	〃	椎名内	不記	〆粕仕入

けたい旨述べているが、どうするべきか、意見を伺っている。これに対して三河屋は翌二七日、早速返事を出し、魚油は一五両で売れるまでは売らぬよう、また〆粕については「思召ニ而売捌」くよう述べている[26]。ところが二九日になって三河屋は、

昨日府中紙漉魚油買人参り候内相成丈ケ出情売捌キ可申候間、若シ地払江致シ不申候得者明日ニ茂御附送り被成下候様奉願上候、〆粕之義、治兵衛様ニ御渡し被成候哉、若シ御渡し不申候得者、相成丈出情売附差上可申候間、拙者方津出し可被成下、尤も商売之事故右キ治兵衛様江御渡し被成候哉茂難計候間、先方江有之趣キ御噺不申候間、何卒此者ニ早々御返事被仰越候様偏ニ奉願上候[27]

と、府中より魚油買人が来たので、もし地払していなければ至急送るよう、〆粕も売っていなければ送るよう述べている。

このように、鈴木家は、垣根河岸の三河屋より送られてくる銚子相場と買人に関する情報を参考にしつつ、最終的には自己の判断のもとに魚肥・魚油の販売先を決定していたのである。決して特定の特権的な問屋を相手に、問屋の主導で決められた価格に従って販売するというタイプの取引を行ってはいなかったのである。

ところで、三河屋のもとへ送られた魚肥・魚油はその後どこへ送られたのであろうか。表8-2は、書簡・仕切等から判明する三河屋の取引相手である。取引の方法は三つあった。Ⅰ送荷、Ⅱ三河屋自らが利根川を売ってまわる「通売」、Ⅲ銚子を訪れた(「来銚」)商人に売る、この三つである。利根川を遡行してはるか上州高崎まで「通売」したり、野州足利から銚子を訪れた商人に売るなど、かなり遠方との取引もあった(図8-1をも参照)。このように、三河屋を経て売られる魚肥・魚油は、すべて関東の地域市場へ向けられたのである。中でも常陸・下総の利根川・霞ヶ浦沿岸との取引が多いが、これらの地域は野田・銚子の醤油醸造業の原料としての大豆・小麦の一大生産地帯であったことに留意すべきである[28]。しかも垣根河岸が近隣の野尻河岸や高田河岸と違い、年貢津出のような領主的要請で成立したという経緯を持たないこと、三河屋の商人としての性格は明確ではないが、自ら「通売」に出るという商売方法に象徴されるように、新興の中継商人的存在であったことが重要である。

次に、②自村及びその周辺との取引を見てみよう。(1)については、幕末期には網主岩井家と売買証文を交わす関係になっていたことが重要である。(2)の後草、岩井といった内陸側農村との取引は代金後払いとしており、形式上は借金証文を交わしている。「田植仕付こやしに差支」、あるいは「苗代肥ニ差支」と記されているように、この地域の田に干鰯が用いられていたことがわかる。また(3)浜方の取引相手の中で、新堀村伊藤市郎兵衛は九十九里北部から利根川筋にかけてを取引範囲とする大きな浜方魚肥・魚油集荷人であった[29]。また中谷里村勘兵衛からは魚肥を買い取っているが、鈴木家はこれをさらに他へ送っており、仲買としての機能も持っていたことがわかる。そのほか、中谷里村の網主彦右衛門からは、干鰯・〆粕の加工原料である水鰯を買っている。

表8-3　鈴木家より舟川家への藍葉売却

年	取引量	内　訳	代　金
安政4（1857）	60貫960匁	自家生産分　50貫460匁 三木蔵生産分　10貫500匁（金1分2朱・銭80文で買取）	金3両・銭579文
〃 5（1858）	18貫800匁 （風たいとも）	不　詳	金1両2分
〃 6（1859）	11貫	〃	金　3分・銭213文
文久3（1863）	不　詳	〃	
〃 4（1864）	110貫400匁 （風たいとも）	自家生産分　32貫70匁 川辺村孫兵衛生産分　75貫（風たいとも、金6両1分2朱・銭556文で買取）	金10両2分2朱
元治2（1865）	108貫60匁	自家生産分　60貫20匁 川辺村孫兵衛生産分　48貫40匁	金8両2分
慶応2（1866）	106貫600匁	自家生産分　66貫200匁（風たいとも） 川辺村孫兵衛生産分　49貫200匁（　〃　）	金42両3分・銭900文

(二) 金融と土地集積

次に鈴木家の金融と土地集積について見てみよう。同家の金融の初見は文化一〇（一八一三）年であり、金融関係文書は年代のわからないものも含めて明治八（一八七五）年までのものが残っている。[30] 概して村内者には質地金融のかたちで、村外者に対してはそれ以外のかたちで金融を行っている。質地金融五二例のうち村外者に対するものはわずか四例である。また半数以上の二九例は岩井網の水主に対するものであることが注目される（図8-3参照）。

ところで、質入反別総計二町五反余のうち約二町については質入後の状況がわかる。反別でその半分以上の一町二反足らずについては、質入主を小作人としている。だが、小作関係に置かずに利息を貨幣で取り立てるケースも四分の一ある。同家は一方で、自己の田畑を抵当に入れて一度にまとまった額を借りていた事実もあり、[31] 貨幣獲得の手段として土地を操作するという一面をも有していたと見ることもできよう。

次に村外者への金融を見ると、網主に対して漁獲物や網を抵当にとって金を貸している例が数例あることが注目される。特に嘉永三（一八五〇）年と亥年（年不詳）に金を貸した中谷里

表8－4　鈴木家より舟川家への染物依頼

年	染　賃	内　訳
安政3（1856）～4（1857）	金3分　・銭　40文	糸9反、茶みぢん2反、帯、川色木綿、縮緬頭巾色あげ　ほか
安政4（1857）	金2分　・銭　548文	糸、色あげ　ほか
〃　5（1858）	金2分2朱・銭　678文	糸13反、もよぎ糸、めりやす　ほか
〃　6（1859）	金1両1分・銭　5文	糸9反、からくさ3反、川色木綿　ほか
安政7（1860）	金1分　・銭　39文	糸6反　ほか
元治2（1865）	銭2貫700文	不詳

村彦右衛門の地曳網「川向網」は、安政五年時点では鈴木家が水主飯米を請け負っており[32]鈴木家が彦右衛門網の経営に食い込んでいることがわかる。なおこの時期彦右衛門は、鈴木家に何度か網方集会の入用等、金子を無心してもいる[33]。また鈴木家の大金の融通相手として、先述の銚子・垣根河岸の三河屋がいる[34]。

次に土地買得のようすを見てみると[35]、文政五（一八二二）年から慶応三年までの四七例のうち、文久三年の一例を除いてすべて自村内の土地を買得している[36]。ここでも合計人数のうち約半数の二四例は岩井網水主で占められている。買得総計一二石余がそのまま持高の増加に結びついているわけではないが（図8－2参照）、これは一つには実際の買入が即持高にはならないということ（「買入」と「高入」との間に手続が必要だということ）、また一つには先述のように、買い入れた土地を貨幣獲得のために操作したことによると思われる。

㈢　藍葉取引

鈴木家は、藍葉の取引も若干行っていた。そのことを示す一冊の帳簿[37]が残存しており、安政から慶応にかけての約一〇年間の取引を知ることができる。近世後期以降、九十九里浜及びその後背地域広汎にわたって藍の栽培が行われていた事実は知られているが[38]、取引帳簿の残存は珍しい。

この帳簿から知られる藍の取引関係を簡単にまとめたものが表8－3・8－4である。鈴木家は、自家製または他家より集荷した藍葉を三川村舟川家へ売却し、また舟川家に対して染物を依頼し、それぞれの代金を相殺したのである。いずれも量的には大したものではなく、集荷先も川辺村孫兵衛と居所不明の三木蔵の二名に限られていたが、藍葉売却量は元治元（一八六四）年以降は年間一〇〇貫余に落ち着いている。また川辺村孫兵衛から集荷した藍葉代金については、これを鈴木家から渡す干鰯の代金と相殺することもあった。

以上、川辺村孫兵衛・足川村鈴木家・三川村舟川家の三者の間では、魚肥―藍葉―染物のリンクが見られた。鈴木家のように、近世後期において干鰯商と藍商とを兼ねたタイプの商人の事例は、八日市場周辺でも検出されており[39]、このようなタイプの商人がこの時期この地域でかなり一般的に存在したものと思われる。

小括

以上、干鰯・〆粕産地足川村での小買商人を取り上げ、彼らが寛政期頃から地曳網主の経営基盤を脅かす諸現象を引き起こし、持高階層において村内最下層から化政期頃より上昇し、幕末〜維新期には中層にまで伸びていること、そうした中で村内での土地所有関係を変化させていることを述べ、さらにその中で鈴木家の事例を取り上げ、その経営を見た。同家は足川村小買商人の中で最も持ち高の伸びが顕著であった。同家にとって、嘉永期は重要な意味を持つ。この時期魚肥製造の自立を果たし、金融面でも、規模そのものは小さいながら、この時期の拡大は著しい。

さて、幕末〜維新期における鈴木家の魚肥販売は、販売先や用途から見ていくつかのタイプに分けられる。一つは利根川筋の河岸を経て常陸・下総の醤油原料産地へ送られるもので、この場合、これらの地域を広くくるむ、魚肥―小麦・大豆―醤油のリンクした一つの市場圏というべきものを想定することができる。また内陸側の後背農村に対しては、同家の魚肥は苗代用、田植用に売られ、ここでは魚肥―米のリンクした市場圏を考えることができる。さらに、藍葉集荷のために干鰯を渡し、集めた藍葉の売先に染物を依頼するという、魚肥―藍葉―染物のリンクした市場圏を想定することもできる。このほかにも自村の者、あるいは他村の魚肥集荷人にも魚肥が売られており、他のタイプの市場圏も存在したであろう。鈴木家を取り巻く大小さまざまな市場圏が重層的に存在したようすを想定することができよう。そのような環境の中で、鈴木家は、情報を集めつつ最終的には自己の判断のもとに魚肥の売先を決めていた。その一端は、先に紹介した三河屋との書簡のやりとりの中に垣間見える。

荒居英次はかつて、九十九里産の魚肥流通について、近世初期は東浦賀干鰯問屋が介在して関西へ流通させる段階、中期になると江戸問屋が仕込金により魚肥を確保して関西以外に関東農村へも流通させるとともに、東浦賀問屋も衰退の兆しを見せつつも幕府の保護により存続する段階になるとした[40]。ここまでは、いずれにしても幕藩制的特権問屋が流通を支配する段階である。そして「中期に成立した魚肥流通体制が中期から幕末にかけてどのように変質したか」は「今後の課題」としたが[41]、その後そういった問題に取り組んだ研究は乏しかった。本研究はそういった研究の穴をいささかなりとも埋めることができたのではないだろうか。

干鰯〆粕将来販路ノ伸縮ニ至リテハ今断言為シ難シト雖モ、之レヲ既往ニ徴スレハ今日ノ開ケタル往時ノ比類ニアラサルナリ。其原因如何ト云フニ、維新以前ニアリテハ、各需要地へ取引スルニハ都テ問屋ノ手ヲ経ルアラサレハ売買出来ヌコトナリシカ、現今ハ此束縛モ解ケ産地ヨリ直チニ需要地ニ売却セラレ、加フルニ通路運搬ノ便開ケタルヲ以テ販路モ大に伸張シタリ[42]。

これは足川村から浜をやや南へ下った、上総国山辺郡北今泉村の網主上代平左衛門の、明治一九（一八八六）年第五回千葉県水産集談会での言であるが、こういった状況は、すでに本章で対象とした時期の鈴木家の魚肥取引においてもあったわけで、幕末〜維新期の九十九里一帯において一般的であったと思われる。従来の網主—特権問屋ルート以外からの魚肥需要の増大こそが、小買商人台頭の根本的要因であったのではなかろうか。このような、九十九里干鰯の旧来の流通ルート外への直接販売について、江戸の喜多村永代町干鰯店の嘉永五（一八五二）年七月「粕干鰯商売取扱方心得書」[43]には、「兼而可送遣約定荷物も地許ニ而買人有之砌は直段高直故江戸表江積送候而は引合不申地払割合宜敷ニ付売払候旨断来」、「以前は問屋申分相立」ててくれたが、今は「問屋申分更立不申腹斗立所兼而心得取引致へし」と記されている。

だが小買商人は、明治以降の過程において決して順調に発展し続けたわけではなかった。鈴木家は現在、二町五反歩の田畑を所有し、健在であるが、旧足川村の他の多くの小買商人家は、今日までに退転してしまっている。したがって、小買商人関係史料の残存状況も悪くなっているわけである。その原因は、足川村においては史料的に必ずしも明確ではないが、他村の例から見れば、松方デフレに代表される明治政府の諸政策や不漁が考えられるし、他に化学肥料の浸透等、肥料事情の変化も考えられよう。これら幾度かの危機は、それまでの段階で上昇したとはいってもせいぜい中層ぐらいまでしか昇っていなかった小買商人にとっては厳しいものであったに違いない。逆に、地曳網主岩井家などは、明治中期以降再び土地を集積して地主化を果たしているのである。

しかしそれにしても、村内最下層から幕末〜維新期に至って経済的に台頭を見せた小買商人の存在は、近世から近代への移行期を考える上で注目に値しよう。

注

（1）吉井幸夫「上総九十九里に於ける旧地曳網漁業」（『社会経済史学』五‐七・八、一九三五年）、山口和雄『九十九里旧地曳網漁業』（アチックミューゼアム彙報第十二、一九三七年）、荒居英次「九十九里浜の鰯漁業と干鰯」（地方史研究協議会編『日本産業史大系』4「関東地方篇」、東京大学出版会、一九五九年）など。

(2) 中井信彦「九十九里浜に於ける地曳網漁業から揚繰網漁業への転換過程」(『史学』二八－二、一九五五年)。
(3) 以下本節の記述は、『旭市史』第一巻・第三巻(旭市、一九七五年・一九八〇年)、及び小笠原長和ほか「旭市を中心とする東総村落史の諸問題」(『文化科学紀要』一〇、一九六八年)によるところが大きい。
(4) 「知行所改役」については、小笠原ほか、前掲(3)における説明を引用しておく。「知行所改め役(いわゆる代官)、目付役は村役人の上にあって地頭給知の治安維持にあたったが、ほかに割元役、割元名主(割元次席)があって、同じく村役人の上にあり貢租のことを司ったと思われ(以下略)」(同論文一五四頁註(11))。
(5) それらの現象は、九十九里一帯の問題として起こっている。中井、前掲(2)にも同様の事例があげられている。
(6) 岩井弘之家文書、明治四年一月「上」。
(7) 足川区有文書、文化元年八月「本田畑反高銘々寄帳」・「新畑石高銘々寄帳」・「林畑反高銘々寄帳」、同年九月「塩場新切銘々名寄帳」、同年一〇月「沼植新田反高名寄帳」。
(8) 足川区有文書、嘉永二年一二月「本田畑反高銘々名寄帳」・「新畑高銘々寄帳」・「林畑高銘々寄帳」・「塩場新切銘々名寄帳」・「沼植新田反高名寄帳」。
(9) 言うまでもなく、持高は小買商人のもつ一面にすぎない。しかし彼らの台頭を示す一つの重要な要素ではあろう。
(10) 享和二年の村明細帳(岩井弘之家文書、「四か村明細帳」)によると、百姓以外渡世の者としては大工が五人記載されているのみで、「商売家無御座候」、「酒造稼之者無御座候」という状況であった。この時期この村で商売人が多数存在したことを示す史料も特になく、したがって化政期頃までは、漁業関係者以外はほとんどが農業専従者だったと考えてよかろう。なお、網主―水主の関係と地主―小作人の関係との関連については諸説ある(荒居英次『近世日本漁村史の研究』第一部第八章　新生社、一九六七年)が、ここでこの問題に深入りすることは本章の趣旨からそれるので避け、図8－3に私の考えを示しておくにとどめる。
(11) 岩井弘之家文書(小笠原ほか、前掲(3)一七六頁にも掲載されている)。
(12) 例えばのちに述べる平次兵衛(鈴木)家の場合、嘉永二年名寄帳の貼紙と岩井家網水主の名前の照合により、同年以降明治七年までの間に増やした持高約四石二斗のうち、二石五斗余は岩井家網水主からのものであったことがわかる。
(13) 小笠原ほか、前掲(3)一二九～一四〇頁、中村勝「椿新田における新田地主の形成過程」(地方史研究協議会編『房総地方史の研究』雄山閣出版、一九七三年）、鈴木広一「椿新田における年貢収取と土地所有者の変化」（『海上町史研究』7、一九七六年）など。

(14) 海上町清滝・木内忠嘉家文書、文政一一年二月「子年より卯年迄清滝村反別持帳」・天保七年「当申高反別引訳帳」・嘉永六年「越石方当卯辰迄相用当巳反別小前名寄帳」・慶応元年一〇月「清滝村当丑居村越石高帳」。このほか、足川村側の史料として、鈴木寅之助家文書、慶応二年一一月「清滝村御年貢取立帳」がある。

(15) 鈴木寅之助家文書、年代不詳「過去帳」（寺院の過去帳ではなく、鈴木家の過去のことをごく簡略に記したもの）に、「先祖ハ今ノ匝瑳郡匝瑳村松山ヨリ来ルモノナリト言伝アリ代々不明ナルモ藤蔵云フ」とあり、この帳面を記した時点（大正期と思われる）から遡れる限度内で代々の家族の名前が記されている。他の文書での「平次兵衛」の名の初見は、岩井弘之家文書、宝暦六年「乍恐以願書申上候」の末尾の惣百姓連名部分である。

(16) 平次兵衛がいつから市郎右衛門網の水主であったかは、わからない。

(17) 鈴木寅之助家文書。

(18) 足川区有文書。

(19) 当時一般に「納屋」には鰯加工場としてのもの以外に、漁網・漁具の収納庫としてのものもあった（荒居、前掲（1）二三四頁）ので、その可能性も吟味しなければならないが、鈴木家の場合、嘉永二年時点で網を所有していないので、この史料での「納屋」とは鰯加工場をさしていると解して差し支えあるまい。

(20) 鈴木家の書簡としては、現物二七点のほか、主として幕末の書簡を留めた「諸式文通之控」及びそれに続く表紙欠の書簡集がある。

(21) 酉（文久元か）年四月二〇日付、鈴木藤蔵より三河屋治助宛の書簡の中に、「我等親戚事故…」との文言が見える。ただどういった親戚なのか（例えば古くからの親戚なのか、取引をしているうちに縁組したのか、等々）を知る史料はない。

(22) (20)の史料により、安政四～文久二年までのものと年欠のもの合わせて四二点を復元することができる。

(23) 鈴木寅之助家文書。

(24) 魚油の相場は当時一般に「十本につき何両」というかたちで表わされていたので、ここでもそのように解釈しておく。

(25) 鈴木寅之助家文書。

(26)　同前。
(27)　同前。
(28)　ヤマサ醤油株式会社所蔵、昭和二二年二月二一日川島豊吉述「ヤマサ醤油に関する思ひ出話」によると、醤油原料の大豆及び小麦は「往時より主として霞ヶ浦沿岸地方より筑波下のものを購入」し、しかも「良質のものを得るため（中略）鰯粕の生産業者に対し資金の融通を成し」たと記されている。醤油原料である大豆・小麦と魚肥との強い結びつきが窺われる。なお、本書第５章参照。
(29)　内田龍哉「幕末における魚肥流通の構造」（『海上町史研究』13、一九八〇年三月）。
(30)　鈴木寅之助家文書、「質入地所引受名所控」及び諸証文類。
(31)　鈴木家の借金については、証文が通常相手方に残るのでとらえにくいが、同家に残っている証文七通を見ると、慶応三年に田畑二反分余を抵当に入れて一度に五二両、辰年（年欠）に田畑五畝分余を抵当に入れて一度に一三両の借金をした事例が目につく。
(32)　鈴木寅之助家文書、安政五年「川向網水主飯米蔵入用帳」。
(33)　同前、「諸式文通控帳」。
(34)　安政四年に一度に二三両、巳年（年不詳）に一度に三〇両を貸している。理由はそれぞれ「商用ニ差詰」、「商用ニ付キ」となっている。
(35)　鈴木寅之助家文書、「田畑買入帳」。
(36)　ただし村外の土地としては椿新田に土地を所有していたが、同家の場合、さほど多くはなかった（鈴木寅之助家文書、前掲（14）によると、同家は椿新田の土地の年貢として一俵三斗六升二勺を上納している。ただし反別・石高は不明）。
(37)　鈴木寅之助家文書、「愛《(藍)》葉売渡し控帳」。
(38)　小笠原長和ほか、近世後期東総農村の一様相」（『文化科学紀要』七、一九六五年）一五五～一五八頁には、八日市場周辺の木綿生産と結びついたものとしての藍葉・藍玉生産の事例が紹介されている。
(39)　同前一五七頁。また、足川村旧小買商人太郎兵衛家（表８－２の小買商人中の持高順位が文化元年一位、嘉永二年二位、明治七年三位と推移した家）は、今でも屋号を「藍屋」と言い、かつて魚肥のみならず藍も扱っていたことが伝えられている。

（40）荒居、前掲（10）第二部第五章。
（41）同前五三七頁。
（42）山口、前掲（1）二七六頁。
（43）国立国会図書館所蔵。なお荒居、前掲（1）においても、この史料から一部引用がなされている。

第9章　利根川水系の集散地市場の実態——常陸国真壁郡大林村・柳戸河岸と地域市場——

はじめに

本章で取り上げる小貝川中流東岸・大林村柳戸河岸（現茨城県筑西市大林）は、本格的には幕末の万延元（一八六〇）年という年に使用が開始された。それまでは同村及び周辺地域は、眼前の小貝川を河川水運としてはほとんど使用せず、二〜三里隔てて西を流れる鬼怒川を、主として年貢津出、すなわち公的な用途で利用していたのである。こういった状況の中に柳戸河岸が加わったことがこの地域にとっていかなる意味があったのか。柳戸河岸はいかなる機能を果たしたのか。これらのことを考察することが本章の目的である。

一　大林村と周辺地域の年貢津出河岸

まず、大林村と周辺地域[1]で年貢津出のためにどの河岸が使われていたかを概観してみよう[2]。

【津出河岸名】　【利用村名（確認年）】

《鬼怒川》

伊佐山　飯塚村（一六九六）・羽鳥村（一六九七）・塙世村（一六九七・一七八六・一八〇三）・亀熊村（一六九七）・長岡村（一六九七）・谷貝村（一七四七・一七九二）・桜井村（一七四七・一七七九）・下小幡村（一七七九）・原方村（一七八〇）・上小幡村（一七八九）・上谷貝村新田（一八四二）〈以上現桜川市真壁町〉
下川中子村（一八六九・年不詳）〈現筑西市・旧明野町〉

川島　上谷貝村（一八〇三）・下谷貝村（一八六九）〈以上現桜川市真壁町〉
下川中子村（一八四四・一八四五・一八四七・一八四八）・吉田村（一八四四）・猫島村（一八四五・一八四六・一八六九・年不詳）・田宿村（年不詳申年）・西郷谷村（一八六九）〈以上現筑西市・旧明野町〉

女方　下川中子村（一八六八）〈現筑西市・旧明野町〉

宗道　山口村（一七二一）・太田村（一七二一）・大形村（一七二五）・大貫村（一七五六・一八一一・一八六九）・国松村（一八一〇）・杉木村（一八一一）・神郡村（一八六九）・中菅間村（一八六八・一八六九）・田中村（一八六九）・水守村（一八六八・一八六九）・上菅間村（一八六八・一八七四）・北条村新田（年代不詳）・磯部村（一八六八）・明石村（一八六八）・洞下村（一八六八）・池田村（一八六八）・寺具村（一八六八）・上作谷村（一八六八）・下作谷村（一八六八）・造谷村（一八六八）・上田中村（一八六八）・下田中村（一八六八）〈以上現つくば市〉
高道祖村（一八六八）〈現下妻市〉

伊佐々村（一六九七・一七八九）・田村（一七四七・一七八六）・南椎尾村（一七四七）・椎尾村（一七五四）・山田村（一七七一・一八六八）・羽鳥村（一七七九）・桜井村（一七四七・一七七九・一七八六）〈以上現桜川市真壁町〉

中上野村（一六九八・一八六九）・猫島村（一七〇三・一八四五）・東保末村（一七二〇・一八六九）・古内新田村（一七八〇）・松原村（一八〇四）・宮山村（一八四七・一八六八）・内淀村（一八五九）・鍋山村（一八五九）・竹垣村（一八五九・一八六九）・古内村（一八五九・一八六九）・大林村（一八五九・一八六九）・築地村（一八五九・一八六九）・山王堂村（一八六四・一八六八）・有田村（一八六八）・中根村（一八六八）・石田村（一八六八）・倉持村（一八六八・一八六九・年不詳）・赤浜村（一八六九）・向上野村（一八六九）・石田村（一八六九・年不詳寅年・同卯年）・鷺島村（一八六九）・成井村（一八六九）・高津村（一八六九）・吉田村（一八六九）・海老江村（一八六九）・田宿村（一八六九・一八七二）〈以上現筑西市・旧明野町〉

《小貝川》

丸　山　鷺島村（一八六九）〈現筑西市・旧明野町〉

高道祖　山口村（一六九八）・小沢村（一六九八）・漆所村（一六九八）〈以上現つくば市〉

安　食　大形村（一六九八）〈現つくば市〉

《桜　川》

大　形　山口村（一八六九）・漆所村（一八六九）〈以上現つくば市〉

《霞ヶ浦》

土　浦　大島村（一六九八）・大形村（一六九八）・太田村（一八六九）〈以上現つくば市〉

図9－1　大林村柳戸河岸の集荷先・出荷先

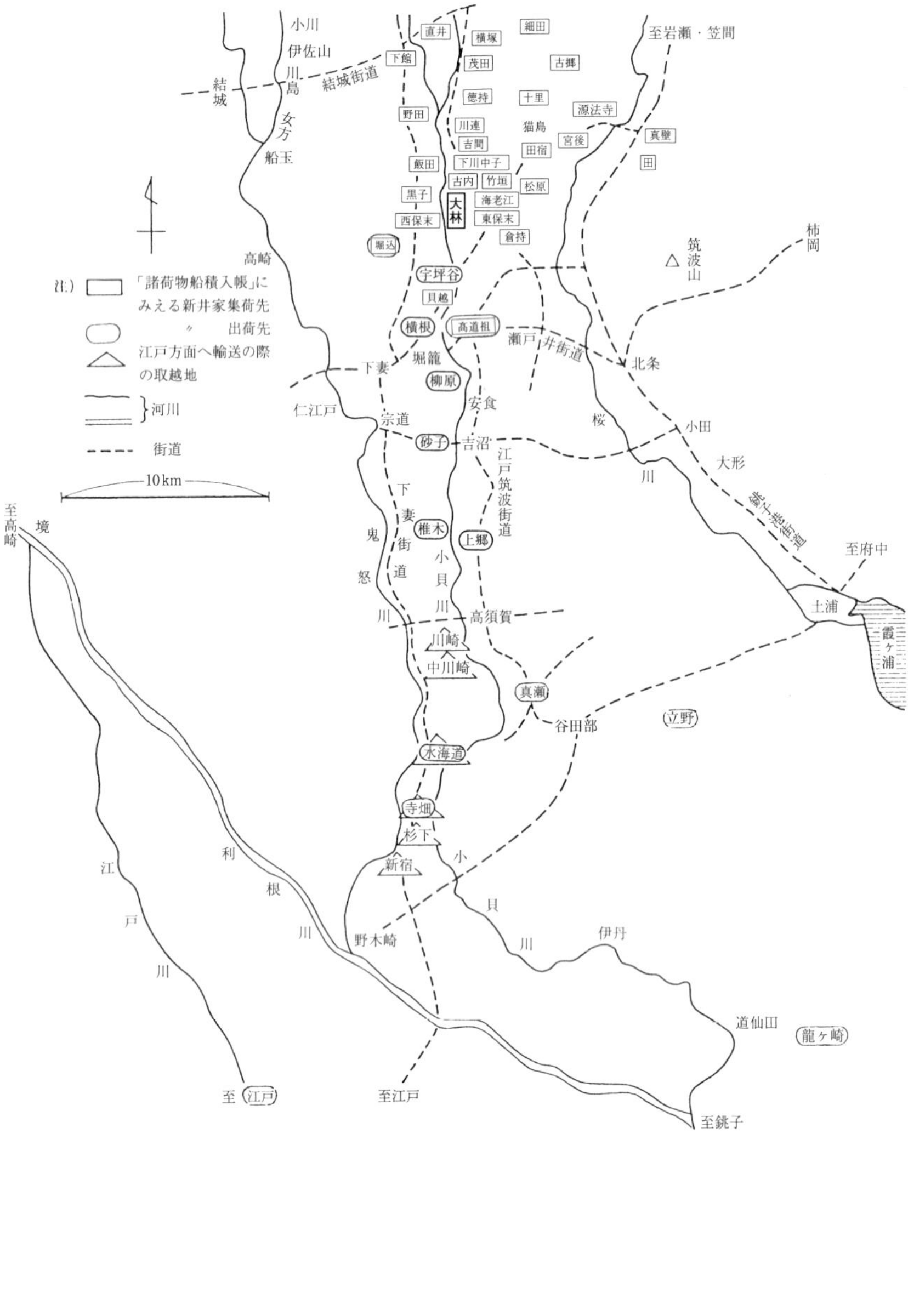

この表からわかるように、この地域の村々は小貝川・桜川に接しているか若しくは近いにもかかわらず、年貢津出にそれらの川をほとんど利用せず、距離的にはそれらの川よりも遠い鬼怒川沿いの河岸、特に宗道河岸を利用していた。その理由は、小貝川・桜川は鬼怒川に比べて川幅が狭く、水量も少なく、河川輸送をするには条件が良くなかったこと、図9‐1を見れば明らかなように、江戸に行くには小貝川・桜川は、鬼怒川に比べて距離のロスが多かったこと等が考えられる。ちなみに元禄の幕府による河岸吟味の際に確認された河岸は、小貝川二・桜川〇・鬼怒川一五[3]、明和～安永の河岸吟味の際に確認された河岸は小貝川一・桜川〇・鬼怒川四一[4]となっている。

もっとも、これらはそれぞれの時点でのいわば公認河岸であって、長い年月のうちには、年によってはこれら以外の河岸も実際には利用されていたことも事実である。右表でみると、例えば小貝川筋では高道祖、そのやや下流の安食の両河岸の利用が元禄一一（一六九八）年時点で確認できるし、明治に入ってからではあるが、桜川筋でも北条からやや下流の大形河岸の利用が確認できる。しかし、表から明らかなように、小貝川に接し桜川を含むこの地域であっても、年貢津出には圧倒的に鬼怒川を利用していたのである。

なお年代不明ながら、現筑西市・旧明野町域の猫島村高松家、田宿村古橋家などが鬼怒川筋の川島河岸、宗道河岸などを利用して公的・私的に炭などの輸送を行っていた事実を示す書簡・仕切状・受取類も残っている[5]。

二　柳戸河岸の成立

ここで、柳戸河岸の属した大林村の簡単な紹介をしておこう。大林村は、村高が元禄一五年の「元禄郷帳」の数値で約二〇五石、明治初年の「旧高旧領取調帳」で約二四〇石であり、領主は代々大身の旗本斎藤佐渡守家であった。

同家の知行高は、寛永六（一六二九）年段階で五〇〇〇石、江戸中期には六〇〇〇石を突破した。斎藤氏は近世初期から真壁郡内二六か村(6)を支配し、知行村（のちの古郷村）に陣屋を置いていた。給知村々は、大林村からだいたい北東方向に向かって拡がっていた。

さて、前節で述べたような状況の中、幕末期に至って大林村弥兵衛が地頭所に対し、河岸問屋株取立願を出しているのであるが、その際の願書から、そこに至るまでの経緯を窺い知ることができる。

〈史料1〉

乍恐以書付奉願上候(7)

一　御知行所常州真壁郡大林村名主弥兵衛奉願上候、私村方之義は小貝川東縁ニ而、往古より川岸場ニ有之、小物成高弐石五斗、永五百文之内永弐百五拾文は川岸株小物成高壱石弐斗五升、残高壱石弐斗五升は居村地先魚漁高入場ニ而、小物成永弐百五十文相納来、魚漁仕来り罷在候処、川岸場之儀は中興休株ニ相成、[1]尤寛文度迄は柳戸川岸と唱、船積問屋株ニ而、御地頭所様御廻米川下ケ運送仕、前書之通小物成永相納来り候処、往年川瀬悪敷相成、休株ニ相成、[2]元文四年未三月御代官堀江荒四郎様流作場為御見分被遊御越、御尋御座候節差上候明細御調帳ニ、先年川岸場ニ而船積問屋株御座候趣明細帳江認書上候、扣書物并ニ寛文度之御皆済目録等ニも柳戸川岸払と御記シ有之、[3]然ルニ去ル酉年下総寺畑川岸并新宿川岸問屋共より頼ニ付小船補理為試川下ケ運送仕候処、渇水之節は米百俵余積之小船ニ而も当川岸迄乗登セ難相成、依之其後米五十俵積位之小船補理運送仕候得は、[4]追々積荷物無滞運送仕候故、当節ニ至り候而は積荷物相増候ニ付、先年之御振合を以御廻米運送被仰付被成下置度、去丑年中奉願上候処、早速御聞済被成下、御廻米運送被仰付難有是迄相勤罷有候処、[5]若又近郷川筋ニ而も積問屋株同渡世之もの御座候得は、万一新規川岸場取建候抔と申偽り願立致候ものも可有之哉難斗ニ付、前願之通休株取建被仰付候趣其筋江御届済相成候様被成下置度、此段奉願上候、右願之通御聞済被成下置、休株御取建相成候ハヽ、永久之基と一同相助難有仕合奉存候、以上

御知行所
常州真壁郡
大林村
名主
弥兵衛

慶応二寅年九月
御地頭所様

まず、寛文期まで船積問屋株があり、廻米運送をしていたとある（傍線1）。過去に問屋株を持っていたということと、年貢米を扱っていたということは、河岸取立願が通るための重要なポイントであった（新問屋取立を願うことは停止であった[8]）。確かに寛文前後の年貢米の一部がこの河岸から津出された形跡はあるが[9]、そのような領主的流通以外のいわば一般荷物の流通については、その時期の史料もなく、時代を考えてもさほど多く扱っていたとは思えない。元禄の河岸吟味の際にはすでに「川瀬悪敷相成、休株ニ相成」っていたためか、この河岸の名はあげられていない[10]。

次に、元文四（一七三九）年の「明細御調帳」に「先年川岸場ニ而船積問屋株御座候」（「先年」とあることから、元文四年時点ではすでになくなっていたということがわかる）と記したとある（傍線2）。この「明細御調帳」なる

ものは現存しない。

続いて文書の記述は一気に「去ル酉年」、すなわち文久元（一八六一）年[11]にとんでいるが、その間の経緯は他史料により埋め合わせることができるので、それらをみていこう。

まず延享二（一七四五）年と同四年には河岸問屋株許可願[12]を出しているが、そこでもやはり、「先年」大林村に「河岸かぶ」が壱軒あったこと、そのことを「村差出」にも書き載せたことを主張している（おそらく史料1の作成にあたっては、この文書をも参考にしたのであろう）。出願の結果を明確に知る史料はないが、この時期以降文政三（一八二〇）年まで年貢米その他の輸送を大林村で行った形跡は全くないので、おそらく許可されなかったのであろう。

次に明和～安永年間に幕府によって関東一帯で行われた河岸吟味の際には、大林村は自村に河岸がない旨返答している[13]。

さらに文政三年になると、「出水用心船」で荷物を輸送することが認められているが[14]、船の大きさが長一丈一尺・横二尺五寸[15]と小さく、しかも鑑札年季明けの天保一〇（一八三九）年以前にやめており[16]、大した機能を果たしたとは思えない。弘化四（一八四七）年には、その船が潰船となっているにもかかわらず船年貢を納めているので免除してほしい旨、川船役所に出願している[17]。

そして史料1に戻って、「去ル酉年」、川下の寺畑河岸・新宿河岸問屋共よりの依頼により、大林村新井弥兵衛は、小船補理運送として荷物の川下げをしたとある（傍線3）。これらの問屋よりの依頼書が残存しているので、次にこれを見てみよう。

〈史料2〉

入置申一札之事[18]

一小貝川通下総国相馬郡杉下村・寺畑村右弐ヶ村地先江先年御検地之節両村申合船積問屋株奉願上候処、願之通御聞済ニ相成、御運上永御上納仕来候処、近年は上川筋より荷物積下ケ無之、冥加永上納之儀は年々弁納ニ相成難渋至極仕候ニ付、常州筑波郡高道祖村民蔵殿江先年より申合、任弁利御頼置候間、御同人江御相談之上、上川筋荷物俵物・真木・炭・板・材木ニ不限、御積下ケ積替之儀は貴殿任弁利御取斗可被下候、且脇合より故障等出来候ハ、、私共引受、御公辺は勿論、何方迄も罷出、急度申開、貴殿江聊御迷惑相掛ケ申間舗候、無御心置御精々荷物積下ケ可被下候様、御頼申入候、依之一同頼一札入置申処如件

文久元年
酉三月

下総国相馬郡
杉下村
船積問屋
助左衛門印

同国同郡
寺畑村
同
新右衛門印

同村
同

弥左衛門印

同国同郡
新宿村
同
傳左衛門印

大林村
弥兵衛殿へ

史料1傍線3の「去ル酉年」が文久元（一八六一）年に当たることはこの史料により推定できるわけであるが、ともかくこれをきっかけに、長二丈三尺・横四尺の船[19]により、大林村からの舟運が開始されることとなったわけである。もっとも、厳密なことを言えば、前年の万延元（一八六〇）年一一月に一度、一二月に三度だけだが、大林村より荷物がこの船で出されている[20]。試運転的に輸送が行われていたのだろうか。

史料2の差出人である杉下・寺畑・新宿河岸はいずれも、鬼怒川筋の荷物を扱うとともに、小貝川と鬼怒川とが接近している間に挟まれているという地理的条件から、かつては小貝川筋の江戸方面行き荷物を陸揚げして陸路鬼怒川筋へ運んで船積みすること、すなわち「取越」をも業務としていた。第一節でも述べたように、小貝川筋からの荷物を江戸方面へ運ぶ場合、そのまま小貝川を下って利根川との合流点まで送荷し利根川―江戸川を経由して江戸へ向かったのでは、流路が曲がりくねってかなりの距離のロスになるので（図9-1参照）、右の場所で「取越」が行われたのであった。なお川崎、中川崎、水海道で「取越」が行われる場合もあったが、そのことについては後述する。三河岸のうち新宿は元禄から、寺畑は安永から、幕府の吟味により公認された特権的な河岸であった[21]。その三河岸が、

「近年」は上流からの荷物積み下げがないにもかかわらず冥加永だけは以前から引き続き納め続けていて難渋しているので、大林村（新井）弥兵衛に対し、高道祖村民蔵に相談の上、俵物・真木・炭・板・材木ほか何でもよいから、また荷物の行き先については、三河岸を経さえすればその後そのまま下流方面へ積み下げようと積み替えて（「取越」して）鬼怒川から江戸方面へ向けようと任せるから、とにかく荷物を送ってほしい旨願っている（史料2傍線部）。

再び史料1へ戻る。その後新井家の扱う積荷物が増し、「去丑年」（慶応元＝一八六五年）、廻米運送を願い、聞き入れられたとある（傍線4）。このことは、次節で扱う帳簿や、残存している年貢関係文書からも確認できる。

そしてこの文書作成の慶応二年、「積問屋株同渡世之もの」から柳戸河岸が（停止さるべき）新河岸であるとの訴えが出されることを警戒し、「其筋」（川船役所であろう）へは（新規でなく）休株取立なのだということを届けるよう願を出しているのである（傍線5）。

先に述べたように、この地域で最も有力な河岸は鬼怒川沿いの宗道河岸であり、そのほかに、同じ鬼怒川沿いで伊佐山、川島、女方、船玉といった幕府公認の特権河岸があった。これら特権河岸には新河岸停止の特権が認められていたので、傍線5は、それを警戒したのと、新井家と同じような他の小河岸との争いを恐れたものと思われる。全体として地頭所に対しては年貢米廻送の便を強調して、河岸問屋株取立の要求を有利に導こうとの意図が窺える。

以上のように、大林村柳戸において舟運が行われたことが確認できるのは、明暦三（一六五七）年から寛文八（一六六八）年の間の年貢米津出と、文政三（一八二〇）年に始まって天保一〇（一八三九）年以前に絶える、出水用心船による問題にならないほど小規模な荷物輸送のみであり、本格的な輸送が行われるようになったのは万延元年一一月からのことである。この際の河岸経営の実態については、節を分かって述べることにしよう。

三　柳戸河岸の経営分析

万延元（一八六〇）年一一月に始まる（新井）弥兵衛家河岸経営の詳細は、「諸荷物船積入帳[22]」という一冊の帳簿に記されている。その記載内容は、年月日・品目及びその数量・船頭名・集荷先・運賃・経由地・出荷先等である。

いま、例として、一番はじめの頁の記載、すなわち万延元年一一月一一日の項を掲げておこう。

〈史料3〉

小下ケ船

紋治乗

十一月十一日

赤井鉄之助様　　徳持村

一御米六拾俵也　　清兵衛出分

此運賃

金三分ト銀四匁五分　　江戸運賃

此銭四百九拾壱文　　国払

米百俵ニ付三〆八百文割　　柳戸河岸より

銭弐〆弐百八拾文
同三百拾弐文
米百俵ニ付四〆五百文割
同弐〆七百文
同三百拾弐文
米壱俵ニ付拾文四分割
同六百弐拾四文
同五百八文
〆金三分ト
　銭七〆弐百弐拾七文
　此金壱両三分ト
　　銭七百弐拾七文

高道祖川岸迄
　運賃
蔵敷
高道祖川岸より
杉下川岸迄
　運賃
蔵敷
杉下より新宿迄
　取越駄賃
杉下新宿
両川岸蔵敷

芝金杉壱丁目
遠州屋長右衛門殿江行

この場合は、一一月一一日に旗本赤井鉄之助知行徳持村の清兵衛から出た年貢米六〇俵が、紋治乗りの船で高道祖川岸—杉下川岸へと運ばれ、杉下から新宿までは「取越」、すなわち陸路を通って鬼怒川へ出し、最終的には江戸芝金杉の遠州屋長右衛門のもとへ輸送されたものである。遠州屋はおそらく、赤井知行村々よりの年貢米を取り扱う米商人であったのだろう。

この帳簿の最後の日付は慶応三（一八六七）年一〇月一日であるから、この帳簿には丸七年、足かけ八年分の輸送の状況が記されているわけである。これに続く帳簿は現存していない。

ではまず、表9-1により、年次別、品目別の出荷数量から概観していくことにしよう。

品目でまず目につくものは米である。年貢米は万延元（一八六〇）年・文久（一八六一）元年両年に若干の他知行所年貢米を運んだ後途絶え、史料1の傍線4にあったように、慶応元年から自知行所（斎藤佐渡守）分の年貢米を運んでいる。年貢米以外の、一般向けの米（本稿では「一般米」と呼ぶことにする）は万延元年以降連年扱っており、ことに元治元（一八六四）年・慶応元年には年間一〇〇〇俵を超している。

次いで数量では炭、真木、大豆といったところが目につくが、炭と真木は一度にまとまった量が運ばれている。例えば文久三年一月五日に炭二八〇俵、同二六日に同二〇〇俵、万延元年一二月二六日に真木七一七束、元治元年一二月一九日に松真木二五〇束となっている。逆に全く運搬されない年もある。一方大豆は、一度に運ばれる量が少ない（多くて四〇俵程度）かわりに、連年運搬されているのが特徴である。

表9－1　年次別・品目別柳戸河岸取扱荷物表

品目＼年代	米（俵）				大豆（俵）	炭（俵）	真木（束）	材木（駄）	酒（駄）	糠（俵）	石灰（俵）	その他
	総量	年貢米	御払米	一般米								
万延1（1860）	160	（※60）		（100）			717					板18束
文久1（1861）	561	（※30）		（531）	108	26						莚350枚、塩30俵、綿実98〆800目
文久2（1862）	133			（133）	42				75			塩22俵、小麦2俵
文久3（1863）	768			（768）	1	480		48	5			紙2筒
元治1（1864）	1,342			（1,342）	4		250	112	15	99		丸太163本、明樽2本、明俵1俵、水油1本、紙1筒
慶応1（1865）	1,548	（392）	（100）	（1,056）	8	48			1	76		大麦22俵、小豆15俵、明樽4本、酒粕60俵、土台2挺
慶応2（1866）	1,012	（＊462）		（550）	210	480					23	大麦7俵、小豆19俵、藍葉532〆600目、藍玉14俵
慶応3（1867）	370	（149）		（221）	4	102	92		20		274	麁朶105束、黒胡麻3叺
計	5,894	（1,093）	（100）	（4,701）	377	1,136	1,059	160	116	175	297	

注）・新井包保家文書No.796「諸荷物船積入帳」より作成。
・万延元年は11月11日分から。慶応3年は10月1日分まで。
・※は他知行所分。＊は、うち30俵が他知行所分。

全品目を通して量的変化を見た場合、元治元年～慶応二年の三年間ぐらいがピークとなっている。

次に表9－2により、七年間（足かけ八年）の集荷先と出荷先を見てみよう。ここでは集荷先を、A新井家及び柳戸河岸の属する大林村、B大林村と同じ斎藤佐渡守の知行所二六か村のうちに属する村々及び大林村と同じ東保末村寄場二四か村[23]のうちに属する村々、C大林村とは領主も寄場組合も異にする村々、D不明、の四つの項に分け、出荷先を、E江戸、F小貝川筋の村々、G不明、に分けた。品目及び数量の欄は、米については特に数量が多いので段を分かって上段に記し、米の輸送総量に対する各欄の割合を［ ］内に記した。他の品目及び数量は下段に記したが、品目により単位が異なるので、総量に対する割合を示すことはできない。

集荷先を見ると、米は自村と不明分を除けば、B三二・〇％、C三四・八％と、ほぼ均等である。

表9－2　万延元（1860）～慶応3（1867）年柳戸河岸出荷先・集荷先別取扱荷物表

集荷先＼出荷先	E　江戸	F　小貝川筋（14か所☆）	G　不明	計
A　大林村	377（貢377）[6.4%]	502（払19）[8.5%]	60 [1.0%]	939（貢377、払19）[15.9%]
	○6、△2、小豆15、板18	○22、□92、麁朶105、大麦2、明樽1	○50	○78、△2、□92、小豆15、大麦2、板18、麁朶105、明樽1
B　同知行所村または同寄場村（14か所※）	196（貢195）[3.3%]	1,468（払18）[24.9%]	222 [3.8%]	1,886（貢195、払18）[32.0%]
	○2、△578、材木48	○23、△50、塩22	○2、糠30、水油1、土台2	○27、△628、塩22、水油1、糠30、材木48、土台2
C　他知行所かつ他寄場町村（17か所＊）	143（貢143）[2.4%]	1761（払33）[29.9%]	145 [2.5%]	2,049（貢143、払33）[34.8%]
	△480、材木82	○185、△26、酒115、塩30、小麦2、大麦3、小豆4、藍葉532.6、藍玉14、紙3	○15、酒1、材木30、糠54	○200、△506、酒116、塩30、小麦2、大麦3、小豆4、材木112、藍葉532.6、藍玉14、紙3、糠54
D　不明	381（貢378）[6.5%]	583（払30）[9.9%]	56 [1.0%]	1,020（貢378、払30）[17.3%]
	黒胡麻3	○54、□967、石灰297、糠76、大麦17、小豆15、綿実98.8、莚350、明樽4	○18、糠15、酒粕60、大麦7、丸太163、明樽1、明俵1	○72、□967、糠91、酒粕60、大麦24、小豆15、黒胡麻3、綿実98.8、石灰297、莚350、丸太163、明樽5、明俵1
計	1,097（貢1,093）[18.6%]	4,314（払100）[73.2%]	483 [8.2%]	5,894（貢1,093、払100）[100%]
	○8、△1060、小豆15、材木130、板18、黒胡麻3	○284、△76、□1059、酒115、小麦2、大麦22、小豆19、塩52、藍葉532.6、藍玉14、綿実98.8、糠76、石灰297、麁朶105、明樽5、紙3、莚350	○85、糠99、酒粕60、酒1、水油1、大麦7、丸太163、土台2、材木30、明樽1、明俵1	○377、△1136、□1059、酒116、糠175、塩52、石灰297、大麦29、小麦2、小豆34、藍葉532.6、藍玉14、水油1、綿実98.8、紙3、黒胡麻3、材木160、板18、丸太163、莚350、酒粕60、明俵1、土台2、麁朶105、明樽6

注）・出典、単位は表9－1に同じ。
・各欄上段は米（うち「貢」は年貢米、「払」は御払米）、［　］内は米の総輸送量に占める割合。下段はその他の荷物（うち数字を○、△、□で囲んだものはそれぞれ大豆、炭、真木）。
・※：自村を除く同知行所村25か村のうち集荷先となっているのは細田・古郷・十里・横塚、自村を除く同寄場村23か村のうち集荷先となっているのは倉持・東保末・海老江・下川中子・川連・徳持・野田・飯田、いずれにも属する村で集荷先となっているのは竹垣・古内で、合計14か所。
・＊：集荷先となっているのは黒子・西保末・堀込・吉間・松原・田宿・宮後・源法寺・真壁・田・直井・下館・高森・貝越・高道祖・椎木・茂田の17か所。
・☆：出荷先となっているのは大林・堀込・宇坪谷・横根・高道祖・柳原・砂子・椎木・上郷・真瀬・立野・水海道・寺畑・龍ヶ崎の14か所で、自村大林村以外はいずれも他知行所かつ他寄場町村である。

このことは、柳戸河岸の集荷が、政治的結合とは異なるレベルで行われていたことを示している。量の多い村をあげると、Ｂでは川連村（六七三俵）、下川中子村（四八六俵）、Ｃでは吉間村（九三〇俵）、茂田村（五三八俵）といったところがあげられる。

米以外の品目については、Ａ・ＢよりもむしろＣの方が種類、量ともに目につく。大豆は吉間村からの集荷が最大である（一四一俵）。炭の集荷先は、自村大林村のほかはＢでは十里村（二三〇俵）、海老江村（二〇〇俵）、川連村（一五〇俵）、細田村（四八俵）、Ｃでは西保末村（四八〇俵）、高森村（二六俵）に限られ、酒は吉間村から八一駄、下館町から二〇駄、真壁町から一〇駄、真壁町にほど近い田村から五駄（いずれもＣ）となっている。吉間村からの八一駄はすべて近江商人資本の近江屋市右衛門という酒造家から仕入れたものである。糠はＣの茂田村（五四俵）とＢの川連村（三〇俵）からの集荷が多く、材木はＣの吉間村（八二駄）、Ｂの倉持村（四八駄）、Ｃの貝越（三〇駄）からの集荷が多い。また麁朶はすべて自村大林村から、藍葉・藍玉はすべてＣの椎木村から出たものを水海道村へ運んでいる。また塩五二俵のうち三〇俵は、高道祖村（Ｃ）から大林村へ、川を遡って送られたものである。帳簿の中で、大林村へ入った荷物はこの塩三〇俵のみであるが、これはあくまでも新井家管轄の荷物の範囲内でのことであり、他に下流側の河岸の管轄の下で大林村に揚げられた荷物があったことは十分に考えられる。以上、品目ごとに主な集荷先を見てきたが、個別村との関係で言えば、Ｃの吉間村からの集荷が種類、量とも最大である。

次に、出荷先を見てみよう。出荷先は、不明分を除いて、Ｅ江戸とＦ小貝川筋の大きく二つに分けることができるが、米においても他の品目においても、小貝川筋向けの荷物量が江戸向けの荷物量を圧倒していることが決定的な特徴である。

米の送り先で最も多いのは真瀬村で二六六二俵で、米の全輸送量の四五・二％を占める。次いで江戸（一〇九七俵、一八・六％）であるが、その次は水海道村で一〇九三俵（一八・五％）、さらに高道祖村二〇五俵（三・五％）と続

表9-3　万延元〜慶応3年柳戸河岸主要出荷先別荷物量比較表

出荷先＼品目	米	大豆	炭	真木	材木	酒	糠	板	大麦	小麦	小豆	藍葉	藍玉	莚	その他
真瀬村	2,662	10				50	76		19	2	15				明樽5、紙3
水海道村	1,093	110				5			3		4	532.6	14		
高道祖村	205	142	26	717										350	
江戸	1,097	8	1,060		130			18			15				黒胡麻3

注）出典、単位は表9-1 、表9-2に同じ。

く。

炭は一一三六俵のうち一〇六〇俵までが、材木は一六〇駄のうち一三〇駄までが、板は一八束すべてが江戸向けであるが、一方大豆は高道祖村へ一四二俵、水海道村へ一一〇俵送られているのが目につく。このあたりで醤油醸造業が盛んであったことと無関係ではあるまい[24]。真木は高道祖村へ七一七束、椎木村へ三四二束送られている。酒は龍ケ崎向けが最大で六〇駄、次いで真瀬村へ五〇駄、水海道村へ五駄送られている。石灰、麁朶はすべて椎木村向け、藍葉・藍玉はすべて水海道村向け、綿実はすべて立野村向け、莚はすべて高道祖村向け、糠は一七五俵中七六俵までが真瀬村向けである。総じて真瀬、水海道、高道祖といったところの比重が大きい（表9-3参照）。そこで、これらの村々の性格を見てみよう。

真瀬村は、谷田部藩細川氏領から元禄以降天領となり、明治元（一八六八）年時点で村高一四六四石余、近世期には江戸筑波街道（笠間街道）の街村として「真瀬の宿駅」と言われたように、宿駅の機能を有しており、商人宿や旅篭のほか茶屋、呉服屋、隣町谷田部（細川氏陣屋所在地）の米穀商の出店などがあった。「真瀬のような在所があるに、谷田部城下とは気が強い」という俚諺があるとのことで、谷田部に対抗する活況を呈していたところであった[25]。

水海道村は、早くから鬼怒川に面した水海道河岸が栄え、また下妻街道が南北に貫通しているなど、水陸の交通の要衝であった。元禄一二（一六九九）年段階で村高一五五六石余、このころ商業地区である宝洞宿が形成されている。産業面では、すでに述べたように化政期に造醤油家仲間水海道組ができている。安政二（一八五五）年の家数六一〇、人口二七六九人であった。天狗党挙兵の際には七〇七両の御用金を上納した。幕末段階においては旗本日下氏・長田氏・渡辺氏の三給支配で、明治二年、河岸問屋七、酒造三、醤油造四、濁酒造八軒がそれぞれ存在し、家数六九三、人口三三〇七と増加し、「里方河岸附農間商ひ渡世之者多ニて賑候村方ニ御座候」と言われるほど商工業都市としての繁栄を極めていた[26]。

高道祖村は、元治元（一八六四）年、天狗党と幕府軍とが衝突したところとして知られている。村高は元禄郷帳で一〇七四石余、天保郷帳で一四四二石余の大村であった。幕末においては天領、旗本領、下総佐倉藩領などに分かれていた[27]。図9-1で示したように、何本かの陸上交通路が交錯する交通の要衝であった。

以上のように、新井家が主たる送荷先としていた村はいずれも、かなりの購買力を持っていたと思われる在郷町的な性格をもつ村であった。しかも、それら村々はいずれも、杉下・寺畑・新宿の三河岸よりも上流にあり、三河岸の思惑とは裏腹に、柳戸河岸からの荷物の大部分を、三河岸に至る以前に吸収してしまっていたわけである。

小括

以上見てきたように、大林村は、小貝川の川付村であるにもかかわらず、短期的なごく小規模な輸送を除けば、幕末の万延元（一八六〇）年までは河川舟運として小貝川を用いず、鬼怒川を利用していた。その理由としては、五万分の一の地図で一見しても明らかなように、両河川の川幅と水量の差、すなわち河川としての安定性が一つにはあげられるのと、江戸への輸送には流路的に鬼怒川の方が便利であったことがあげられる。この地域での河川水運が江戸への主として年貢米の輸送を目的とするうちはそれでよかった。しかし小貝川を、水運のための自然的条件に恵まれていないにもかかわらず、（江戸への年貢米輸送にこだわらず）地域市場向けの「私的」な商荷物輸送のために利用するに至ったとき、この地域の生産力は新たな段階に入っていたとみることができよう。方々から大林村へ向かう「物」と（それを運ぶ）「人」の流れが新たにできたわけであるが、それは、柳戸河岸の集荷範囲をみればわかるように、政治的な枠組みなどとは別次元のものであり、新たな一つの「地域」の編成と見ることができよう。

なお、その後の柳戸河岸についてであるが、明治三（一八七〇）年、最寄村々は若森県に対し、柳戸河岸を用いての東京への廻米運送を願った。[28] 新政権の下、改めて河岸として認知してもらう手続きが必要だったのであろう。だがそれに対して県の側の「御聞届無之」、柳戸河岸は廃業に向かった。[29] その理由について新井家側では、「川路悪敷思召有之候哉」と推測している[30]が、管見の史料からはそれ以上のことはわからない。

注

（1）ここでは便宜的に、旧大林村が属する現筑西市の旧明野町部分、旧明野町に南接して小貝川に接し、桜川が貫流する現つくば市北部（旧筑波町域）、旧明野町に東接、つくば市に北接し、やはり桜川が貫流する現桜川市真壁町、現下妻市のうち小貝川東岸部分、これらをくるんだ範囲を対象とする。つまりこの設定地域は、桜川によって縦にほぼ真っ二つに割られ、小貝川が西端を流れているわけである。

（2）以下出典は、煩雑になるので一つ一つ掲げることはしないが、主として各村明細帳によっている。

（3）川名登『近世日本水運史の研究』（雄山閣、一九八四年）一七〇～一七二頁。

（4）同前二一二～二一五頁。

（5）筑西市猫島・高松家文書、同市田宿・古橋家文書。

（6）時代により若干の異動があるかもしれないが、『明野町史』（明野町、一九八五年）三六六頁、木村礎校訂『旧高旧領取調帳』「関東編」（近藤出版社、一九六九年）四四二～四六〇頁によると、築地・竹垣・古内・大林・内淀・鍋山・桑山・西蓮沼・東蓮沼・細田・柳・谷永島・上星谷・八幡・下星谷・下郷谷・知行（古郷）・清水・十里・栗崎・北大関・南大関・井手村分郷大関・横塚・大島・徳永といったところがあげられる。

（7）筑西市大林、新井包保家文書（以下「新井家文書」）№一七四九（なお本史料は、『明野町史資料』十三集「明野の水と生活」、明野町史編纂委員会、一九八七年、二二五頁に収められている）。

（8）新井包保家文書№一四三九、延享四年六月「乍恐以書付奉願上候」（同前二〇一頁所収）。

（9）新井包保家文書№一九四九、明暦三年十二月「米方通」によると、大林村の年貢二七五俵中二三九俵が、同№一九五一、寛文五年「米方通」によると、三一〇俵中一〇六俵が、同№一九五三、同八年「米方通」によると一九四俵中三一俵がそれぞれ柳戸河岸から津出されている。寛文期前後の柳戸河岸からの津出を示す証拠はこの三点のみで、以後幕末に至るまで、柳戸河岸よりの津出の形跡はない。

（10）（3）に同じ。

（11）「去ル酉年」が文久元年に比定できることについては、後述。

（12）（8）に同じ。

（13）新井包保家文書№一五二四、安永四年正月二四日「差上申一札之事」。なお明和〜安永期の幕府による河岸吟味については、川名、前掲（3）第三章第三節参照。

（14）同前№一七〇三、弘化四年二月「乍恐以書付奉願上候」、同№一七〇四、同年三月「乍恐以書付奉願上候」（前掲（7）二一一頁所収）。

（15）同前№一八三二、「出水用心船年季御請証文」。

（16）（14）に同じ。

（17）（14）に同じ。

（18）新井包保家文書№一七四〇（前掲（7）二一六〜二一七頁所収）。

（19）同前№七九六、万延元年一一月起「諸荷物船積入帳」。

（20）同前。

（21）（3）・（4）に同じ。

（22）（19）に同じ。

（23）石田・倉持・向上野・寺上野・赤浜・中上野・高津・成井・鷺島・東保末・築地・海老江・大林・古内・竹垣・下川中子・川連・大塚・徳持・上川中子・野田・石田・飯田・陰沢の各村（前掲（6）『明野町史』四八一頁）。なお石田村が二度出ているが、これらは別々の村で、一方は現筑西市・旧明野町、他方は現筑西市・旧下館市である。

（24）化政期に結成された江戸地廻り関東八組造醤油家仲間のうちに、水海道組として七軒の醤油醸造家が入っている（地方史研究協議会編『日本産業史大系』4「関東地方篇」所収、荒居英次「銚子・野田の醤油醸造」九九頁、東京大学出版会、一九五九年）。また高道祖村には、吉原家という醤油醸造家があった。

（25）『茨城県の地名』（平凡社、日本歴史地名大系8、一九八二年）五八一頁。

（26）同前七二四頁。

（27）同前五五〇頁。

（28）新井包保家文書№一一四七、明治八年四月「積荷税金取調之儀ニ付書上」（前掲（7）二四〇～二四一頁所収）。

（29）同前。

（30）同前。

第10章　農民の消費生活と地域——下総国香取郡鏑木村・鏑木家を事例として——

はじめに

本章では、第2章でも取り上げた鏑木村・鏑木家の「地域」との関係を、消費生活の面から見てみようとするものである。その際、同じ村に住む、より上層の農民である平山忠兵衛家を意識しつつ考察してみたい。

近世、近代の農民生活史の研究はこれまで、数量経済学、歴史人口学、文化史、村落史、民俗学など、さまざまな立場、視角からなされてきた[1]。ただ、民俗学は別として、それらの研究は概して、それぞれ近世、近代という時代の枠内で行われてきた嫌いがあり、時代を超えて考察する視点には乏しかったと言えよう。しかし生活史は、政治史的、制度史的時代区分では必ずしも区切ることはできない。例えば明治維新や文明開化といったことは、農民の生活にどれほど影響を及ぼしたのであろうか。あるいはさほど影響はなかったのか。色川大吉は、農村も文明開化の影響を受けずにはいられなかったとする[2]。それに対しスーザン・B・ハンレーなどは、明治維新や文明開化の農村への影響を評価しない[3]。そこで本章では、筆者が目にすることができた下総の一農家の金銭出納帳を近世〜近代を通して見、その間に生活のどういった面がいつ変わり、どういった面が変わらなかったのか、といったことを地域との関係を意識しつつ確認したい。言いかえれば、農民にとっての近代とは何か、といった問題を考える上での一つのケース・スタディである。

本章でとりあげる鏑木家は、第2章でも紹介した通り、千葉氏家臣の系譜を引く由緒ある家であり、近世においては香取郡鏑木村五給のうちの、旗本本目領の名主であった。幕末において持高四〇石程度、当時小作地はさほど大きくはなく、その後小作地が増えても一定規模の手作を維持し続ける、農業一筋の家であった。その意味で、「村方地主」範疇に入る家であり、木村礎のいう「どの村にも存在する普通の上層農民」であった。「一般庶民」と言うには少し裕福すぎるが、「庶民の上層」という表現なら、大過ないであろう。なお本章で対象とする時期は、第2章でとりあげた瀧十郎が同家の当主であった時期とほぼ重なる。

一　金銭出納帳より見た近世〜近代鏑木家の生活

さて、鏑木家の家計面はどのようであったであろうか。同家に残された幕末〜近代の金銭出納帳から見てみよう。同家には弘化五（一八四八）年から昭和二（一九二七）年までの間の、約五〇冊の金銭出納帳が残存しているが、本章ではとりあえず、政治史的区分上の近世〜近代移行過程における農民生活の変化の大きな流れを捉える意味もあって、幕末から明治いっぱいまで、すなわち一九世紀後半を、一定間隔ごとに検討することとしよう。

㈠　収支の規模の推移の概要

鏑木家の収支の規模の大まかな推移は、第2章表2-6にあった通りである。

弘化から安政にかけて、収支の規模は五〇両代半ば〜七〇両余、収支の差は一両〜五両と、ほぼ均衡しているが、どの年も支出が収入を少しずつ上回っている。文久三（一八六三）年には大幅な黒字（二〇両）となるが、翌四年には逆に大幅な赤字（一五両）となる。この期の経営の不安定さが窺われる[4]。

しかしその後、元治二（＝慶応元、一八六五）年から慶応四年にかけての最幕末期は、インフレのせいもあって、収支の規模は一〇〇両台から二〇〇両台に膨らみ、大幅な黒字が続いている。年によっては六〇両余の黒字となることもあった。のちにも述べるが、同家は米を主な収入源としており、幕末の米価高騰が同家に幸いしたのだと思われる。また、文久四年より同家の当主となった瀧十郎の経営手腕も考慮しなければならないかもしれない。彼は同家では〝中興の祖〟と位置づけられており、極めて几帳面に帳簿をつけ続けることによって、明治末年まで自家の経営管理を行っていった[5]。

明治に入って、表中の九（一八七六）年・一四年はインフレで好景気の時期であった。九年の収入は「円・銭」・「貫・文」両系列で記載されている場合が少なくなく、統一的な数値は得られないが、両者を合わせると支出を大きく上回ることは確実と思われる。一四年は大幅赤字となってはいるが、インフレで経済が拡大基調の中、収支の規模自体が七〇〇円台と大きく、内容を見ても、経営が苦しかったというようすは窺えない。逆に松方デフレ期の一九年は、収支の規模が三〇〇円台と、著しく縮小している中での赤字（五〇円余）であり、さすがにこの時期の経営は苦しかったと思われる。

以後明治二四年・二八年・四五年と、収支の規模は拡大していく。このあたり、地主としての経営規模が頂点に達した時期である。明治二八年は支出が収入を一五〇円近く上回っているが、これはこの年、七〇〇円近くをかけて地所を購入したためであり、地主経営をさらに拡大しようと、先行投資を行ったものと言えよう。

表10-1　鏑木家各年収入内訳

	嘉永6 (1853)	文久4 (1864)	明治9 (1876)	明治19 (1886)	明治28 (1895)	明治45 (1912)
米代	153,897 (42.4)	254,966 (70.1)	200.4 211,150	268.2 (78.9)	864.4 (86.9)	1,263.2 (88.5)
小麦代	2,560 (0.7)					
大豆代			11.0 29,540		2.4 (0.2)	
粟代					9.4 (0.9)	
菜種代	10,400 (2.9)	19,200 (5.3)	2.2		3.8 (0.4)	
茶代				2.2 (0.6)	5.3 (0.5)	
桑代					5.8 (0.6)	16.7 (1.2)
煙草代		4,154 (1.1)				
木代				0.5 (0.1)	76.8 (7.7)	
竹代		272 (0.1)		0.7 (0.2)		
小茅代					1.7 (0.2)	
真木代	10,517 (2.9)	1,116 (0.3)			2.0 (0.2)	
卵代						2.7 (0.2)
小作料金納		14,214 (3.9)		9.3 (2.7)		
利子			10.0	3.5 (1.0)	15.1 (1.5)	136.7 (9.6)
祝儀・不祝儀		1,400 (0.4)		28.6 (8.4)		
借金	137,600 (37.9)	64,000 (17.6)				
その他・不明	47,736 (13.2)	4,519 (1.2)	35.1	26.8 (7.9)	7.6 (0.8)	7.5 (0.5)
計	362,710 (100.0)	363,841 (100.0)	258.7 240,690	339.8 (100.0)	994.3 (100.0)	1,426.7 (100.0)

注）・各年「金銭出納帳」より作成。
・各項目上段は金額、下段は比率（%）。明治9年のみ上段が「円」、下段が「文」。
・金額の単位は文久4年までは「文」（ただし「金」は帳面に記されている相場に基づいて「銭」に換算）、明治9年以降は「円」。但し明治9年は一部「文」も混じる。

(二) 収入

次に、収入の内容を少し立ち入って紹介しよう（表10-1参照）。ここでは大まかな変化を捉える意味で一定間隔おき（ほぼ一〇年おき。ただし史料残存状況の関係で、前後することもある）に見ていくこととする。

鏑木家の家計においては、近世から近代までのほとんどの年で米売却収入が七〇％台～八〇％台と、圧倒的な比重を占めていた。

ただ、幕末の嘉永六年は四〇％強と低く、借金の比率がそれに近い三七・九％に及んでいる。借金は、この表の中では文久四年にもあった。この年の借金は全収入の一七％余を占め、一方米販売収入の比率は七〇％強と、それ以降の年に比べればやや低い。これらの事実も、前々から述べているようなこの期の経営の不安定さを示していると言えよう。

明治以降になると、米売却収入の比率は八〇％近くから九〇％近くにまで達し、借金には依存しなくなる。明治二四年には米販売量は一〇〇石に達し[6]、明治四五年には販売額が一〇〇〇円を超えた。

そのほかの収入源としては、年により、他の作物を販売したり山の木を切り出して販売したりであったが、いずれも大した比率を占めてはいないし、恒常的でもない。そんな中で、明治以降利子収入が徐々に比率を高めていくことと、明治後期から桑の販売収入が、比率は低いとはいえ恒常的になっていく（現存最後の昭和二年の金銭出納帳まで継続している）ことが目を引く。

㈢　支　出

次に、支出の内容を見てみよう。

鏑木家の支出は多方面にわたっており、年によって支出対象のウエイトの置かれ方が異なっている。ここでも収入と同様に幕末期から約一〇年おきに、各年の支出内容にどのような特色が見られ、またそれがどのように変化していったのかを紹介しよう（表10-2参照）。

嘉永六（一八五三）年　金融講への出金や利足金払いといった、金融関係の出費が全体の一八・五％を占め、最も

表10-2　鏑木家各年支出内訳

	嘉永6(1853)	文久4(1864)	明治9(1876)	明治19(1886)	明治28(1895)	明治45(1912)
交際	23,120	25,540	24.15	8.97	13.53	15.45
	(6.2)	(5.0)	(9.0)	(2.3)	(1.2)	(1.9)
寄付・施し	38	30	0.50		1.25	25.00
	(0.0)	(0.0)	(0.2)		(0.1)	(3.0)
小遣	12,692	17,756	1.46	20.20	3.75	1.69
	(3.4)	(3.5)	(0.5)	(5.1)	(0.3)	(0.2)
衣	9,496	31,342	30.49	7.70	10.91	28.78
	(2.5)	(6.1)	(11.3)	(2.0)	(1.0)	(3.5)
食	21,094	40,201	12.76	23.22	20.74	110.36
	(5.6)	(7.9)	(4.7)	(5.9)	(1.8)	(13.3)
住居・光熱	3,808	31,606	29.80	25.85	23.89	35.00
	(1.0)	(6.2)	(11.1)	(6.6)	(2.1)	(4.2)
日用品	2,897	5,355	6.26	4.17	2.81	25.06
	(0.8)	(1.0)	(2.3)	(1.1)	(0.2)	(3.0)
農業再生産	13,604	77,248	17.95	32.19	37.80	92.00
	(3.6)	(15.1)	(6.7)	(8.2)	(3.3)	(11.1)
地所買入				8.66	682.10	
				(2.2)	(59.9)	
教育・修養					8.95	4.54
					(0.8)	(0.6)
趣味・娯楽			0.70	0.04	1.85	0.78
			(0.3)	(0.0)	(0.2)	(0.1)
旅費			7.22		6.90	
			(2.7)		(0.6)	
医療	10,484	3,700	0.87	4.83	10.41	6.71
	(2.8)	(0.7)	(0.3)	(1.2)	(0.9)	(0.8)
労賃	53,730	33,743	14.76	32.56	70.76	14.16
	(14.3)	(6.6)	(5.5)	(8.3)	(6.2)	(1.7)
宗教・行事	7,735	4,325	3.62	25.55	1.11	12.19
	(2.1)	(0.8)	(1.3)	(6.5)	(0.1)	(1.5)
金融	69,600	102,034	28.17	17.50	5.50	2.32
	(18.5)	(20.0)	(10.5)	(4.4)	(0.5)	(0.3)
税・御用金等	2,820	93,273	43.59	159.85	175.44	395.13
	(0.8)	(18.3)	(16.2)	(40.6)	(15.4)	(47.5)
村入用など	32,120	9,680	12.09	14.38	5.46	
(町村費)	(8.6)	(1.9)	(4.5)	(3.6)	(0.5)	
その他	33,669		1.53	0.03	1.25	4.51
	(9.0)		(0.6)	(0.0)	(0.1)	(0.5)
不明	78,525	34,548	33.51	8.35	54.96	47.60
	(20.9)	(6.8)	(12.8)	(2.1)	(4.8)	(5.7)
うち「買物」	74,097	27,616	14.35	6.88	46.46	
	(19.7)	(5.4)	(5.3)	(1.7)	(4.1)	
その他	4,428	6,932	19.16	1.47	8.50	
	(1.2)	(1.4)	(7.5)	(0.4)	(0.7)	
計	375,432	510,381	269.33	394.05	1,139.4	831.89
	(100.0)	(100.0)	(100.0)	(100.0)	(100.0)	(100.0)

注)・各年「金銭出納帳」より作成。
・各項目上段は金額、下段は比率（%）。
・金額の単位は文久4年までは「文」（ただし「金」は帳面に記されている相場に基づいて「銭」に換算)、明治9年以降は「円」。ただし明治9年は、帳簿では一部「文」も混じっているが、ごくわずかなので、捨象した。

多い。利足金払いは、それ以前の借金に対応するものであり、ここからも、この期の経営の不安定さが窺われるのである。次いで比率が高いのは、奉公人への給金や屋根屋、木挽などへの手間賃などを含む労賃で、一四・三%を占める。その他は、いずれの項目も数%ずつで、特筆すべきものはない。ただ交際費は、比率的には六・二%と、さほどではないが、出費の頻度は高い。宗教・行事関係の出費も同様である。やはり村の上層農民らしく、祝儀、追善、土産などに頻繁に出費している。衣・食・住への出費は大した比率ではない。この分野、特に食物はかなりの部分自給していたためと思われる。ただ、表中で「不明」とした部分の比率が二〇％程度もあり、そのうち帳面で単に「買物」とのみ記されているものの中には、これらの分野に属するものがかなりあった可能性はある。購入した食物のうち主なものは、自給できない鰯・鰹・あさり・はまぐり・ながらみといった海産物や塩・酢などの調味料、それにうどん、豆腐、油揚げなどであった。酒・茶・菓子など嗜好品への出費は年間で一両にも満たない。「衣」関係の出費は、「八丈紬口」や蓑、笠などの製品・半製品もあるが、むしろ藍屋染賃、綿打賃、糸取賃、糸染賃など外部に発注した仕事に対して対価を支払う場合の方が多かった。また住居・光熱費のうちのほとんどは油〆賃・魚油代など油関係の出費であった。なお、屋根屋、木挽などへの手間賃を「労賃」に分類し、染賃、糸取賃、油〆賃などをそれぞれ「衣」や光熱費に分類したのは、前者が自宅に来てもらっての労働に対する対価であるのに対し、後者は外注した仕事に対する対価であったことからである。

文久四（一八六四）年　嘉永六年同様、金融講掛金や借金返済といった、金融関係の出費が一番多く、全体の二割を占めている。次いで多いのが、領主への御用金・年貢金納分など「税・御用金等」と分類した分で、一八・三％に及んだ。特にこの年は、領主の長州進発御用金として一〇両を納めているのが大きい。その次に多いのが「農業再生産」費で、一五・一％であるが、この部門の比率がこの年特に高くなっているのは、一〇両を支払って馬を購入したためである。馬は明治一九（一八八六）年にも購入しているが、この年は支出全体の規模が大きくなっているため、この部門の比率はさほどにはなっていない。その他の項目はいずれも大した比率にはなっていない。その中では衣・食・住、及び労賃が六〜七％台で、比較的比率が高い。内容的には、嘉永六年と大きく違わない。また、相変わらず交際費や宗教・行事への出費は、比率はさほどではないが頻度は高い。

明治九（一八七六）年　最大の比率を占めるのは「納貢金」（税）で、全体の一六％余を占めた。次いで「衣」、

「住」、「金融」がそれぞれ一〇％余であった。先にも述べたような幕末の米価高騰や明治に入ってからのインフレで大きな儲けが得られたせいか、購入品の高級化の傾向が見受けられる。例えば「衣」では呉服に約一〇円を費やしたり、「住」では一八円をかけて瓦を購入したりしている。瓦はおそらくこの年はじめて購入したのだと思われ、家の屋根が従来の茅葺きから、少なくとも部分的には瓦葺きになり、この年はこの家の住居の歴史の中での一つの画期となった。また「食」の中で、砂糖の購入が従来黒砂糖のみに限られていたのに対して、この年から白砂糖も購入されるようになったことも、食生活上の一つの画期と言えよう。高額という点では、交際費のうち川辺村及川八郎右衛門の娘の帯祝に一〇円も費やしている。そのため交際費が他の年には見られないほど高率（九％）になっている。川辺村は八日市場に近い九十九里平野の村であり（第2章図2‐1参照）、鏑木家は及川八郎右衛門から干鰯を購入している[7]。こういった取引関係がきっかけになったのか、鏑木家と及川家とは、親戚関係を結んでいる。以上のように、この年は、従来よりも大きな額の金を使う傾向が見られるようになったが、明治維新、文明開化の時期を経ているにもかかわらず、西洋的なものを購入するという傾向はほとんど見られない。「シャポ」（帽子か）を佐原から購入したり、おそらくは灯明用に、石炭油（石油）を購入したりといったところが、そのわずかな事例である。全体的に、日本的な枠内での高級化志向、高額化志向が見られると特徴づけることができよう。なおこの年、川辺村及川家との婚礼の際に、人力車を利用していることも、目を引くところである。

明治一九（一八八六）年　松方デフレ末期である。支出のうち税金が四〇％余も占めている。この中には前年分地租及びその追徴金が含まれているが、不景気の影響で前年、支払えなかったのであろうか。また前に見た明治九年以降整えられた国家的制度に伴う出費も、当然ながら見られる。地方税がそれである。また、郵便や郵便貯金の制度は明治九年以前に定められていたが、同年の金銭出納帳にはこれらの関係の出費は見られない。この家としてそれらを利用するようになったのはそれ以降のことであり、この一九年の金銭出納帳には「はがき」、「切手」、「駅逓貯金」といった記載があらわれている。「駅逓貯金」は毎月一円ずつで、これの利用に伴い、金融講への出費は従来より減少している。その他では、宗教・行事関係の出費が他の年よりも多い六・五％となっているが、これはこの年、この家で葬儀があり、それに二四円余もかけているためである。

明治二八（一八九五）年　比率の上では、地所買入代の約六〇％という数値が最大である。七〇〇円足らずを費やしている。日清戦争に伴う好景気の中、地主経営の拡大を目指したものであろう。次いで比率が高いのは税金の一五・四％である。内訳は地租、所得税、地方税などである。所得税は、明治二〇年の所得税法制定以降加わったものである。比率の問題はさておき、この年は明治一九年にはなかったものが多くあらわれている。豚肉の購入、新聞の購読、「早島表」・「備後上引畳表」などいわばブランドものの畳の購入などである。肉食は江戸期には一般的でなく、文明開化の象徴の一つとして紹介されることが多いが、農村レベルでは、普及が相当遅れていたことがわかる。また、東京に見物や買い物に行っている。のちに紹介するが、同じ村に住んでいても豪農平山家の場合は、領主賄いということもあって、古くから江戸に頻繁に出ていたが、鏑木家の行動範囲はそれまで、八日市場、佐原、小見川など日帰りできる範囲であり、それを超えることはほとんどなかった。裕福さが増して行動範囲が広くなったのであろう。それから、この年は日清戦争に関係する出費も、当然のことながらあらわれている。終戦後の「凱旋会費」や「天皇陛下掛物」の購入などである。これらは戦争に伴うナショナリズムの昂揚のあらわれと言え、特に後者は、国家的な戦争を契機として天皇制が民衆へ浸透していく一齣として興味深い。

明治四五（一九一二）年　残存している金銭出納帳は、明治二八年の後は、四四年・四五年のものまでない。これまでほぼ一〇年おきに変化を追ってきたが、ここでは間隔が拡がらざるを得ない。その分、この間の変化も大きなものとなっているが、それを差し引いても、その変化の大きさには驚かされる。表10-3に示したように、それまでの時期区分に比べて新出品目があらゆる分野にわたり、しかも種類が圧倒的に多い。全体的な傾向としては、片仮名書

表10-3　鏑木家各年金銭出納帳中の主要新出項目一覧

	嘉永６～文久４ (1853～1864)	元治２～明治９ (1865～1876)	明治10～明治19 (1877～1886)	明治20～明治28 (1887～1895)	明治29～明治45 (1896～1912)
衣		唐糸 シャボ		紡績糸 衣服縫裁料 下駄の歯入	縫糸 毛糸 麻 白縮緬 唐縮緬 メリン（ヤ）ス キャラコ 襟 羽織裏 シャツ袖 足袋底 鼻緒 却半 股引 腰巻 ジハン（襦袢か） 手袋 足袋 クツ下 毛糸カカリ マゲ形 カセ
食		鰤 やきふな 白砂糖		こませ いなだ 数の子 豚肉 巻煙草	さんま 豆腐粕 ふ ぶどう酒 ソーダ ミルク 落花生 梨
住・光熱		石（炭）油 瓦		早島表 備後上引畳表 水油	セメン 丁つがへ（い） 硝子板 トタン ランプ用具 マッチ カイロ灰 種油
日用品		砥 洗濯しゃぼん	傘 はさみ 蝿取紙	半切桶 縄	バリカン直し アルミニ（ュ）ーム鍋 さじ 鉛筆 ゴムマアリ（ゴム鞠） フーセン 蚊トリ線香
農業				石灰	大豆粕 カンツメ（ガンヅメ）
教養				新聞	
医療・衛生			ハッカ水		ネ（ニ）ッキ水 胃散 風（邪）の薬 歯磨き粉 歯治療 床銭
税金			地租 地方税 茶製造鑑札その他証票料 自飲酒鑑札書換え金	所得税	宅地税
寄付				道路寄付金	集会所寄付 学校寄付 消防寄付
貯金			駅逓貯金		学校貯金 青年団貯金
その他		婚礼の節人力車へ祝儀 大山石尊参詣	封書 はがき 切手 公儲金 山林下見賃 山仕事	天皇陛下掛物 東京見物 真木割手間 小茅刈手間	印紙 学校積金

注）各年金銭出納帳より作成。

きのものが多いことからもわかるように、購入品目の西洋化が一挙に進んだと言えよう。「衣」の部門ではメリン（ヤ）ス、キャラコ、シャツ袖、「食」ではぶどう酒、ソーダ、ミルク、「住」ではセメン、硝子板、トタン、その他マッチ、アルミニ（ユ）ーム鍋、ゴムマアリ（ゴム鞠）、フーセン（風船）など枚挙にいとまがない。またこの年の他の特色として、一つには歯磨き粉や歯薬（金治水）の購入をしたり歯の治療を行うなど歯の医療・衛生関係に力を入れるようになっていることがあげられる。また、「集会所寄付」、「学校寄付」、「消防寄付」など、寄付が多くなっているのも特色である。ことに「消防寄付」には二〇円を費やしている。寄付ということでは、明治二八年にも「道路寄付金」があったが、この家がしだいに名望家的性格を強めてきていた証しと見ることができよう。ところでこの年の支出を比率の面から見ると、税金が半分近くを占めて最高である。この比率の高さはそれまでにはなかったことで、日露戦後の増税が一因となっていると思われる。次いで食費が約一一〇円、一三％余を占めているが、このうち半分の五五円ばかりは酒代である。この年にはすでに当主が代わっていたが、前当主瀧十郎の時には酒にこれだけ金を費やすということはなかった。ただ、この時の当主自身が酒を好んだからか、人を招いて酒食を共にすることが多かったからかは、不明である。なお、この時の当主保は、村長を経験するなど、地域の有力者となった人である[8]。それに次いでこの年は、「農業再生産費」が多く、一一％余を費やしている。その大半は肥料代である。自作地、小作地ともに、より集約化した農業を行うようになっていたのであろう。

以上のように、幕末から明治初期においては、全体的に地味な支出内容と言える。幕末においては、金融講への出費が最大で、その他労賃や交際費や食費の比率が比較的高い。また年により、農耕馬を購入したり、領主の長州出兵の御用金がかかったときなどは、まとまった金額を支払っている。明治に入り、政治体制が変わったことや文明開化の影響などが農家の消費生活にも及ぶかどうかという点では、そういった影響はほとんどなかったと言える。支出内容は従来とほとんど変わりがない。ただ、慶応期に米価高騰により一気に利益を増やしてからは、高級品志向が強まっている。明治九（一八七六）年の支出の中で、呉服に約一〇円を費やしたり、一八円をかけて瓦を購入したりといった例があげられる。またこの年初めて、白砂糖を購入するようになっている。また明治に入っても相変わらず金融講の比率が高いが、幕末に比べればかなり低下している。そして駅逓貯金などの制度ができるにつれ、その比率はますます低下していった。交際費の比率は明治初期段階では相変わらず高い。なお、明治九年に佐原から「シャポ」（帽子）を購入したのが、「文明開化」のわずかな影響であろうか。

こうした近世以来の支出内容も、一九世紀末の日清戦争を画期として変化し始める。「食」の面で豚肉の購入が始まるなど（以後継続）、生活面での西洋化の兆しが見え始めてくるのである。それに伴い、買い物などの行動範囲も、従来遠くてせいぜい八日市場・佐原・小見川など一日で往復できる地域市場までであったのが、この期にいたって、たまにではあるが、東京にまで及ぶようになった。また、「天皇陛下掛物」を初めて購入するなど、農民が明治国家体制に組み込まれていく様子の一端をも窺うことができる。生活の西洋化の傾向は、それ以降加速化していき、明治末には生活の相当部分を西洋的なものが占めるようになった。

そのほか明治に入ってからの交際費、宗教・行事関係費用の比率の減少傾向、明治末における寄付金増大の傾向などを指摘することができる。

二　豪農平山家の消費生活との比較

さてここで、鏑木家と同じ村に住む豪農平山忠兵衛家の消費生活との比較をしてみよう。ここで平山家の例を出すのは、平山家と鏑木家とは目と鼻の先にあり、地理的にほとんど同じ条件の両家を比較することで、階層差による生活の差がより鮮明に出ると考えたからである。ただ、鏑木家と平山家とでは、同じ消費生活関係史料といっても残存年代や性質が異なるという問題点はあるが、可能な範囲で比較をしてみよう。

㈠　平山家についての概要

平山家は武州日野平山武者所季重の流れを組み、小田原の役で後北条氏と運命を共にした平山光義の弟光高が初代であるとされる[9]。近世においては鏑木村に居を構え、相給村の同村において、旗本原田領に属し、その卓抜した経済力をもって、原田氏ほか複数の旗本の用人、賄方を勤めた。ただし村役人になることはなく、むしろそれを超越した存在であった。

さて、同家に関するこれまでの研究は、大きく二つに分けられる。一つは豪農としての経営を見る観点からのもの[10]であり、今一つは学問・思想を見るもの[11]である。それぞれ一定の成果が得られているが、同家についての生活史の研究は、良好な史料があるにもかかわらず未だ行われていない。

平山家の所持地面積の全貌が最初にわかるのは正徳四（一七一四）年で、その時の所持面積は一五〇町歩であった。元禄から宝永の間に椿新田を中心として七六町歩の新田を集積したことが知られており、元禄から正徳の、第五代当主久甫の時代が、同家の地主経営確立期であったとされる。平山家の土地集積の原資は、高利貸、酒造業、古手商、繰綿商、米穀商を通じての蓄積であった。しかし同家の商業は、江戸問屋による流通独占体制が確立し、一方利根川に台頭した河岸が、従来平山家が持っていた機能に取って代わるようになるにつれ、不調になっていった。また高利貸経営も、利根川の河岸がこの地域の金融機能をも担うようになり、享保以降不調になっていった[12]。

こうしたことから同家は経営の中心を地主経営へと移し、やがてその作徳米を酒造にもふり向けるという構造になってゆく。しかしその後、宝暦七（一七五七）年の上代村質地請戻出入等、小前層の成長に伴い所持地面積を減らし、文化一三（一八一六）年には附米高六〇四俵と、底を迎えた[13]。

天保に入って、小作減免騒動で小作方が一割の容赦を獲得したり、天保飢饉時に平山家は小前・無高層に粥施行をせざるを得なかったりといったことはあったが、この時期の米価高騰は地主にとっては有利で、同家にとっての地主経営再編のきっかけとなった。天保九（一八三八）年の鏑木村内の同家の小作人数は一二三人で、これは同村の全戸数の半数近くに及ぶ。同一〇年には鏑木村・万力村に三〇八石余を所持し、同一三年には附米高九二四俵と、一頃の低迷から完全に脱し、地主経営拡大の軌道に乗った。そして嘉永七（一八五四）年には附米一〇七七俵、小作人数一六七人となり、一方この頃になると手作はほとんどなくなり、寄生地主と化した。さらに万延元（一八六〇）年、附米一三六二俵と最高に達し、文久二（一八六二）年には持高四三〇石余に達した。

その後地租改正時には所持地面積四六町歩、明治二三（一八九〇）年には同五五町歩で、いわゆる「五十町歩地主」となり、県内最上層の地主となった[14]。

以上、平山家の地主経営の推移を特徴づけるとすれば、江戸問屋による流通独占体制の確立にともなって商業経営から撤退し、地主経営へと移行した元禄～正徳期の五代当主久甫の時代が「地主経営確立期」、小前層の台頭に悩まされる宝暦頃から化政期にかけてが「所持田畑放出期」、天保期以降文久期までの一〇代当主正義の時代が「地主経営再編期」、そしてその中で嘉永期以降寄生地主となったとまとめることができよう。

同家の酒造業については、寛保二（一七四二）年以降別家・武左衛門名義の酒造株高四〇石を所持、明和から安永にかけて、一、二の例外的な年を除いて、実際の「酒造米高」は五〇〇～七〇〇俵であった[15]。天保一五（一八四四）年には下総国相馬郡井野村甚兵衛の酒造株と交換し、株高六五〇石となっている。しかし平山家の酒造業は、以後規模を漸減させ、明治九（一八七六）年の酒類製造高の届出では、一七〇石となっている[16]。

さらに、同家は、米穀を商っていた。鏑木村及び周辺村の「百姓米」・年貢米を集荷・販売し、また八日市場・須賀山村から蔵米を買い取ったりもしていた。天保一〇年段階では、地廻米穀問屋株・舂米屋株を所持し、浅草に出店を持っていたことがわかっている[17]。

そのほか同家は、享和二（一八〇一）年以降、山林投資を行っていた。これは、関東で広範に展開していた醤油醸造業用の桶・樽用材、または燃料材としての松・杉・檜を育てたものであった。また山林そのものの集積も行った。山林経営においては、無高層を雇い就業の場を与え、また落葉・下草は小作人たちのものになった[18]。

（二）　平山家の消費生活の推移

さて、上記のような平山家の小作経営・商業経営の推移を踏まえつつ、同家の消費生活の推移を「書出帳」を素材としてみていこう。「書出帳」は、村の年貢収納や領主賄いの記録などとともに、同家の買い物、旅行など日々の記録を他の帳簿から写した二次帳簿である。宝暦一〇（一七六〇）年から明治一四（一八八一）年にかけてのものが断続的に残存している。この中で、本節では特に「買物」の記録を取り上げる。記載は年により若干の精粗の差があり、また行商からの「都度買い」の記録がなく、年間の支出の総計が出せないなどの難点はあるが、「買物」に行った際の出費についてはほぼ掌握でき、消費生活についてのおおよその傾向を知る上では良好かつ貴重な史料と言ってよい。いま、その記述の一例を、明治元～四年「書出牒[19]」の中から示せば、次の如くである。

佐原買物

三拾五匁　土州半紙半〆

八匁五分　上半紙拾丈

弐拾四匁五分　□□□半切壱〆

八拾六匁五分　　　　ちり紙半〆

〆　天満や惣助店

拾弐匁五分　　　　茶半斤

七百弐拾四文　　　おしろい

〆　舛や八十七店

弐拾弐匁五分　　　蠟燭壱箱

拾参匁五分　　　　黒さとう五百め

壱貫四百五拾文　　白砂糖壱斤

四百文　　　　　　くづ

〆　中村や平左衛門店

金壱分・百文　　　舶来糸

拾五匁　　　　　　ねぢわた

拾六匁　　　　　　四寸釘千

五百文　　　　　　馬建具毛〆壱

拾五匁六分四厘　　熊野ぶし弐百八匁

〆銀弐百四匁六分四厘　三貫百七拾二文

十五　為銭三拾八貫九百八拾四文　外百拾八文

三月十六日　使儀平

これは、明治二年三月一六日に使いの儀平を佐原に買物に行かせたときの記述で、天満屋惣助らの店で半紙、茶、白粉、蠟燭、白・黒の砂糖、「舶来糸」、釘などを買い、合計銀にして二〇四匁余、銭にして三九貫足らずの買物となっている。こうした記録が、買物のたびごとに記されているのである。

では、「書出帳」に記された購入品の内容を、代表的な年をいくつか拾って、鏑木家の生活との対比を意識しつつ見ていくことにしよう。

天明七（一七八七）年　古い「書出帳」の例として、この年を取り上げた。「書出帳」にはもっと古いものもあるが、それらは史料としての状態が悪く、取り上げることができない。この年は、先述の地主経営との関連で言えば、「田畑放出期」の最中である。但し、この時期に入って間もないので、まだ相当量の土地を所有している。さて、この年は表10‐4に記した物の購入が見られた。史料の状態の悪い部分もあるが、衣類の購入が多いのと、住居関係で、瓦を購入しているのが注目される。家を建て替えたのであろうか。瓦を使用する層は、この時期にあっては、限られていたであろう[20]。ちなみに、鏑木家で瓦を使用するようになったのは、明治に入ってからである。また、塩を江戸の広屋吉右衛門から購入している。広屋吉右衛門は、もともと銚子の広屋儀兵衛（現ヤマサ醤油）の親戚筋に当たる家で[21]、江戸で醤油・塩問屋を営んでいた。ここからの購入した塩は、日常的な食生活に用いる以上に、酒造用として用いられたものと思われる。

寛政九（一七九七）年　天明七年から一〇年経ち、「田畑放出」が一層進行している時期である。家の経営がやや傾いている時期であるためか、金のかかる衣類の購入が減っているが、「食」では素麺や白砂糖、その他香など高級品、奢侈品の購入が見られる。なお白砂糖は、前述の、同じ村に住む村方地主鏑木家では、明治に入ってから購入が見られたものであるから、平山家の購入は、相当早い例と言ってよかろう。

表10-4　平山家買物一覧

		天明7（1787）	寛政9（1797）	文化12（1815）	弘化2（1845）	明治4（1871）
衣		羽二重 嶋七子帯 えん木綿 あきぬり（1丈） 貢ヵ（8丈3尺） かハきよきえり（3尺） きし嶋（6尺） 男帯 毛類□帯 小くら嶋帯 和戸足向帯 ゆな晒 小紋木綿 □わた 太織しま帯 合羽之□わ（6反） 備後 近江 地流（3反） 琉球（50枚） 紺ちりめん羽織黒ニ染かへ	中形切 呉服（江戸・越後屋） 紙合羽 足袋 手拭 下帯（地） 本宮・秩父 墨八丈（絹織物） 八丈絹 南京小紋 黒沙綾半えり 本紅切 笹べり（衣服の縁） 黒小珀（絹織）男帯 頭巾 真綿	花宮秩父 八丈嶋 板〆ちりめん 近江 箕	かたひら 紙合羽 手ぬくひ 秩父絹 こな箕 作ミの 琉球	白綸子海取 黒綸子惣模様（28両） 本□絹 誂ちりめん 中形縮めん 御召縮緬 上代縮緬 越後縮帷子 たし切 白羽二重 白ふり袖仕立 紺本広 地木綿二重仕立 しぼりは□し 桃色縮めん 紫めりんす袖口 出し花金巾 浪花金巾 青梅綿 前掛 黒絹五郎えり 絹縮半えり 紫中形メリンス帯 白紬（1反） 銘仙紬（1反） 緋山舞□（1丈） 誂三浦 歌仙半天 黒八丈女袖口 紫かのこ（絞り） 紫山まい下着えり 白久 帽子 竹の子笠 羽織ひも 縮緬かせ 鼠金地さしまヵ表地 髪の仕立代 綿打（赤綿） 〃（上綿） さらし（2尺） 青麻 竹笠（輪共）
	糸	糸	絹糸		絹糸 もめん糸	絹糸 花色糸 唐糸
	履き物	下太	草履		下駄 栗下駄 せった ぞうり	白足袋 下駄 子供下駄 下駄緒 麻うら草履 女物草履
食・嗜好品	主食・副食	ひしほ	素麺	そふめん 梅枝でんぶ		金米ヵ そふめん 生ふ 上ふ おから
	蔬菜・茸				松茸 椎茸 小椎茸	松茸 大椎茸 中の上椎茸 小椎茸

	類				鳴茸	川茸
					木耳	木耳
						まい茸
					長いも	長芋
					蓮こん	蓮こん
					くわね	くわへ（い）
						大くわへ（い）
						干瓢
						蓬莱豆
						うど
						切ぼし
					かぶらな	自然生（自然薯ヵ）
						めうか
						水葉
	海産物		干物類			塩引コチ
						切するめ
				数の子	数の子	数の子
				土佐節	松魚節	鰹節
				こまめ	ごまめ	ごまめ
						桜海老
						竹わ
				こんぶ・切りこんぶ	青こんぶ	昆布
				海草	海草	海草
						切あらめ
	果物			くし柿	くしかき	
				かちくり	かちくり	
						椎の実
					みかん	みかん
						九年坊（母ヵ）
					青漬小梅	
						なし
	調味料	塩（広屋吉右衛門より）		赤穂塩		赤ほ（塩）
				黒砂糖	黒砂糖	
			白砂糖		白砂糖	白砂糖
						三盆
					わさびおろし	わさび
					からし粉	青粉
					からし	麪粉
						胡麻油
						くづ
					久助くづ	久助くづ
	嗜好品	くわし（菓子）	菓子		菓子	菓子
		翁せんへい				練羊羹
						〃（竹皮包）
						羊羹折り詰め
						あめ
					茶	茶
					せんじ茶	上茶
				酒		
		たはこ	たはこ		煙草	
住居・光熱	住居	切込桟ヵ瓦				早島表
		草瓦				琉球（表ヵ）
		黒部板				風呂釜
			重箪笥			桐白木箪笥（20両）
		小ふし（6枚）			つくへ（机）	如輪もく鏡台
					文庫	引手
		釘				釘
						針金（長屋屋根葺）
						赤金板（　〃　）
						せめん
	光熱					行灯
			丁ちん			前張提灯
		地紋付火鉢				
			樫炭			すみ
		水油	水油			水油

		燭台	附木			蠟燭 灯心 附木
日用品		茶わん かま 手ぬくい 扇子 かんさし	きうず（急須ヵ） かま 鼠半切 白半切 半紙 美濃紙 毛引半紙 筆墨 矢立 赤墨 印墨 はけ とくそ扇 上野砥 元結 元結油 梳油 鬢附油 白粉 山城白粉 楊枝 小刀 きせる 羅を（らう） 算盤 十能 火ばし 三徳（鼻紙袋） ござ ざる ふご 柄袋 抹香 五種香	茶碗 紋付椀 吸物椀 鍋 土鍋 釜 ざる 駿河半切 半紙 のり（2〆目） 印にく びん付 水引 紅 白粉 御座 上かます 壱斗ざる 縄 瓦結縄 菰 蒲筵	茶わん 手塩皿 尺長はし 大釜 半切 すき返し（紙） 筆 硯箱 水入 団扇 切元結 すき油 びん付 くし 傘 しゅろ皮 かます むしろ 明ばん	半切 唐紙 色紙 美濃紙 半紙 上半紙 がんぴ紙 状袋 ちり紙 べに箋 生のり（1貫目） ふのり 柿渋 瀬戸物 茶碗 平わん 湯呑 かんとくり 〃（疵物） 五升徳利 三組盃 大盃 小盃 土瓶（蔓とも） 土瓶つり 拾人鍋 弐拾人鍋 丸膳 しやくし 筆 □筆 墨 矢立 硯 硯石 木地硯箱引出し付 硯箱 さじ 唐銀匙 楊枝 油楊枝 楊枝箱 ふし箱 柳箸 白箸 杉箸 はし箱 はし立 薄刃包丁 木刀 砥石 長もち 竹ごり（行李ヵ） 手拭 ざる わらむしろ 花ござ 針 針箱 元ゆひ 白元結 黒元結 根がけ

						髪すき すき油 びん付 くし つげくし □六くし 眉羽毛 幸替（こうがいヵ） 扇 うちわ 扇子箱 剃刀 はさみ 小刀 鏡 鏡磨ちん 木地鏡立 おしろい ぬか 灰炭 蠟ぬり 抹香 油一斗樽 鏡通 せうのう 木地舟形枕 枕 目がね あけ荷ひも 打ひも 麻 白赤銅鎖 くさり 日傘 蜀黍帯 品々入大箱 かんざし直し 飛脚ちん めうばん 暦
生産					明樽	麹種 赤ほ（塩） 樽 くら用西の内（紙） 麸
趣味・教養		人形	書物 四声字林 人形		生花千代之松４冊 三ばさふ（三番そう） 富士見 貫之家集 古言柿ヵ懐中本 大学 論語 伊豆山縁起 絵本 絵図 三州絵図 すき色紙 短冊 だるま	絵本 草紙 銅板絵図 人形
医療・衛生		一粒膏	灸 指薬			はみがき しゃぼん 洗粉 うがい薬 入れ歯 熊胆 め薬

信仰			天蓋旗金具		三字経 孝経	
その他・不明		わし取 黒三□神□こん □ひほ こしち 花□	あら皮 髪□□ 算類 あぶらかせ 柄□□ 青梅□	正務藤 根引 葉□い 石灰 尺判	根引 尺判 桿 鼠（1樽） 花（1樽） 赤ミしま（2枚） すたれふ てうろき はくり 鹿角	菊堂 新織張子 おしろいとぎ 糸あみ 金ぶき（一掛） すじ立 四つせん 紫小伯（1本6両） 鉄色飛紋（1本4両） □紋べり 白かぶら（1丈） 角天（2本） こはぜい 紫たんはし かねはけ 両天 くけ臺 砂盆 紅毛譚（1枚） 若紫 ざんざら 中ざし さんごじ直掛 砂体 天円粉 杉皮通 中結（2束） 唐藍 唐紺 唐紅

注）各年「書出帳」による。

文化一二（一八一五）年　「田畑放出」が底を迎えた時期である。寛政九年時よりも衣類の購入は一層減っている。しかし相変わらず素麺のような高級品は購入している。

弘化二（一八四五）年　「地主経営再編期」に入った時期である。経営が上向いてきたせいか、購入品も多品目にわたり、全体的に増えている。ここでも白砂糖、久助葛などといった高級品の購入が目につく。また能楽や漢学の書など趣味・教養関係の出費も目につく。

明治四（一八七一）年　文明開化期であり、同家としては土地集積のさなかにある年である。メリンス、金巾、帽子、唐糸、せめん（セメント）、歯磨き、シャボン、洗い粉、うがい薬等、文明開化の影響を十分に受けている内容と言えよう。セメントの国産開始は明治八年、シャボンは同六年[22]であるから、平山家は、それらの国産開始よりも早く、輸入品を購入して使用していたことになる。また「唐糸」は前掲史料に記されていた「船来糸」と同じで、おそらく綿糸であると思われる。

以上のように、平山家の支出内容は、全体的に、東総を代表する豪農にふさわしいものであったと言えよう。近世期から各年度にわたって白砂糖、久助葛、蠟燭、上等な和紙のような高級品ないし高額なものの購入が見られるし、趣味や教養方面への出費も多い。また幕末期から舶来糸（「アメリカ糸」、「唐糸」）を恒常的に購入するなど進取の気風も見られる。

また、この表には表していないが、買物先は佐原（月に一〜二回）、八日市場（年に四回程度）、江戸（東京）といったところであった。江戸へは領主賄いのついでなどに行っている。なお慶応元（一八六五）年の佐原での買物の合計は約三七両であった。また幕末〜維新期は、「母様」が旅行や交際で出かけていることが多い。例えば横浜に「遊覧」したり、娘の花嫁修業、嫁入り道具の購入で出かけたり、病気療養で熱海へ豪華四八日間の旅行をしたりである。

小括

文明開化の浸透について、中西聡は近代的交通機関の整備と結びつけて考えているが[23]、平山家の例を見る限り、鉄道のような近代的交通機関が整備される以前[24]から文明開化の影響は受けていたと言える。すなわち佐原など利根川筋の河岸という従来のチャンネルを通して、文明開化の影響は内陸にも及んだわけである。ただ、どういった階層へも及んでいたわけではなく、同じ村にあって平山家よりは経営規模の小さい手作地主鏑木家の場合は、近世から明治に入って政治体制が変わっても、基本的な消費生活に大きな変わりはなかった。嗜好品や趣味的なものが少ない、無駄のない内容とも言えよう。このあたり、同じ村に住む平山家とは対照的である。「シャポ」という、西洋的なものを買うようなこともあったが、それは一時的なことであり、そういった傾向が以後定着したわけではなかった。その意味で、色川大吉の言うような、文明開化が農村にまで及んだとする説は、部分的にはともかく、根本的には妥当ないと考える。ただ、より上層の農民（例えば平山家のような）が従来から購入していたような、日本的なものの枠内でより高級、上等な物を購入するようになるという傾向は見られた。例えば従来黒砂糖を使っていたのが、明治に入って白砂糖を使うようになったり、従来茅葺きであったのを明治に入って瓦葺きにしたり、備後表のようないわばブランドものの畳を使用するようになったり、高級な呉服を買うようになったりといった変化である。鏑木家の場合も、平山家ほどではないにせよ佐原には出ていたので（年に数回程度）、文明開化を受容するチャンスは近世的な交通機関の下でもあったわけであるが、それを実際に受容するかしないかは、受け手の側の選択の問題であったと言えそうである。また買物先は、一九世紀末に至るまでは八日市場・佐原・小見川といった地域市場であった。

こういった状況に変化が見られたのは、一九世紀末の日清戦争後であった。豚肉の購入、新聞の購読、ランプの購入、アルミ鍋の購入などが始まり、それが以後継続していったように、西洋的な生活が徐々に浸透し、またたまに東京へも出るようになった。二〇世紀に入って、明治末ともなれば、西洋的な物や習慣が生活の中に占める位置は相当程度になっていた。この間、嗜好品、趣味的なものへの出費も増えたが、一方で各種の寄付を行うことが増加し、地主としての成長につれて地方名望家的性格を備えるようになっていった。また、この家で日清戦争直後に「天皇陛下掛物」を購入したことは、明治国家と国民との関係を考える上で興味深い事実である。

注

（1）細かな研究まであげればきりがないが、とりあえず代表的と思われる研究をいくつか掲げておくと、木村礎「農民生活の諸相」（体系日本史叢書16『生活史』Ⅱ所収、山川出版社、一九六五年）、速水融『近世農村の歴史人口学的研究』（東洋経済新報社、一九七三年）、小木新造『ある明治人の生活史』（中公新書、一九八三年）、西川俊作『日本経済の成長史』（東洋経済新報社、一九八五年）、スーザン・B・ハンレー『江戸時代の遺産』（中央公論社、一九九〇年）、木村礎編『村落生活の史的研究』（八木書店、一九九四年）などがある。

（2）色川大吉『明治の文化』（岩波書店、一九七〇年）。

（3）ハンレー、前掲（1）二二六頁注（28）。

（4）この期の経営の不安定さは、小作米収取の不安定さからも窺われる（本書第2章表2-1参照）。

（5）本書第2章参照。

（6）本書第2章表2-7参照。

（7）本書第2章参照。

（8）『古城村誌』後編（古城村誌刊行会、一九五二年）二九七頁。

（9）栗原四郎「東総豪農の存在形態」（木村礎編『大原幽学とその周辺』八木書店、一九八一年）。

（10）関東地方史研究会「東部関東における一豪農の経営」（『歴史評論』二八号、一九五一年）、藤田覚「元禄～享保期東総の一在村商人の動向」（『地方史研究』一二一号、一九七三年）、小笠原長和ほか「東総農村と大原幽学」（千葉大学文理学部『文化科学紀要』第5輯、一九六三年）、栗原前掲（9）。

（11）芳賀登「豪農平山家の学問」（『地方史研究』三三号、一九五八年）、平野満「蔵書に見る知的状況」（木村編、前掲（9））、栗原四郎「豪農平山家の思想」（同前）。

（12）藤田、前掲（10）。

（13）栗原、前掲（9）四八二頁第7表、同四九一～二頁参照。

（14）栗原、前掲（9）。

（15）藤田、前掲（10）三二頁第8表。

（16）栗原、前掲（9）五一九頁。

（17）同前五二一頁。

（18）同前五一四～五一七頁。

（19）平山家文書、Z-2-16。

（20）ハンレー、前掲（1）。

（21）第5章参照。

（22）中西聡「文明開化と民衆生活」（石井寛治・原朗・武田晴人編『日本経済史1　幕末維新期』東京大学出版会、二〇〇〇年）二二三頁表5－3。

（23）同前二四八頁。

（24）この方面への鉄道の開通は、明治三〇（一八九七）年である（総武鉄道）。第6章参照。

総　括

以上、本書は、「序」と「総括」のほか三部一〇章構成になっているが、「序」と「総括」以外は既発表の論稿を書き改めたものである。各章と既発表の論稿との対応関係を示せば以下の如くである。

序…書き下ろし

第1章…明治初期神奈川県における農業生産の地域構造（『西南地域の史的展開』近代篇、思文閣出版、一九八八年）

第2章…幕末—明治期東関東における中地主の経営——下総国（千葉県）香取郡鏑木村鏑木瀧十郎の経営を事例として——（『摂大学術』B第一一号、一九九三年）

第3章…近世南山城の綿作と浅田家の手作経営（石井寛治・林玲子編『近世・近代の南山城』東京大学出版会、一九九八年）

第4章…「福岡県地理全誌」における物産データについて（『福岡県史』近代史料編「福岡県地理全誌」㈥、一九九五年）

第5章…①醤油原料の仕入先及び取引方法の変遷（林玲子編『醤油醸造業史の研究』吉川弘文館、一九九〇年）

②幕末期銚子・ヤマサ醤油における原料調達と製品販売（『市場史研究』第一一号、一九九二年）

第6章…鉄道の開通と醤油醸造家の動向——房総の造家を事例として——（中西聡・中村尚史編『商品流通の近

代史』日本経済評論社、二〇〇三年）

第7章…近代における地方醤油醸造業の展開と市場——福岡県の場合——（林玲子・天野雅敏編『東と西の醤油史』吉川弘文館、一九九九年）

第8章…幕末—維新期九十九里における「小買商人」について——下総国海上郡足川村鈴木家の事例を中心に——（『地方史研究』）一九九号、一九八六年）

第9章…河岸と村落生活——大林村柳戸河岸とその周辺——（木村礎編『村落生活の史的研究』八木書店、一九九四年）

第10章…①近世—近代村方地主の消費生活——下総国香取郡鏑木村鏑木家を素材として——（『千葉県史研究』第八号、二〇〇〇年）

②豪農平山家の経営と生活に関するノート（『千葉県史研究』第一〇号別冊　近世特集号「房総の近世」1、二〇〇二年）

総括…書き下ろし

さて、本書の内容を簡単にまとめれば、日本の一九世紀という世紀に注目し、そこでの農業生産から農産物流通、農産加工業、そして農産加工品流通までを、相互の関連の中で見たものである。すなわち一九世紀に入って、農業生産力上昇の中でしだいに農民の手元に残る余剰のウエイトが高まり、年貢と自家の再生産のため以外にどのような作物がどのようにして（特にどのような肥料を用いて）作られたのか、そしてそれらがどこへ、どのようにして流通し、どのようなかたちで用いられ（特に農産加工業）、さらにそこでできたものがどこへ、どのようにして流通したのか、ということを、さまざまな視角から見たものである。

その結果、関東では一九世紀に農業生産力が高まり、それぞれの土地に応じて特産的な農産物が作られていたことがわかった。そのことは広域的な視角からも確認できるし（第1章）、また干鰯・〆粕などの購入肥料を用いて商品作物としての米を生産する農家の事例（第2章）、同じく干鰯・〆粕を用いて商品作物としての小麦・大豆を広域的に生産する常陸・下総農村の事例（第5・8・9章）からも窺えた。そしてそれらの産物の生産増大は、関東の特色的な農産加工業である醤油醸造業の発達を促したのである（第5・6・8・9章）。

近世後期の関東については、「荒廃論」がさまざまな視角から言われてきた。[1] 中には、前段で述べたような状況を一八世紀後半の「荒廃」からの復興過程であったと捉える向きもあるが、私はそうは考えていない。[2] むしろ、一八世紀の一見「荒廃」と見える現象は、農民による農産物の選択的生産、例えば主穀生産よりも収益の上がる作物が見つかれば、主穀生産は放棄してでも収益の上がる作物の生産に傾斜するといったことの結果が、そう見えたという一面があったのではないだろうか。[3] 自然災害で不作などの年もあったかもしれないが、概してその時期の農村は、よく言われるほど疲弊してはいなかったのではなかろうか。というのは、第5章で触れたように、例えば一八世紀後半のヤマサ醤油の生産の伸びは顕著なものがあり、そのことは、原料産地の常陸・下総農村での原料（小麦・大豆）のさかんな生産があったことを窺わせるからである。

それではそれらの地域での人口の「減少」をどう説明するかであるが、具体的実証は未だ行っていないが見通しだけ述べておくと、それは生産の発達に伴って物資の流通量が増え、各地に地域市場が発達して、そちらへの、記録にあらわれないかたちでの人の移動が多くなったということではないだろうか。例えば銚子は、明治初期において人口二万を抱える関東有数の大都市になっていたが、これは、ここでの醤油醸造業、漁業など産業の発展、利根川水運の起点であると同時に中核としての機能を持つ巨大な労働市場があったために、周辺、否、かなり遠方からも人口の移動があったからであると思われる。このようなところでは、把握できない人口もかなりあったことであろう。銚子だけではない。霞ヶ浦も含めた利根川水系沿岸には佐原、関宿、境、水海道、土浦、府中など、銚子ほどではないにせよかなりの人口を抱える都市が多数存在した。さらに第9章で紹介したような、その下のレベルの小都市（真瀬、高道祖のような）が叢生していたのである。そういったところが、それぞれの地域市場圏を形成し、その中核となっていた。

　以上のように、生産の発展に伴い流通網の発達も見られたわけであるが、私が注目したいのは、江戸という中央市場とは関係のない、「地域」内での流通も発達したということである。関東の場合、農産物にしても、農産加工品にしても、量的には江戸との結びつきの中で生産・流通される部分が圧倒的に多かったであろうが、それとは違う次元での、「地域」に向けての生産、流通もさかんに行われていたことは重要である。従来の「江戸地廻り経済圏」論においても地域市場は取り上げられているが、あくまでも「江戸地廻り経済圏」に包摂されるものとして扱われがちであった[4]。本書はその点、江戸中央市場を中心とする「江戸地廻り経済圏」とは独立した、否、むしろそれとは対立するものとして「地域市場」を見ているわけである。

　もちろん、そのような「地域市場」も、江戸（東京）と全く無関係に存在していたわけではない。例えば醤油原料としての塩は、中央市場江戸（東京）経由で関西産（赤穂・斎田など）のものを調達していたりするのである[5]。しかし、野田・銚子のような大産地を除けば、そのような中で作られる醤油は、地域での消費に向けられるものであった。なお、全国的な意味での中央市場から遠く離れ、確固たる領国を形成していた福岡藩でも、藩内の中央市場には包摂されない地域市場が形成され、「江戸地廻り経済圏」と地域市場との関係とアナロジーのような関係が形成されていたかのごとくである（第4章）。

　また大塚史学的な考え方では、封建社会から資本主義社会への移行過程の中で、「局地的市場圏」が「地域的市場圏」に、そしてそれがさらに「統一的国内市場圏」へと発展していくという、単線的な発展段階を辿るということになるが[6]、本書では、そのような考え方もとっていない。政治史的時代区分の上では近世から近代へ変わっても、少なくとも一九世紀の間は、統一的国内市場形成の流れとは対立するものとしての「地域市場」は併存すると考える。第7章は、そういった意味で、「地域」の論理（他地域商品に対する排他性）の中での流通が遅くまで残った事例を示したものであり、また第6章も、東京という中央市場に多くを出荷しつつも「地域」の論理の中で生き残った内房の造醤油屋の事例を紹介したわけである。そういった意味で、一九世紀の日本を見る場合、もっと「地域市場」に注目してよいのではないだろうか[7]。

またそういった中では人々、特に「地域市場」の中での経営主体の、地域に対する意識も、それまでにないものになっていった。経済が早くから発展し地域市場も早くから発達していた畿内・南山城の地主は、一九世紀に入るより一足早く、地域の経済が疲弊しているときは自己の収益とは関係なく雇用創出に努めたかのごとき経営を見せ（第3章）、また第6・第10章で紹介した関東の醤油醸造家や地主も、遅くとも一九世紀末から二〇世紀初頭にかけて、地域に利益を落とし、逆に地域から信頼されるようになっていったのである。

そして日本の流通ないし市場は、複雑な様相を包含したまま、二〇世紀へと入っていくのである。

注

（1）芝原拓自『明治維新の権力基盤』（御茶の水書房、一九六五年）、長倉保「関東農村の荒廃と豪農の問題」（『茨城県史研究』16、一九七〇年）、長谷川伸三『近世農村構造の史的分析』（柏書房、一九八一年）、秋本典夫『北関東下野における封建権力と民衆』（山川出版社、一九八一年）、乾宏己『豪農経営の史的展開』（雄山閣、一九八四年）、長野ひろ子『幕藩制国家の経済構造』（吉川弘文館、一九八七年）、阿部昭『近世村落の構造と農家経営』（文献出版、一九八八年）など。

（2）商品生産の展開が関東農村を荒廃から復興させたとする考えは、典型的には木戸田四郎『明治維新の農業構造』（御茶の水書房、一九六〇年）に見られる。

（3）中井信彦『色川三中の研究』「伝記篇」（塙書房、一九八八年）には、そのような考えが見られる。

（4）最近の研究では、白川部達夫『江戸地廻り経済圏と地域市場』（吉川弘文館、二〇〇一年）。

（5）拙稿「醤油原料の仕入先及び取引方法の変遷」（林玲子編『醤油醸造業史の研究』、吉川弘文館、一九九〇年、所収）。

（6）本書「序」参照。

（7）石井寛治が「総じて日本の商品流通機構はきわめて複雑であり続けた点に特徴があるといえよう」としているのは、極めて示唆的である（山口和雄・石井編『近代日本の商品流通』東京大学出版会、一九八六年、六〇頁）。

あとがき

本書は二〇〇二年度に明治大学に提出した博士学位請求論文「19世紀日本の地域市場――農業・農産加工業の発展と市場――」をもととし、データをできるだけ新しいものに更新するなど、どの章にも何らかの手を加えてまとめ直したものである。この拙い論文を審査して下さった渡辺隆喜、門前博之、谷本雅之の各先生、またお忙しい中、本書の原稿段階で目をお通し下さり、種々アドバイス下さった速水融、石井寛治、小室正紀の各先生にまず感謝申し上げたい。本書は一九世紀日本の経済がその後の日本経済とどのようにつながっていくかという関心のもとに書かれたものであるが、ここに掲げた諸論考は一九世紀日本経済のデッサンにも満たない、いわば点と線の事例にすぎない。今後これにさらに点を加え、線を加えて、しだいにその時期の日本の経済像を明瞭なものにしていきたいと考えている。

さて、筆者が研究の道に入った一九八〇年の慶應義塾大学大学院文学研究科修士課程入学から約四半世紀が経った。この頃は故中井信彦先生のご指導を仰ぐ（ただ、先生は「ご指導を仰ぐ」とか「師弟関係」とか「門下」といったようなことばは好まなかったが）とともに、先生と同じ近世の社会史、経済史を研究する研究者の集まりである「関東千年史研究会」で戸沢行夫、松崎欣一、坂井達朗、鬼頭宏、小室正紀といった諸先輩や同期の平野裕久君らとともに勉強していた。本書第8章の九十九里の魚肥流通の研究はその頃のもので、修士論文としてまとめたものの一部を雑誌論文として投稿したものである。この論文に出てくる幕末期垣根河岸の新興干鰯商三河屋治助の広域にわたるダイナミックな商活動は、ちょうどその頃中井先生が手がけておられた色川三中のそれと通ずるものがあるという思いを持っていた。この研究の際に新たに発見した小買商人鈴木家史料は、旭市文書館の故菅谷義雄先生のご協力なしには目にすることはなかったであろう。この頃はまた、研究分野や時代は異なるが、河北展生先生、三宅和朗、柳田利夫、長谷山彰といった大学院の先輩方に叱咤され、先述の平野君を含め高輪真澄、木村直也、浜野潔といった友人たちとお互いの研究を語り合ったものである。

その後、筆者は中井先生の定年退職に伴い、先生のご紹介で、大学院博士後期課程からは明治大学の故木村礎先生のお世話になることになった。この出会いもまた運命的なものであった。特にOBから現役学生、さらに他大学の関係者まで含め五〜六〇名にも及ぶ大調査集団をみごとなまでに統率するその指導力は希有なものであり、調査とはいかにするものかということを教えられた。第9章はその頃の調査地である茨城県明野町（現筑西市）での成果の一部であり、第2・10章は、その前の調査地千葉県干潟町（現旭市）において一部の研究者が継続していた調査に筆者も加えていただいて以来の長年にわたる成果の一部である。この間、鏑木家ご当主の故壽一郎氏・惇一氏二代にわたり、またご家族の方々も含めお世話になり続けている。論考に出てくる瀧十郎を彷彿とさせる几帳面かつ誠実、勤勉なご家族である。また第1章は大学院木村ゼミでの個人研究の一部で、青山孝慈氏をはじめとする神奈川県史編纂室（当時）の方々にたいへんお世話になった。このゼミでは橋本直子、山形万里子、本間勝喜、齊藤弘美といった人たちから教えられることが多く、また前記調査や研究会などを通じて高島緑雄、渡辺隆喜、門前博之の各先生、和泉清司、鈴木秀幸、平野満、原田信男、吉田優をはじめとする先輩諸氏、同僚たちから種々ご教示いただいた。

この時代は並行して林玲子先生の調査や研究会などにも加えさせていただいた時代である。中井先生と同様、近世関東地域の経済を見直すべく研究を進めていた筆者は、林先生が銚子のヤマサ醤油の調査をしておられると聞き、是が非でも調査に加えていただきたいとお願いして、以来醤油醸造業史は筆者の研究の重要な柱の一つとなった。筆者のヤマサ調査はそれ以来今に至るまで続いており、本書第5・6・7章はいずれも何らかのかたちでそれが反映されたものである。同社では、一生取り組んでもよいほどの極めて大量かつ良好な史料群を快適な環境の中で見せていただき、多部田昭、鈴木直元、吉野繁、和田仁一郎、鶴田喜一郎の歴代庶務課長諸氏や庶務課の宮本恵代、栗林美佐子両氏に多大なお世話になっている。林先生のヤマサ調査は「関東経済史研究会」、「醤油醸造業史研究会」へと発展し、それらには多くの人が集まってきた。特に醤油醸造業史研究会は、会員五〇名に及ぶ全国的な組織にまでなった。こうした調査、研究会の場を通じて、故長妻廣至、花井俊介、吉田ゆり子、大川裕嗣、谷本雅之、落合功、油井宏子、桜井由幾、長谷川彰、天野雅敏、篠田壽夫といった方々から種々ご教示いただいた。

ところで幸運なことに、筆者は、博士後期課程をさほどオーバーすることなく最初の職を九州大学石炭研究資料センターに与えられた。ここから約五年半にわたって、福岡県史編纂の仕事を兼務しつつ九州の炭鉱調査や石炭鉱業関係史料の整理、福岡県内の史料調査をする日々が始まった。この間、慶大時代からお世話になり続けている田中直樹先生や、秀村選三先生、松下志朗先生、職場の上司である荻野喜弘、東定宣昌両先生や、今野孝、永江真夫といった諸先輩方、福岡県地域史研究所関係諸氏から、なかなか研究の進まぬ筆者を叱咤、あるいはサポートしていただきつつ、楽しく研究をすることができた。本書第4・7章はその間の成果の一部である。福岡では、調査・研究もさることながら、筆者がそれまで経験したことのなかった九州独特の風土や文化に接することができたのは有意義であった。特に再仕込醤油という、西中国から北部九州にかけて使われている独特な醤油に接したことは、第6・7章に見られるような筆者の醤油観につながっている。株式会社ジョーキュウの松村冨夫社長、長嶋正夫氏には史料閲覧に便宜を図っていただいたほか、知識面でもいろいろとご教示いただいた。また石炭関係の調査・研究もたいへん有意義で、本書のコンセプト上割愛したが、いくつかの研究をまとめることができた。職場にはいろいろな研究者が訪れて下さり、高村直助先生はじめ、故山下直登、市原博、鈴木淳、神田由築、山田雄久、中村尚史といった人たちとの交流は、この頃から続いている。

その後筆者は摂南大学、流通経済大学、京都産業大学と、短期の間に職場を転々としたが、いずれの大学もよき先輩、同僚に恵まれ、居心地のよい職場であった。この間の研究は石井寛治先生や林玲子先生、中西聡氏らとともにすることが多く、石井先生や林先生を中心とする「南山城研究会」での成果は本書第3章に、中西氏や中村尚史氏を中心とする「物流史研究会」での成果は本書第6章につながっている。また千葉県史の編纂に近世の「専門員」として加えていただき、調査・研究に携わったことが第6・第10章につながっている。南山城研究会では両先生のほか、特に史料面では当時東京大学経済学部文書室にいた小川幸代氏に多大なお世話になり、菅野則子、桜井由幾、武田晴人、谷本雅之、油井宏子、吉田ゆり子の各氏からも有益なアドバイスをいただいた。また物流史研究会を通じて、大豆生田稔、中林真幸、落合功、渡邉恵一、大島久幸といった諸氏からもご教示いただいた。また千葉県史を通じては平山高書、柳下顕紀、宮正蔵といった史料所蔵者各氏、吉田伸之、渡辺尚志、久留島浩の各氏をはじめ、千葉県史料研究財団事務局を含め実に数々の方々のお世話になった。

以上、本書、というよりも筆者のこれまでの研究は、ここに挙げさせていただいた方々以外にも実に多くの方々の支えによって成り立っており、感謝に堪えない。ほかにも日頃から親しくしていただき、折にふれ種々アドバイスして下さる末永國紀、西村卓両先生にも感謝申し上げたい。

なお本書の刊行は、日本学術振興会の平成一七年度科学研究費補助金（研究成果公開促進費）によっている。また、各章は何らかのかたちで助成金の恩恵を被っているものが多いが、筆者が研究代表者として助成金をいただいて行った研究としては、平成一一・一二年度文部省科学研究費補助金基盤研究（C）「近世―近代日本農民の消費生活の比較研究」が第10章に、平成一三年度（財）味の素食の文化センター食文化研究助成「醤油の多様性と地域の食文化に関する歴史的考察」が第6・7章につながっている。記して謝意を表したい。

最後になったが、本書を刊行するにあたって一方ならずお世話になった日本経済評論社の谷口京延氏、それに筆者の学生時代から物心両面での支援を惜しまなかった両親、祖父母、叔母の石井祐子、筆者の研究生活を陰で支え続けてくれた妻玲子に感謝しつつ、筆を擱きたい。

二〇〇六年二月

井奥成彦

第3章

第4章

第5章

第6章

図表索引

【や行】

【ら行】

【わ行】

【は行】

【ま行】

【た行】

【な行】

【さ行】

【わ行】

地　名

【あ行】

【か行】

【ま行】

【や行】

【ら行】

【は行】

【た行】

【な行】

【さ行】

索　　引

事項・人名

【あ行】

【著者略歴】

井奥　成彦（いおく・しげひこ）

1957年　広島県尾道市生まれ。
1980年　慶應義塾大学文学部史学科卒業。
1982年　慶應義塾大学大学院文学研究科史学専攻修士課程修了。
1986年　明治大学大学院文学研究科史学専攻博士後期課程退学。
同年　九州大学石炭研究資料センター助手。
以後、摂南大学、流通経済大学を経て、
現在　京都産業大学経済学部教授。博士（史学）。

19世紀日本の商品生産と流通
――農業・農産加工業の発展と地域市場――

2006年2月28日　第1刷発行　定価（本体5800円＋税）

著　者　井　奥　成　彦
発行者　栗　原　哲　也

発行所　株式会社日本経済評論社
〒101-0051　東京都千代田区神田神保町 3-2
電話 03-3230-1661　FAX 03-3265-2993
nikkeihy@js7. so-net. ne. jp
URL：http://www.nikkeihyo.co.jp
印刷＊文昇堂・製本＊山本製本所
装幀＊奥定泰之

乱丁本落丁本はお取替えいたします.

© Ioku Shigehiko 2006
Printed in Japan　ISBN4-8188-1817-8

・本書の複製権・譲渡権・公衆送信権（送信可能化権を含む）は㈱日本経済評論社が保有します。
・JCLS 〈㈱日本著作出版権管理システム委託出版物〉
本書の無断複写は著作権法上での例外を除き禁じられています。複写される場合は、そのつど事前に㈱日本著作出版権管理システム（電話03-3817-5670、FAX03-3815-8199、e-mail: info@jcls.co.jp）の許諾を得てください。

高村直助編著

明治前期の日本経済

—資本主義への道—

A5判　六〇〇〇円

日本における産業革命はいかなる前提条件の下で達成されたか。明治前期の政府の政策、諸産業の実態、経済活動を担う主体の三つの側面から実証的に解明する。

中西聡・中村尚史編著

商品流通の近代史

A5判　五五〇〇円

近代日本における商品流通と市場形成との関係について商取引・物流・情報流通の三点に着目し、その相互関係を考察することによって多様な市場の集積過程を明らかにする。

老川慶喜・大豆生田稔編著

商品流通と東京市場

—幕末〜戦間期—

A5判　五七〇〇円

東京周辺の市場圏や各地域の実態に即しつつ、織物、肥料、塩、陶磁器等多様な商品市場が重層的に存在する東京市場の構造を具体的かつ実証的に解明する。

中村隆英・藤井信幸編著

都市化と在来産業

A5判　六一〇〇円

都市化の進展とともに在来産業はどのように対応し、いかなる発展を遂げたか。小規模ながらも都市の発展を支えた事実を実証的に解明する。

大西比呂志・梅田定宏編著

「大東京」空間の政治史

—一九二〇〜三〇年代—

A5判　四〇〇〇円

第一次大戦期から急速に進んだ「東京」の拡大とそのなかで進展した都市空間再編の過程を、都市への官僚統制、都市の政治構造、地域社会の変化から解明する。

（価格は税抜）

日本経済評論社